# 佳能微单 EOS R5/R6 摄影与视频拍摄技巧大全

雷波　编著

化学工业出版社
·北京·

## 内容简介

本书是一本全面解析佳能微单 EOS R5 和 R6 相机强大功能、实拍设置技巧及各类拍摄题材实战技法的实用类图书，不仅针对相机结构、菜单功能以及摄影基础知识进行了详细的讲解，还通过大量精美的实拍照片，深入剖析了使用佳能微单 EOS R5 和 R6 拍摄人像、风光、昆虫、宠物、建筑等常见题材的技巧，以便读者快速提高摄影技能，达到较高的境界。

随着短视频和直播平台的发展，越来越多的朋友开始使用相机拍 Vlog、做直播，因此，本书专门针对视频拍摄所需要的菜单设置、器材和拍摄技巧进行了详解，让读者紧跟潮流玩转新媒体。

全书语言简洁，图示丰富、精美，即使是接触摄影时间不长的新手，也能够通过阅读本书在较短的时间内学会佳能微单 EOS R5 和 R6 相机的使用并提高摄影和摄像技能，从而创作出令人满意的作品。

**图书在版编目（CIP）数据**

佳能微单 EOS R5/R6 摄影与视频拍摄技巧大全/雷波编著. —北京：化学工业出版社，2021.3（2024.10 重印）

ISBN 978-7-122-38364-8

Ⅰ.①佳… Ⅱ.①雷… Ⅲ. ①数字照相机-单镜头反光照相机-摄影技术-手册 Ⅳ.①TB86②J41

中国版本图书馆 CIP 数据核字（2021）第 018047 号

---

责任编辑：孙 炜 李 辰　　　　装帧设计：王晓宇

责任校对：李 爽

---

出版发行：化学工业出版社（北京市东城区青年湖南街 13 号 邮政编码 100011）

印 装：天津裕同印刷有限公司

710mm×1000mm 1/16 印张 16 字数 400 千字 2024 年 10 月北京第 1 版第 6 次印刷

---

购书咨询：010-64518888　　　　售后服务：010-64518899

网 址：http://www.cip.com.cn

凡购买本书，如有缺损质量问题，本社销售中心负责调换。

---

定 价：128.00 元

# 前　言

Canon EOS R5/R6 是佳能新发布的两款全画幅数码微单相机，以 R5 为例，该相机配备了约 4500 万有效像素图像感应器，还具有最高约 20 张/秒高速连拍，配合可高速、高精度对焦且自动对焦覆盖约 100% 屏幕的第二代全像素双核 CMOS AF，可以轻松拍摄各类运动场景。相机可用的自动对焦点多达 5940 个，相机可自动选择的对焦点达 1053 个，常用感光度范围 ISO100 ～ ISO51200，在像素、对焦及画质方面都非常强大。

Canon EOS R5 相机在视频拍摄方面也不逊色，它是佳能首款具备 8K 短片拍摄能力的机型，还支持 4K 视频、4K 高帧频短片、HDR 短片及延时短片拍摄，并且支持 Canon Log 伽马、HDR PQ 和 4K HDMI 输出等。集这些强大的功能于一体的 Canon EOS R5 相机，与相机同时发布的 RF 系列高素质镜头搭配使用，必将成为新一代专业级全画幅数码微单相机市场的耀眼明星。

本书是一本全面解析 Canon EOS R5/R6 强大功能、实拍设置技巧及各类拍摄题材实战技法的实用类书籍，将官方手册中没讲清楚或没讲到的内容，以及抽象的功能描述，通过实拍测试及精美照片示例具体、形象地展现出来。

在相机功能及拍摄参数设置方面，本书不仅针对 Canon EOS R5/R6 相机的结构、菜单功能，以及光圈、快门速度、白平衡、感光度、曝光补偿、测光、对焦、拍摄模式等设置技巧进行了详细讲解，更有详细的菜单操作图示，即使是没有任何摄影基础的初学者，也能够根据这样的图示玩转相机的菜单及功能设置。

在镜头与附件方面，本书针对数款适合该相机配套使用的高素质镜头进行了详细点评，同时对常用附件的功能和使用技巧进行了深入解析，以便各位读者有选择地购买相关镜头或附件，与 Canon EOS R5/R6 配合使用，从而拍摄出更漂亮的照片。

在摄影实战技术方面，本书通过大量精美的实拍照片，深入剖析了使用 Canon EOS R5/R6 拍摄人像、风光、昆虫、宠物、建筑等常见题材的技巧，以便读者快速提高摄影水平。

考虑到许多相机爱好者的购买初衷是拍摄视频，因此本书特别讲解了使用 Canon EOS R5/R6 拍摄视频时应该掌握的各类知识。除了详细讲解了拍摄视频时的相机设置与重要菜单功能，还讲解了与拍摄视频相关的镜头语言、硬件准备等知识。

经验与解决方案是本书的亮点之一，笔者通过实战总结出了关于 Canon EOS R5/R6 的使用经验及技巧，这些经验和技巧一定能够帮助各位读者少走弯路，让读者感觉身边时刻有“高手点拨”。本书还汇总了摄影爱好者初上手使用 Canon EOS R5/R6 时可能会遇到的一些问题、出现的原因及解决方法，相信能够帮助许多爱好者解决这些问题。

如果希望与笔者或其他爱好摄影的朋友交流与沟通，各位读者可以添加客服微信 momo521_hello 与我们在线沟通交流，也可以加入摄影交流 QQ 群与众多喜爱摄影的小伙伴交流，群号为 327220740。如果希望每日接收到新鲜、实用的摄影技巧，还可以关注微信公众号“好机友摄影”、今日头条号“好机友摄影学院”以及百家号“北极光摄影”。

编著者

# 目　录
CONTENTS

## 第 1 章　玩转 Canon EOS R5/R6 相机从机身开始



## 第 2 章　初上手一定要学会的菜单设置

## 第3章 必须掌握的基本曝光设置

## 第 4 章 灵活运用曝光模式拍出好照片



## 第 5 章 拍出佳片必须掌握的高级曝光技巧

## 第 6 章 拍摄 Vlog 视频或微电影需要理解的视频参数



## 第 7 章 利用 Canon EOS R5/R6 拍摄视频的基本流程



## 第 8 章 拍摄 Vlog 视频或微电影需要准备的硬件及软件

## 第 9 章 拍摄 Vlog 视频或微电影需要了解的镜头语言



## 第 10 章 Canon EOS R5/R6 的镜头选择

## 第 11 章 用附件为照片增色的技巧



## 第 12 章 Canon EOS R5/R6 人像摄影技巧



## 第 13 章 Canon EOS R5/R6 风光摄影技巧

## 第 14 章 Canon EOS R5/R6 昆虫与宠物摄影技巧



## 第 15 章 Canon EOS R5/R6 建筑摄影技巧

# 第 1 章

## 玩转 Canon EOS R5/R6 相机从机身开始

## Canon EOS R5/R6 相机

# 正面结构

❶ **快门按钮**

半按快门可以开启相机的自动对焦及测光系统，完全按下时将完成拍摄。当相机处于省电状态时，轻按快门可以恢复工作状态

❷ **自拍指示灯/自动对焦辅助光**

当设置 2 秒、10 秒自拍或遥控拍摄功能时，此灯会连续闪光进行提示；在弱光环境下拍摄，半按快门按钮时，此灯会持续发出自动对焦辅助光，以辅助自动对焦

❸ **麦克风**

在拍摄短片时，可以通过此麦克风录制单声道音频

❹ **RF镜头安装标志**

将镜头上的红色标志与机身上的红色标志对齐，旋转镜头即可完成安装

❺ **镜头释放按钮**

用于拆卸镜头，按下此按钮并旋转镜头的镜筒，可以把镜头从机身上取下来

❻ **遥控感应器**

在 10 秒自拍/遥控或 2 秒自拍/遥控模式下，用遥控器对向此感应器并按下传输按钮，相机即会收到遥控信号

❼ **景深预览按钮**

按下景深预览按钮，可以将镜头光圈缩小到当前使用的光圈值，可以更真实地观察到以当前光圈拍摄的画面景深效果

❽ **触点**

用于在相机与镜头之间传递信息。将镜头拆下后，请务必装上机身盖，以免刮伤电子触点

❾ **快门帘幕/图像感应器**

快门帘幕在开机状态下处于开启状态，会露出图像感应器以便实时显示图像到屏幕上。当关闭相机时，快门帘幕会降下。当按下快门拍摄时，快门帘幕也会降下以便完成曝光拍摄。Canon EOS R5 相机采用了高感光度全画幅图像感应器，并具有约 3030 万有效像素，因此能够获得高质量的照片与短片

❿ **镜头固定销**

用于稳固机身与镜头之间的连接

⓫ **遥控端子**

打开此端子盖，可插入快门线 RS-80N3 或 TC-80N3，从而遥控相机拍摄。Canon EOS R6 相机的此端子在侧面

# Canon EOS R5/R6 相机 顶面结构

❶ **背带环**

用于安装相机背带

❷ **扬声器**

用于播放短片的声音。Canon EOS R6 相机的扬声器在背面

❸ **热靴**

用于外接闪光灯，热靴上的触点正好与外接闪光灯上的触点相合；也可以外接无线同步器，在有影室灯的情况下起引闪的作用

❹ **短片拍摄按钮**

用于开始或停止短片拍摄

❺ **M-Fn多功能按钮**

按下此按钮，并转动速控转盘可以设置ISO感光度、驱动模式、白平衡模式、自动对焦操作及闪光曝光补偿

❻ **主拨盘**

直接转动主拨盘可以设置快门速度或光圈；按下MODE或M-Fn按钮后，转动主拨盘可以选择相关的设置

❼ **电源开关**

控制相机的开启与关闭

❽ **闪光同步触点**

用于在相机与闪光灯之间传递焦距、测光等信息

❾ **液晶显示屏**

显示拍摄时的各种参数。EOS R6 相机无此显示屏

❿ **液晶显示屏信息切换/照明按钮**

每按一下此按钮，便会切换液晶显示屏上的参数信息；按住此按钮不放，可以照亮液晶显示屏

⓫ **MODE 按钮**

用于选择拍摄模式。按下此按钮，然后转动主拨盘可以选择所需的拍摄模式

⓬ **多功能锁按钮**

按下此按钮，可以防止意外操作主拨盘、速控转盘、多功能控制钮、控制环，或者意外点击触摸屏而导致参数设置更改，再次按下此按钮，则解锁控制。按下此按钮后能够控制的按钮需要事先通过“多功能锁”菜单进行设定

⓭ **模式拨盘**

Canon EOS R6 相机有模式拨盘，而没有MODE按钮，旋转此拨盘即可选择拍摄模式

## Canon EOS R5/R6 相机

# 背面结构

❶ 速控按钮

在拍摄或回放照片状态下，按下此按钮将显示速控屏幕，从而进行相关设置

❷ 数据处理指示灯

拍摄照片、正在将数据传输到存储卡，以及正在记录、读取或删除存储卡上的数据时，该指示灯将会亮起或闪烁

❸ 删除按钮

在回放照片模式下，按下此按钮可以删除当前照片。照片一旦被删除，将无法恢复

❹ 回放按钮

按下此按钮可以回放刚刚拍摄的照片，还可以使用放大/缩小按钮对照片进行放大或缩小。当再次按下此按钮时，可返回拍摄状态

❺ 设置按钮

在菜单操作状态下，按下此按钮可用于菜单功能选择的确认，类似于其他相机上的 OK 按钮

❻ 速控转盘1

按下一个功能按钮后，转动速控转盘可以完成相应的设置，直接转动速控转盘则可从设定曝光补偿量，或在手动曝光模式下设置光圈值

❼ 信息按钮

在照片拍摄模式、短片拍摄模式及回放模式下，每次按下此按钮，会依次切换信息显示

❽ 放大/缩小按钮

在回放照片时，按下此按钮并配合“速控转盘 2”可以放大或缩小照片

❾ 屏幕

使用此屏幕可以设定菜单功能、拍摄照片、拍摄短片，以及回放照片和短片。此屏幕还可以向上、向下旋转，或翻转 180° ，以获得更易观看的屏幕角度。另外，此屏幕是可触摸控制的，可以通过手指点击、滑动来操作

❿ 菜单按钮

用于启动相机内的菜单功能。在菜单中可以对图像画质、日期/时间/区域等功能进行设置

⓫ 评分/语音备忘录按钮

通过“评分/语音备忘录按钮”的功能菜单设定此按钮是以下功能之一：图像评分、保护、删除或录制、回放语音备忘录。Canon EOS R6 相机的此按钮不支持语音备忘录功能

⑫ 眼罩

推动眼罩的底部即可将其拆下

⑬ 取景器目镜

在拍摄时，可通过观察取景器目镜里面的景物进行取景构图

⑭ 取景器感应器

可以感应到人眼观看取景器的动作，当感应到靠近观看取景器时，取景方式会自动切换到取景器，若离开取景器，则会切换到屏幕上显示

⑮ 屈光度调节旋钮

对于近视又不想戴眼镜拍摄的用户，可以通过调整屈光度，使人眼在取景器中看到的影像是清晰的

⑯ 多功能控制钮

一个中间按钮带 8 个方向键，用拇指指尖轻按使用。用于白平衡校正、在照片或视频拍摄期间移动自动对焦点/放大框、在回放期间移动放大框或速控设置等操作

⑰ 自动对焦启动按钮

除了全自动模式外，在其他拍摄模式下，按下此按钮与半按快门的效果一样，可以启动自动对焦操作

⑱ 速控转盘2

在拍摄期间，按下一个按钮后，转动此转盘可以完成相应的设置，若直接转动此转盘可以设置感光度

⑲ 自动曝光锁定按钮

在拍摄模式下，按此按钮可以锁定曝光，可以以相同曝光值拍摄多张照片

⑳ 自动对焦点选择按钮

在拍摄模式下，按下此按钮后，可以按多功能控制钮来选择自动对焦点的位置

## Canon EOS R5/R6 相机

# 侧面结构

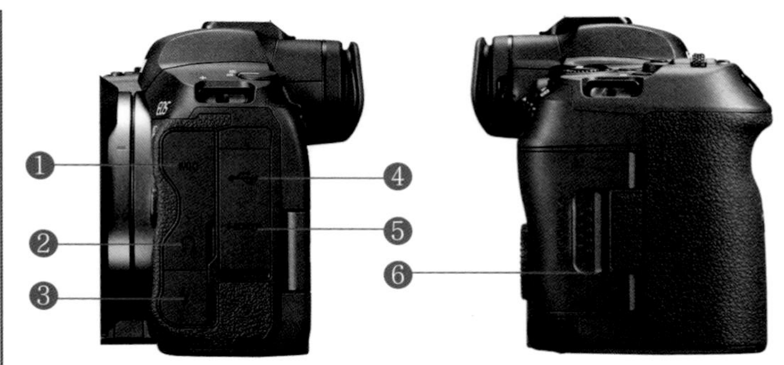


❶ 外接麦克风输入端子

通过将带有立体声微型插头的外接麦克风连接到相机的外接麦克风输入端子上，可录制立体声

❷ 耳机端子

通过将带有立体声微型插头的立体声耳机连接到相机的耳机端子，可以在短片拍摄期间听到声音

❸ PC端子

用于连接相机的同步线，如果多个适配器与 PC 同步线组合，还能同时使用更多闪光灯。Canon EOS R6 相机无此端子

❹ 数码端子

用 AV 线可将相机与计算机连接起来，可以在计算机上观看图像；连接打印机可以进行打印

❺ HDMI mini 输出端子

此端口用于将相机与 HD 高清晰度电视机连接在一起。但是 HDMI 连接线 HTC-100 需要另外购买

❻ 存储卡插槽盖

打开此盖，可以安装或拆卸存储卡。Canon EOS R5 相机具有两个存储卡插槽，插槽 1 可以安装 B 型 CFexpress 存储卡，插槽 2 可以安装 SD 型存储卡。Canon EOS R6 相机也具有两个存储卡插槽，但插槽 1 和插槽 2 都只能安装 SD 型存储卡

## Canon EOS R5/R6 相机

# 底面结构

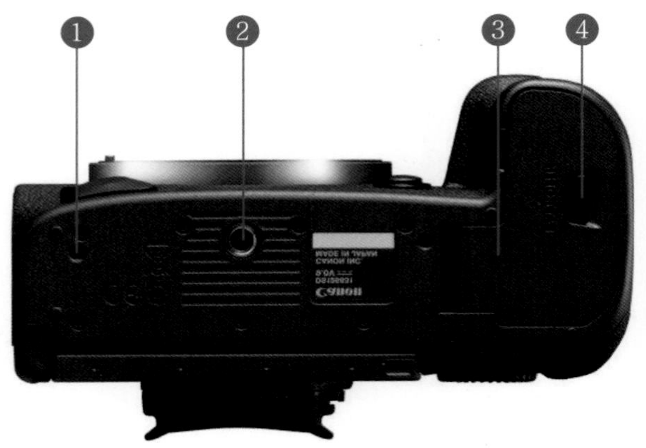


❶ 附件定位孔

当使用相机拍摄短片时，利用附件定位孔，可以将相机更稳固地固定在摄像云台上

❷ 三脚架接孔

用于将相机固定在脚架上。可通过顺时针转动脚架快装板上的旋钮，将相机固定在脚架上

❸ 电池仓盖

打开电池仓盖后可拆装电池

❹ 电池仓盖锁

用于安装和更换锂离子电池。安装电池时，应先滑动电池仓盖锁，然后再打开电池仓盖

## Canon EOS R5 相机

# 液晶显示屏

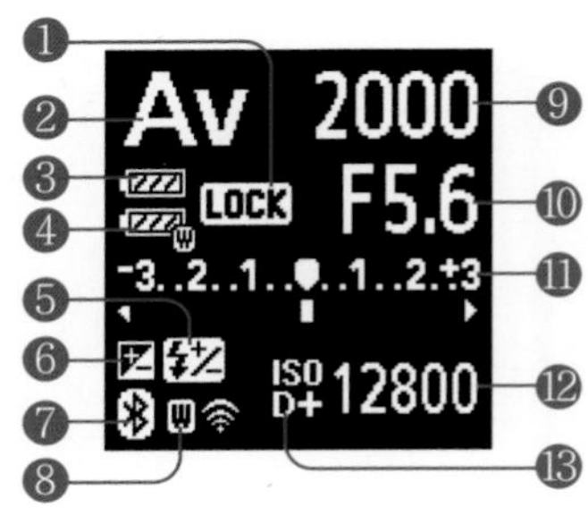


| | | |
|---|---|---|
| ❶ 多功能锁 | ❾ 快门速度 | ⓰ 自动对焦操作 |
| ❷ 拍摄模式 | ❿ 光圈值 | ⓱ 存储卡插槽 |
| ❸ 电池电量 | ⓫ 曝光量指示标尺/曝光补偿量/自动包围曝光范围 | ⓲ 短片记录模式 |
| ❹ WFT 电池电量 | ⓬ ISO 感光度 | ⓳ 白平衡 |
| ❺ 闪光曝光补偿 | ⓭ 高光色调优先 | ⓴ 测光模式 |
| ❻ 曝光补偿 | ⓮ 驱动模式 | ㉑ 照片风格 |
| ❼ 蓝牙功能 | ⓯ 自动对焦方式 | ㉒ 短片记录画质 |
| ❽ Wi-Fi 功能 /WFT 状态 | | |

## Canon EOS R5/R6 相机

# 拍摄信息

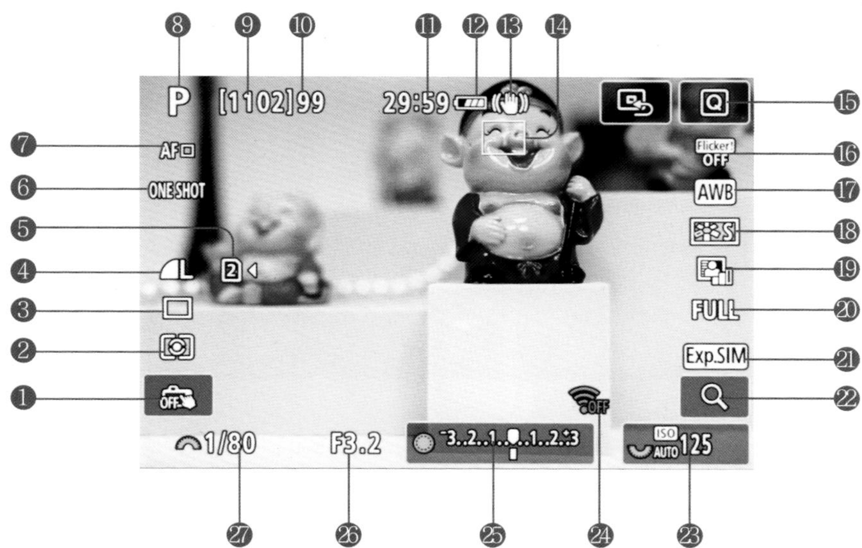


❶ 触摸快门/创建文件夹
❷ 测光模式
❸ 驱动模式
❹ 图像画质
❺ 存储卡
❻ 自动对焦操作
❼ 自动对焦方式
❽ 拍摄模式
❾ 自拍前的每秒可拍摄数量
❿ 最大连拍数量
⓫ 短片可记录时间
⓬ 电池电量
⓭ 图像稳定器（IS 模式）
⓮ 自动对焦点（单点自动对焦）
⓯ 速控图标
⓰ 防闪烁拍摄
⓱ 白平衡/白平衡校正
⓲ 照片风格
⓳ 自动亮度优化
⓴ 静止图像裁切/长宽比
㉑ 曝光模拟
㉒ 放大按钮
㉓ ISO 感光度
㉔ Wi-Fi 功能
㉕ 曝光补偿指示标尺
㉖ 光圈
㉗ 快门速度

## Canon EOS R5/R6 相机

# 速控屏幕

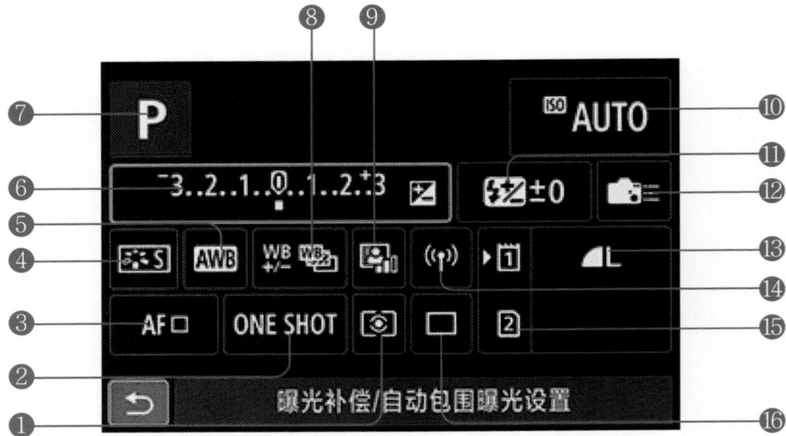


❶ 测光模式
❷ 自动对焦操作
❸ 自动对焦方式
❹ 照片风格
❺ 白平衡模式
❻ 曝光量指示标尺/曝光补偿量/自动包围曝光范围
❼ 拍摄模式
❽ 白平衡校正/白平衡包围曝光
❾ 自动亮度优化
❿ ISO 感光度
⓫ 闪光曝光补偿
⓬ 自定义相机控制
⓭ 图像记录画质
⓮ Wi-Fi功能
⓯ 存储卡
⓰ 驱动模式

# 第 2 章

## 初上手一定要学会的菜单设置

# 掌握 Canon EOS R5/R6 相机菜单的设置方法

## 通过菜单设置相机参数

Canon EOS R5/R6 相机的菜单功能非常丰富，熟练掌握与菜单相关的操作可以帮助摄影师更快速、准确地进行设置。

首先来认识一下 Canon EOS R5/R6 相机提供的菜单设置页，即位于菜单顶部的各个图标，从左到右依次为拍摄菜单、自动对焦菜单AF、回放菜单、无线功能、设置菜单、自定义功能菜单及我的菜单★。在操作时，转动速控转盘 2 可在各个主设置页之间进行切换，转动主拨盘可选择第二设置页，还可以通过点击设置图标直接选择。

## 通过点击触摸屏设置菜单

由于 Canon EOS R5/R6 的屏幕是触摸屏，因此操作起来十分方便。下面以设置高 ISO 感光度降噪选项为例，介绍通过点击屏幕来设置菜单参数的操作方法。

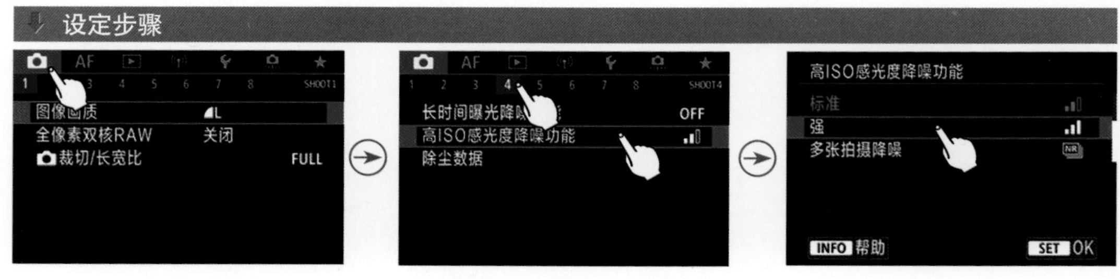


❶ 点击所需的主设置页图标，即可切换到该菜单设置页。

❷ 点击副设置页数值，即可切换到该菜单设置页，在设置界面中，点击选择所需的菜单项目。

❸ 在参数设置界面中，点击选择所需选项即可。有些设置界面还需要点击一下 SET OK 图标确定。

# 使用 Canon EOS R5/R6 相机的速控屏幕设置参数

## 什么是速控屏幕

Canon EOS R5/R6 的机身背面有一块较大的显示屏，被称为“屏幕”。可以说，Canon EOS R5/R6 所有的查看与设置工作，都需要通过屏幕来完成，如回放照片及拍摄参数设置等。

速控屏幕是指屏幕显示参数的状态，在屏幕显示的情况下，按下机身背面的Q按钮，即可在拍摄或播放照片时开启速控屏幕。

▲ 当按 INFO 按钮切换为屏幕仅显示参数界面，而使用取景器取景时，按下Q按钮后屏幕上显示的速控屏幕状态

▲ 当使用屏幕取景时，按下Q按钮后显示的速控屏幕状态

▲ 在播放照片模式下，按下Q按钮后显示的速控屏幕状态

## 使用速控屏幕设置参数的方法

以屏幕显示参数状态下显示的速控屏幕为例，使用速控屏幕设置参数的步骤如下。

❶ 按多功能控制钮的▲、▼选择要设置的功能。

❷ 转动主拨盘、速控转盘 1 或速控转盘 2 可以改变设置。

❸ 如果在选择一个参数后，按下 SET 按钮，可以进入该参数的详细设置界面。调整参数后再按 SET 按钮即可返回上一级界面。其中，光圈、快门速度等参数是无须按照此方法进行设置。

由于 Canon EOS R5/R6 相机的屏幕具有触摸功能，因此上述操作均可通过手指直接点击来完成。

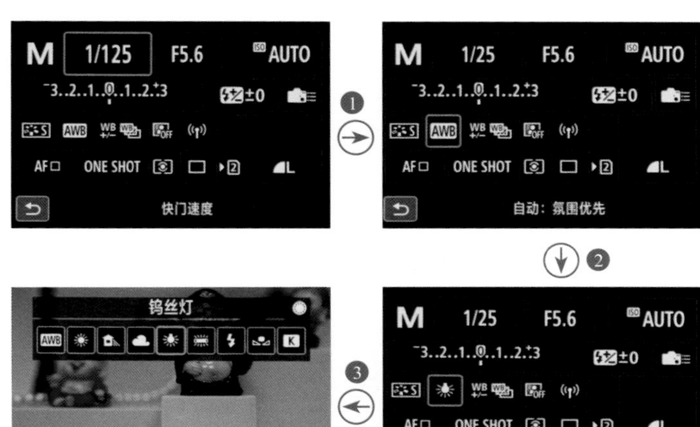

# 掌握液晶显示屏的使用方法

Canon EOS R5 的液晶显示屏（也称为肩屏）是在参数设置时不可或缺的重要部件，液晶显示屏中囊括了一些常用的参数，可以满足摄影师进行绝大部分常用参数设置的需要，耗电量又非常低，且便于观看，强烈推荐用户使用。

设置光圈、快门速度、曝光补偿或感光度等参数时，在高级拍摄模式下，直接转动主拨盘、速控转盘 1 或速控转盘 2 即可进行设置。

左侧的操作示意图展示了通过液晶显示屏设置 ISO 数值的操作方法。

设定方法

直接转动速控转盘 2 即可调节 ISO 感光度数值

# 设置相机通用参数

## 自动旋转

当使用相机竖拍时，可以使用“自动旋转”功能将显示的图像旋转到所需要的方向。

- 开📷💻：选择此选项，回放照片时，竖拍图像会在屏幕和计算机上自动旋转。
- 开💻：选择此选项，竖拍图像仅在计算机上自动旋转。
- 关：照片不会自动旋转。

设定步骤

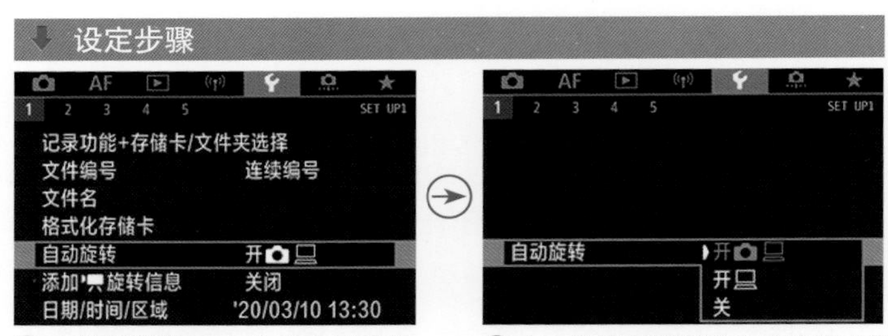


❶ 在**设置菜单 1** 中选择**自动旋转**选项

❷ 点击选择是否开启自动旋转功能

▲ 竖拍时的状态

▲ 选择第一个选项后，浏览照片时竖拍照片自动旋转至竖直方向

▲ 选择第 2 个和第 3 个选项时，浏览照片时竖拍照片仍然保持拍摄时的方向

## 调整屏幕亮度或取景器亮度

Canon EOS R5/R6 通过“屏幕亮度”和“取景器亮度”菜单，可以分别调整屏幕和取景器的显示亮度。

通常情况下，应将屏幕或取景器的明暗调整到与最后的画面效果接近的亮度，以便于查看所拍摄照片的效果，并可随时调整相机设置，从而得到曝光合适的画面。

在环境光线较暗的地方拍摄时，为了方便查看，还可以将屏幕或取景器的显示亮度调得低一些，不仅能够保证清晰显示照片，还能够节电。同理，在光线较强的白天，也可以将亮度调高一些。

### 设定步骤

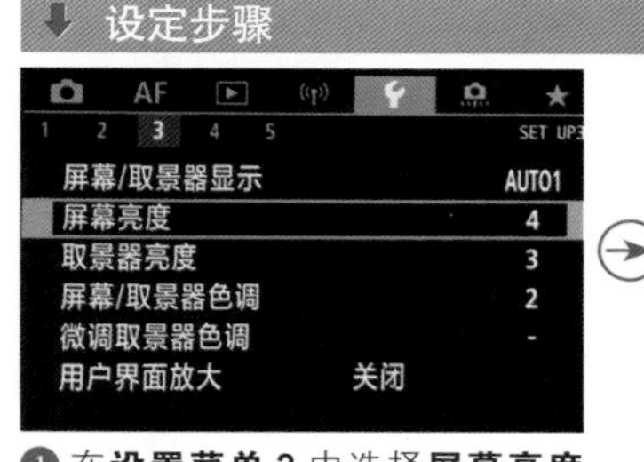


❶ 在**设置菜单 3** 中选择**屏幕亮度**选项

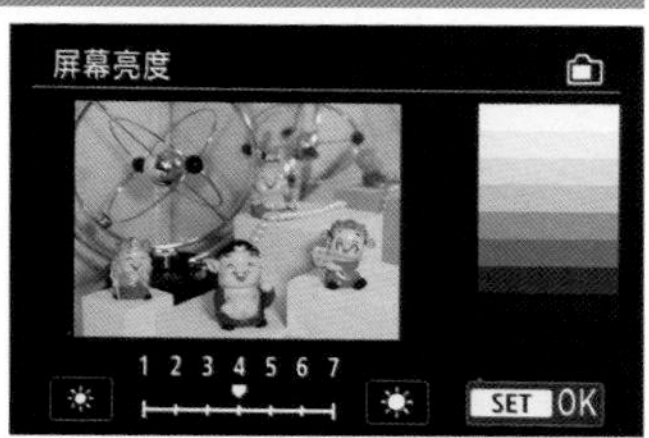


❷ 点击亮度图标选择所需的亮度级别进行微调，然后点击 SET OK 图标确定

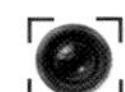

**高手点拨：**屏幕的亮度可以根据个人喜好及环境光线进行设置。为了避免曝光错误，建议不要过分依赖屏幕的显示，要养成查看直方图的习惯。

## 放大用户界面

Canon EOS R5/R6 微单相机相比单反相机而言，其体积较小，屏幕也较小，屏幕上的菜单图标有些显示比较小。考虑到有些用户视力不佳，Canon EOS R5/R6 微单相机提供了“用户界面放大”功能，启用此功能后，用两个手指双击屏幕可以放大菜单显示，再次双击则恢复原始显示大小。需要注意的是，在放大显示期间，不支持触摸操作，设定菜单操作需按相应的按钮。

### 设定步骤

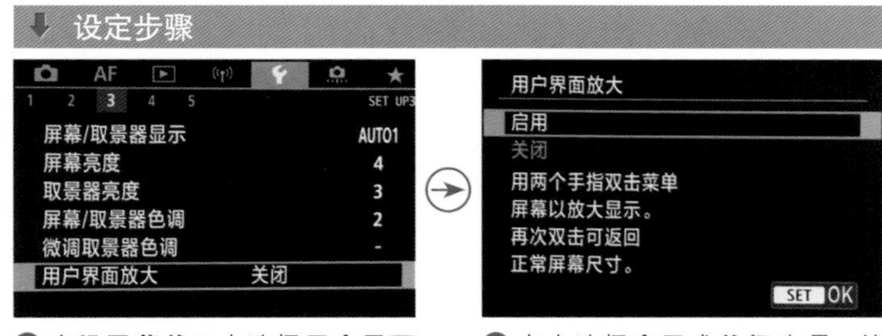


❶ 在**设置菜单 3** 中选择**用户界面放大**选项

❷ 点击选择**启用**或**关闭**选项，然后点击 SET OK 图标确定

## 设置节电选项

在“节电”菜单中可以控制显示屏、相机及取景器自动关闭的时间。

如果不操作相机，那么相机将会在设定的时间后自动关闭显示屏、取景器的显示，或关闭相机电源，从而减少电池的电能消耗。

设定步骤

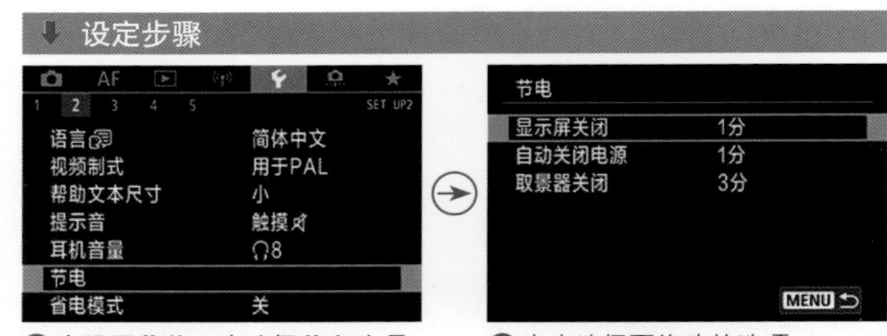


❶在**设置菜单 2** 中选择**节电**选项　❷点击选择要修改的选项

❸若在步骤❷中选择了**显示屏关闭**选项，点击选择一个时间选项，然后点击SET OK图标确定

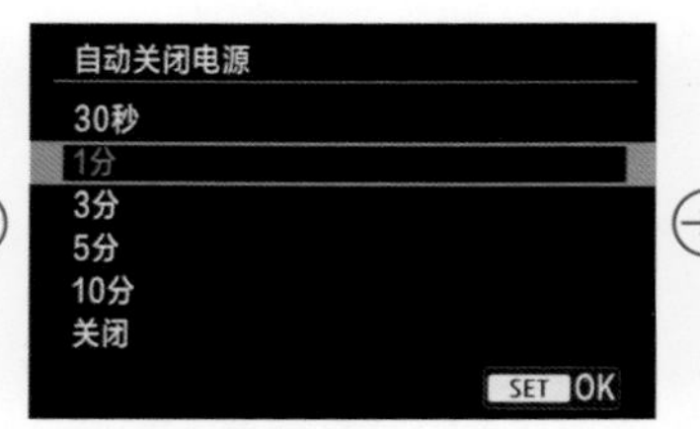


❹若在步骤❷中选择了**自动关闭电源**选项，点击选择一个时间选项，然后点击SET OK图标确定

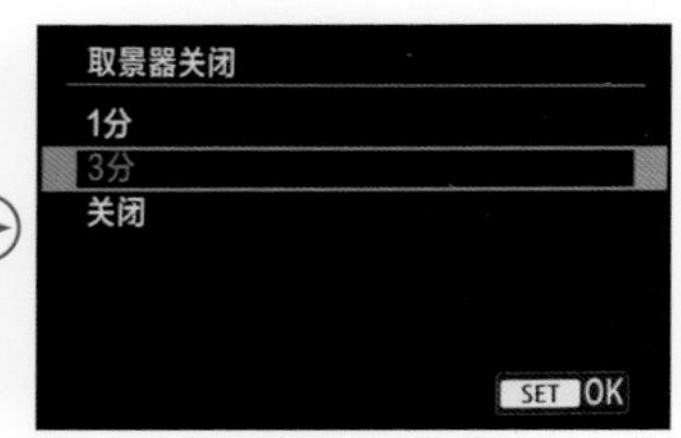


❺若在步骤❷中选择了**取景器关闭**选项，点击选择一个时间或**关闭**选项，然后点击SET OK图标确定

- 显示屏关闭：可以选择一个时间选项，当在设定的时间后没有操作相机，相机将会自动关闭显示屏。
- 自动关闭电源：可以选择30秒、1分、3分、5分、10分及“关闭”选项，当在设定的时间后没有进行相机操作，相机将会自动关闭电源。如果选择“关闭”选项，则不会启用自动关闭电源功能，不过当相机闲置的时间超过“显示屏关闭”设定的时间时，显示屏也将关闭，但相机电源保持开启。
- 取景器关闭：可以选择1分、3分或“关闭”选项，当在设定的时间后没有操作相机，相机将会自动关闭取景器。

**高手点拨：** 在实际拍摄中，可以将“自动关闭电源”选项设置为3～5分钟，这样既可以保证抓拍的即时性，又可以最大限度地节电。

---

## 设置照片预览时长

为了方便拍摄后立即查看拍摄结果，可在“图像确认”菜单中设置拍摄后屏幕显示图像的时间长度。

- 关：选择此选项，拍摄完成后相机不自动显示图像。
- 持续显示：选择此选项，相机会在拍摄完成后保持图像的显示，直到自动关闭电源为止。

设定步骤

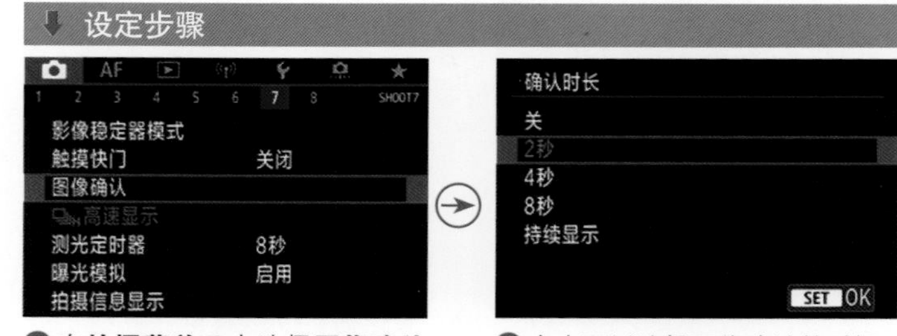


❶在**拍摄菜单 7** 中选择**图像确认**选项　❷点击可以选择图像确认的时间

- 2 秒 /4 秒 /8 秒：选择不同的选项，可以控制相机显示图像的时长。

**高手点拨：** 一般情况下，2秒已经足够做出曝光准确与否的判断了。在光线恒定、拍摄参数固定的情况下可以选择“关”选项。

## 设置拍摄时显示的信息

在拍摄状态下按INFO按钮，可在液晶屏幕或取景器中切换显示不同的拍摄信息。在“拍摄菜单7”的“拍摄信息显示”菜单中，用户可以自定义设置显示的拍摄信息。拍摄时浏览这些拍摄信息，可以快速判断是否需要调整拍摄参数。下面展示了选择所有拍摄信息选项时，多次按INFO按钮，依次显示的不同信息显示屏幕。

### 设定步骤

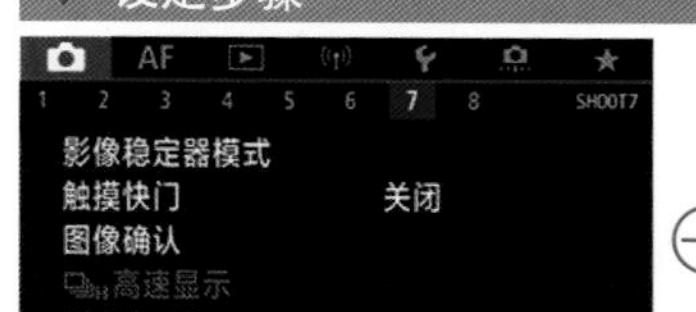


❶ 在**拍摄菜单7**中选择**拍摄信息显示**选项

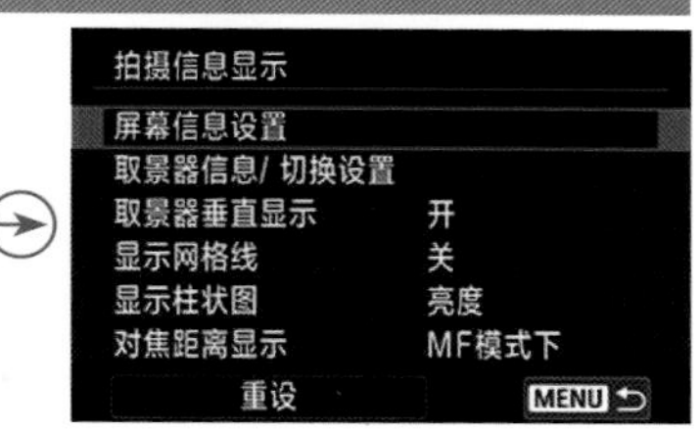


❷ 点击选择**屏幕信息设置**选项

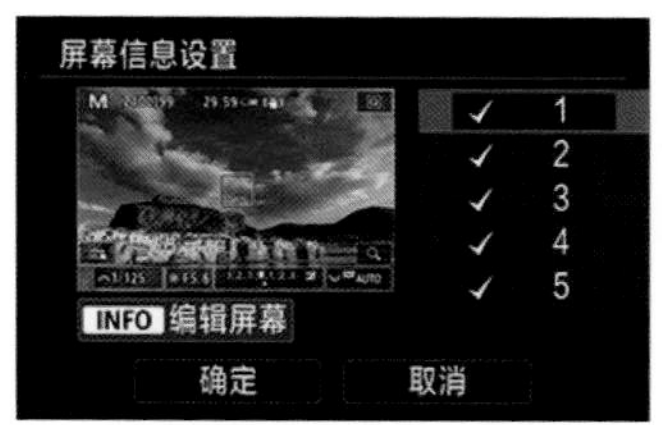


❸ 选择要显示的屏幕序号，点击以添加勾选标志。点击INFO 编辑屏幕图标则可以进一步编辑

❹ 在此界面中，可以选择当前屏幕上所要显示的项目，完成后点击“确定”按钮以返回上一级界面

序号1 显示拍摄模式、快门速度、光圈、感光度、曝光补偿等基本信息

序号2 选择此选项，将显示完整的拍摄信息

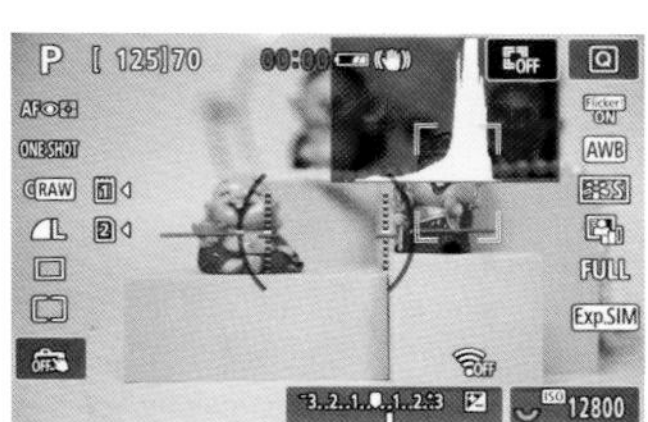

序号3 在显示完整拍摄信息的基础上，再增加显示直方图和数字水平量规，以确定照片是否曝光合适，以及确认相机是否处于水平状态

序号4 屏幕上仅显示图像，不显示拍摄参数

序号5 屏幕上仅显示拍摄信息（没有影像）。在使用取景器拍摄时最适合选择此选项

## 设置取景器显示格式

此菜单用于设定在取景器中图像与参数的显示格式。

选择“显示 1”选项，则图像充满画面；选择“显示 2”选项，则图像略微缩小，四周留有空白。不管选择哪种显示格式，都不会对成片造成影响。

设定步骤

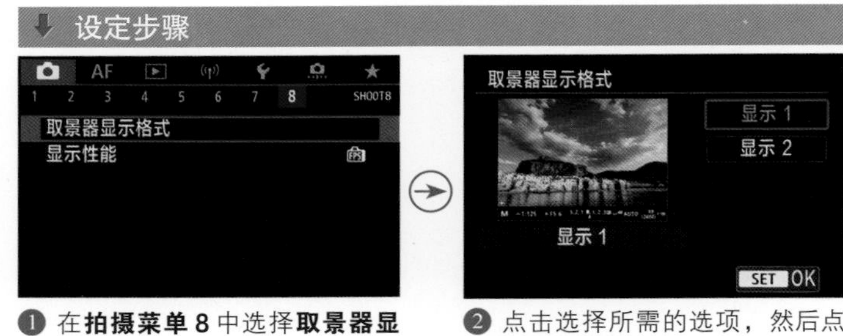


❶ 在**拍摄菜单 8** 中选择**取景器显示格式**选项

❷ 点击选择所需的选项，然后点击 SET OK 图标确定

## 自定义取景器中显示的信息

与液晶屏幕一样，在使用取景器拍摄时，也可以在“拍摄信息显示”的“取景器信息/切换设置”中，自定义设置取景器的信息显示模式。有 3 种模式可供选择，当选择第 2、3 种模式时，可以按 INFO 按钮进入详细编辑界面。

设定步骤

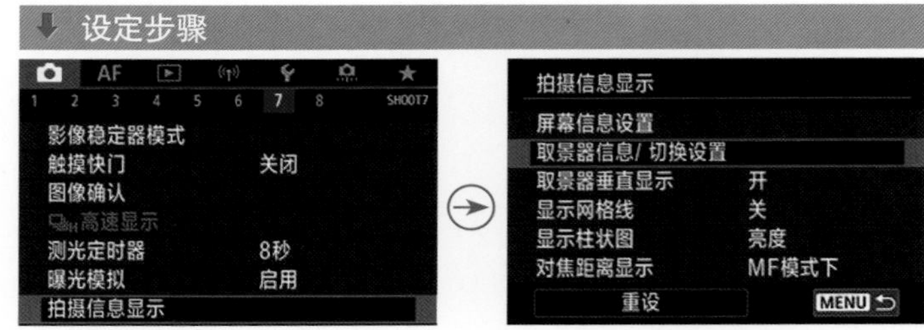


❶ 在**拍摄菜单 7** 中选择**拍摄信息显示**选项

❷ 点击选择**取景器信息/切换设置**选项

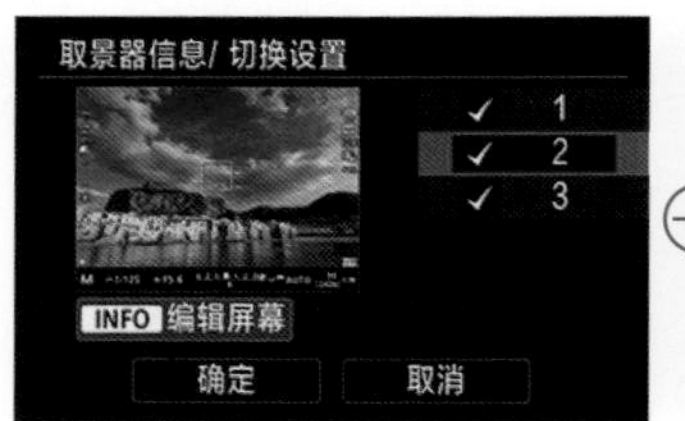


❸ 选择要显示的屏幕序号，点击以添加勾选标志，点击 INFO 编辑屏幕 图标可以进一步编辑

❹ 在此界面中，可以选择当前屏幕上所要显示的项目，完成后点击“确定”按钮以返回上一级界面

## 修改取景器的显示性能

此菜单用于设定拍摄照片时，取景器显示中的优先项。

选择“节电”选项，则以节约电量为原则；选择“流畅”选项，则图像显示得更为流畅，让眼睛看起来更为舒适。

设定步骤

❶ 在**拍摄菜单 8** 中选择**显示性能**选项

❷ 点击选择**节电**或**流畅**选项，然后点击 SET OK 图标确定

## 显示网格线辅助构图

Canon EOS R5/R6 相机的“显示网格线”功能可以帮助摄影师进行比较精确的构图，如严格的水平线或垂直线构图等。另外，3×3 的网格结构也可以帮助摄影师进行较准确的 3 分法构图，这在拍摄时是非常实用的。

该菜单用于设置是否在屏幕和取景器中显示网格线，包含“关”“3×3 ⧺”“6×4 ⩩”和“3×3+对角⋇”4 个选项，用户可以根据拍摄需求选择不同的网格线以辅助构图。

### 设定步骤

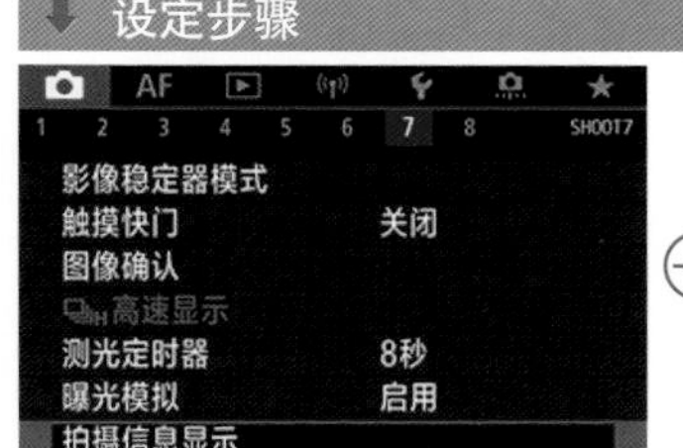


❶ 在**拍摄菜单 7** 中选择**拍摄信息显示**选项

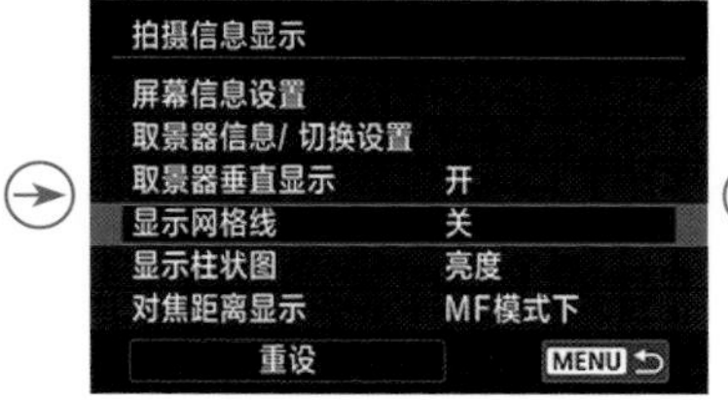


❷ 点击选择**显示网格线**选项

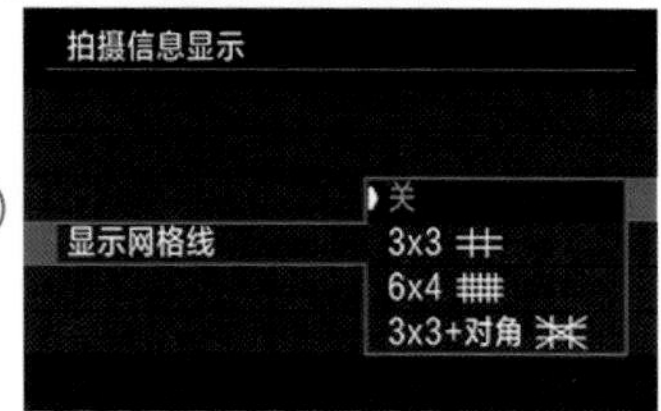


❸ 点击选择要显示的网格线类型

▲ 3×3 网格显示效果

▼ 拍摄有水平线的场景时，启用网格线，可以帮助摄影师更好地构图『焦距：18mm ┆ 光圈：F9 ┆ 快门速度：3.2s ┆ 感光度：ISO100』

## 将取景器中的信息垂直显示

此菜单用于设置使用取景器垂直拍摄时，拍摄信息是否变为垂直显示。选择“开”选项，拍摄信息会自动旋转，以方便摄影师观看；选择“关”选项，则拍摄信息不会旋转，仍然水平显示。

### 设定步骤

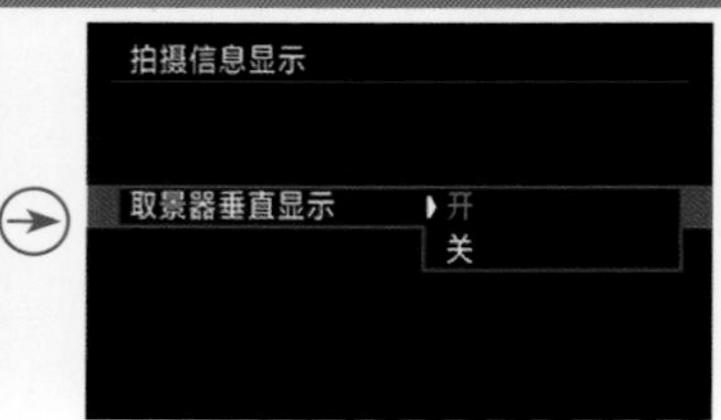

❶ 在**拍摄信息显示**菜单中点击选择**取景器垂直显示**选项

❷ 点击选择**开**或**关**选项

▲ 开启“取景器垂直显示”的效果

▲ 关闭“取景器垂直显示”的效果

## 显示直方图

Canon EOS R5/R6 相机提供了亮度和 RGB 两种柱状图（直方图），分别表示曝光情况和色彩分布情况。通过“显示柱状图”菜单可以控制是显示亮度直方图还是显示 RGB 直方图，并能设置显示直方图的大小。

### 设定步骤

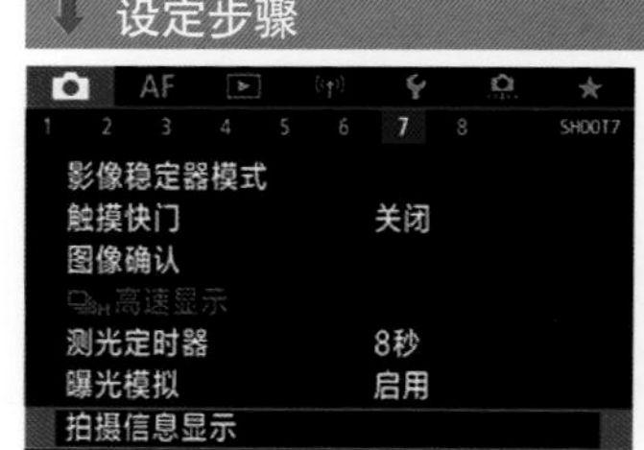

❶ 在**拍摄菜单 7** 中选择**拍摄信息显示**选项

❷ 点击选择**显示柱状图**选项

❸ 在此界面中可以对显示哪种直方图及直方图显示大小进行设置

- 亮度：选择此选项，则显示亮度直方图。其中横轴和纵轴分别代表亮度等级（左侧暗，右侧亮）和像素分布状况，两者共同反映出所拍图像的曝光量和整体色调情况。
- RGB：选择此选项，则显示 RGB 直方图。此直方图是显示图像中各三原色的亮度等级分布情况的图表。横轴表示色彩的亮度等级，纵轴表示每个色彩亮度等级上的像素分布情况。左侧分布的像素越多，色彩越暗淡；右侧分布的像素越多，色彩越明亮、浓郁。如果左侧像素过多，则相应的色彩会因明度不足而导致缺少细节；如果右侧像素过多，则色彩会因过于饱和而没有细节。
- 显示大小：选择“大”选项，则显示直方图的比例大一点；选择“小”选项，则显示直方图的比例小一点。

▲ 亮度直方图显示效果

## 修改播放照片时显示的信息

通过“播放信息显示”菜单，用户可以设定在播放照片期间，按 INFO 按钮显示的屏幕信息。用户可以根据自己的习惯来自定义选择显示哪些拍摄信息。

**高手点拨**：对于初学者来说，选择序号1、2、3即可。

设定步骤

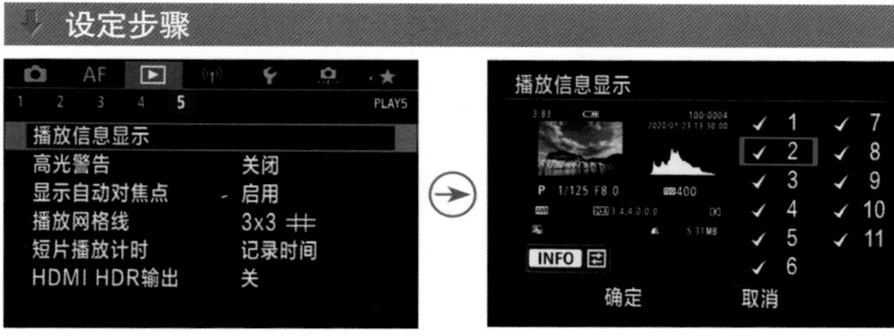


❶ 在**回放菜单 5** 中选择**播放信息显示**选项

❷ 选择要显示的屏幕序号，点击以添加勾选标志。选择完成后点击选择**确定**选项

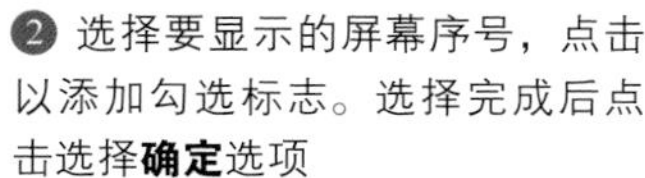

## 开启曝光模拟以正确曝光

“曝光模拟”菜单用于在液晶显示屏及取景器中模拟实际图像看起来的亮度（曝光）。

- 启用：选择此选项，显示的图像亮度将接近于最终图像的实际亮度（曝光），如果设置曝光补偿，画面的亮度会随之变化。
- 期间：选择此选项，平时会以标准亮度显示以便观看，只有当按住景深预览按钮期间，会进行曝光模拟。
- 关闭：选择此选项，屏幕会以标准亮度显示以便观看，即使设置曝光补偿，画面也不会有变化。

▲ Canon EOS R5 相机的景深预览按钮

设定步骤

❶ 在**拍摄菜单 7** 中选择**曝光模拟**选项

❷ 点击选择所需的选项

▲ 拍摄冰雪场景时，启用“曝光模拟”功能可以帮助摄影师了解画面曝光『焦距：18mm ┆ 光圈：F7.1 ┆ 快门速度：1/200s ┆ 感光度：ISO100』

# 设置相机控制参数

## 通过重置相机解决多数问题

利用“重置相机”功能可以一次性将拍摄功能和菜单设置或其他所选项目恢复到出厂时的默认设置状态，免去了逐一清除的麻烦。

- 基本设置：选择此选项，可以将“拍摄”“自动对焦”“播放”“无线”及“设置”菜单中的所有菜单选项恢复为默认值。
- 其他设置：用户可以选择如“拍摄信息显示”、“自定义拍摄模式（C1—C3）”、“自定义控制”、“我的菜单”等项目，对所选中的项目进行重置。

设定步骤

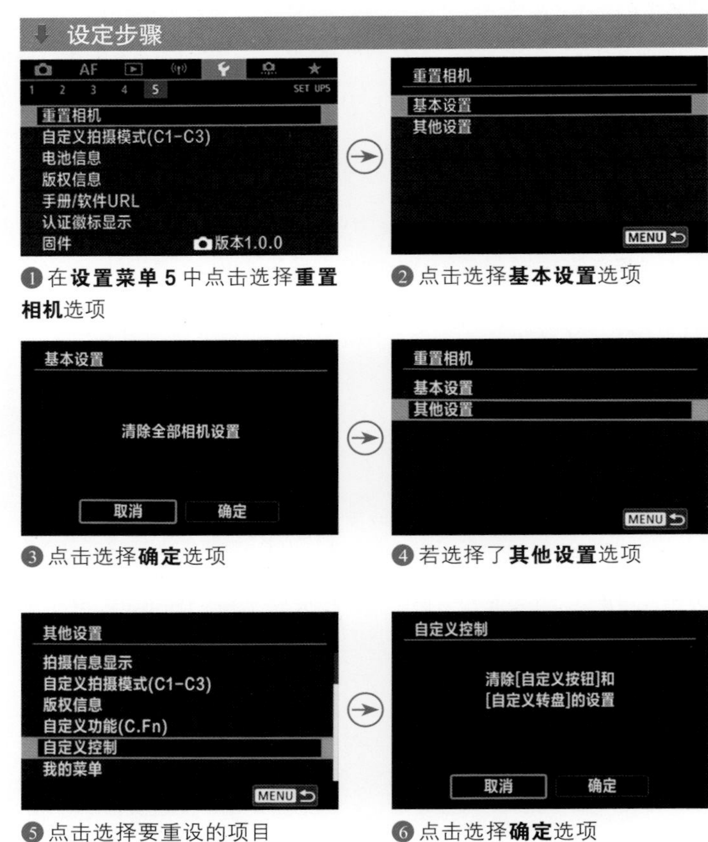


❶ 在**设置菜单 5** 中点击选择**重置相机**选项

❷ 点击选择**基本设置**选项

❸ 点击选择**确定**选项

❹ 若选择了**其他设置**选项

❺ 点击选择要重设的项目

❻ 点击选择**确定**选项

## 清除全部自定义功能

与“重置相机”功能不同的是，“清除全部自定义功能（C.Fn）”只会清零除“自定义按钮”和“自定义转盘”菜单之外的其他自定义菜单功能的设置，而拍摄菜单、回放菜单或设置等菜单里的功能设置不受影响。

设定步骤

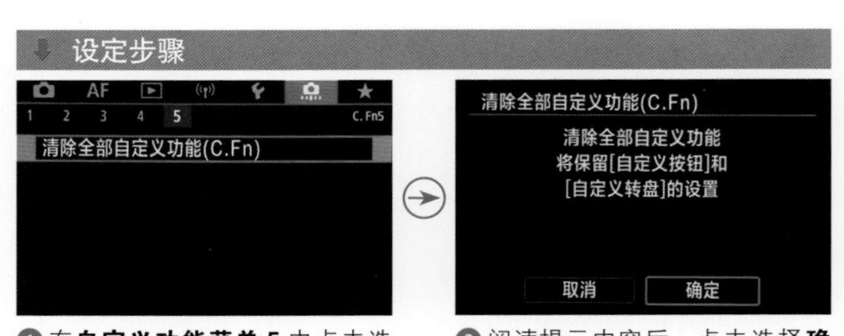


❶ 在**自定义功能菜单 5** 中点击选择**清除全部自定义功能（C.Fn）**选项

❷ 阅读提示内容后，点击选择**确定**选项

## 利用多功能锁避免误操作

为了避免在拍摄时误操作主拨盘、速控转盘、多功能控制钮、控制环及触摸面板等而意外更改相机设置，可以在此处指定要锁定的对象，然后按下相机上的 LOCK 按钮，即可锁定在此菜单中选定的项目。

设定步骤

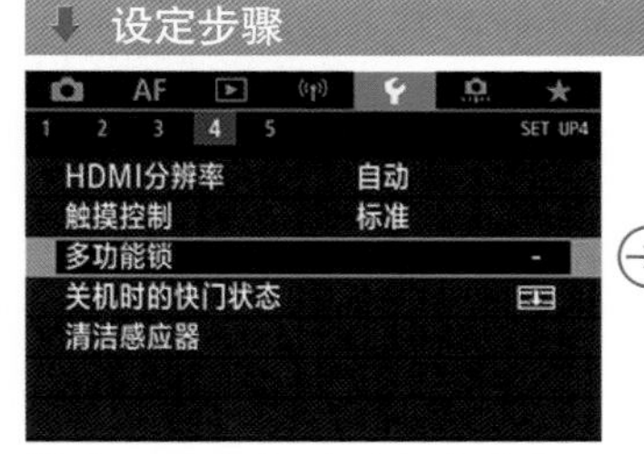


❶ 在**设置菜单4**中选择**多功能锁**选项

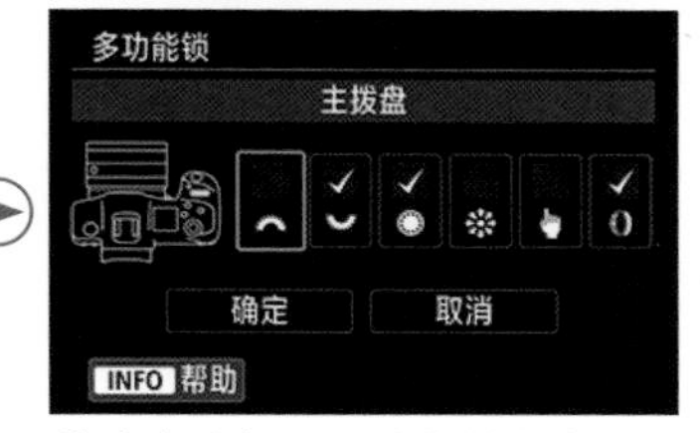


❷ 点击选择所需选项的小方框，添加勾选标记，选择完成后点击选择**确定**选项

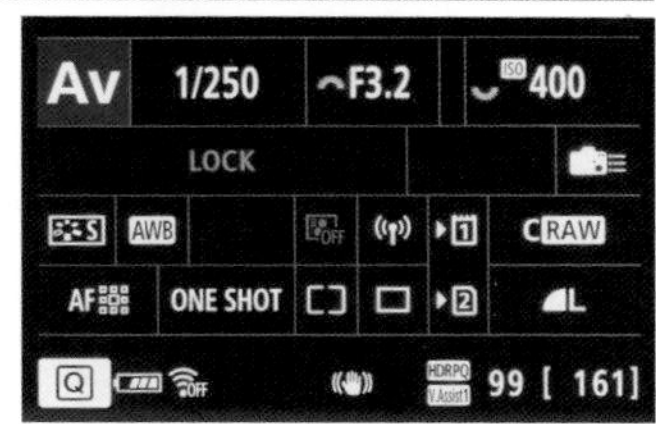


▲ 此图锁定的是速控转盘 1 ◎，因而在屏幕上用速控转盘 1 ◎操作的曝光补偿显示为 LOCK

## 开启触摸快门

Canon EOS R5/R6 相机的所有曝光模式都可以触摸快门拍摄。在“触摸快门”菜单中将其设为“启用”，当触摸快门启用时，点击屏幕上的人脸或被摄物体，相机会以所设的自动对焦方式对所点的位置进行对焦。若对焦成功，对焦点会变为绿色，然后相机自动拍摄照片；若没有对焦成功，对焦点变为橙色，需再次进行对焦操作。

设定步骤

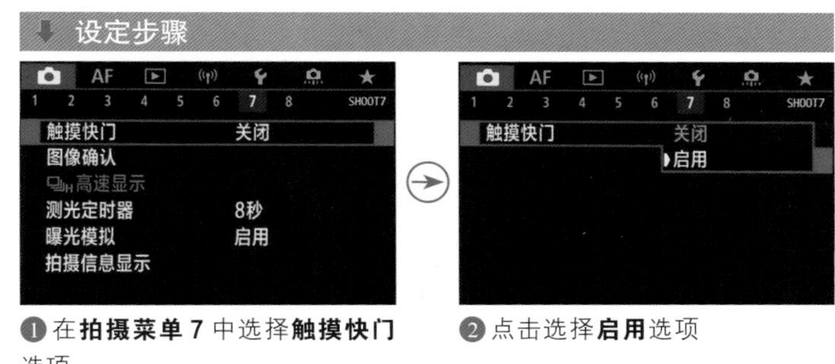


❶ 在**拍摄菜单 7** 中选择**触摸快门**选项

❷ 点击选择**启用**选项

▶ 拍摄微距题材时，使用触摸快门可以避免手按快门按钮时产生的抖动现象『焦距：85mm ┆ 光圈：F6.3 ┆ 快门速度：1/250s ┆ 感光度：ISO100』

## 开启触摸控制

Canon EOS R5/R6 相机的屏幕支持触摸操作，用户可以触摸屏幕来进行拍摄照片、设置菜单、回放照片等操作。

在“触摸控制”菜单中，用户可以选择触摸屏的灵敏度，如果想让相机迅速反应，那么可以选择“灵敏”选项，反之则可以选择“标准”选项。如果用户不习惯触摸的操作方式，则可以选择“关闭”选项，从而使用传统的按钮操作方式。

设定步骤

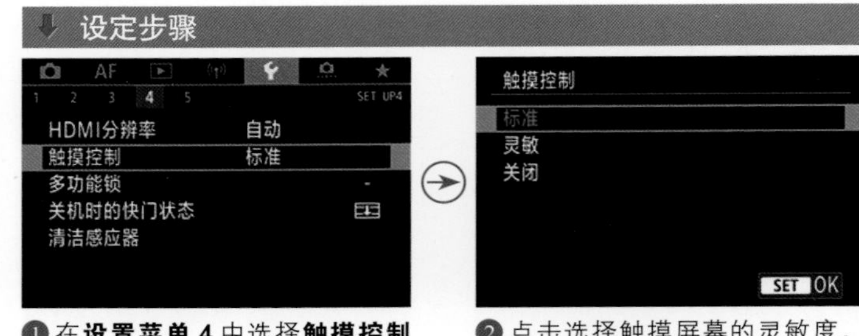


❶ 在**设置菜单 4** 中选择**触摸控制**选项

❷ 点击选择触摸屏幕的灵敏度，然后点击SET OK图标确定

## 定义 RATE 按钮的功能

Canon EOS R5 相机提供了 RATE 按钮的自定义功能，通过“RATE/🎙按钮的功能”菜单可以将图像评分、保护、删除或录制、回放语音备忘录等功能指定给此按钮。

- 评分（长按：🎙（录制语音备忘录））：选择此选项，在回放照片期间，可以按 RATE 按钮来为照片评分或清除评分，也可以按住该按钮 2 秒钟以后开始录制语音备忘录。
- 录制语音备忘录（RATE关闭）：选择此选项，则在回放照片期间，按 RATE 按钮来开始录制语音备忘录。
- 播放语音备忘录（长按：录制）：选择此选项，在回放照片期间，可以按 RATE 按钮来播放语音备忘录，按住该按钮 2 秒钟后可以开始录制语音备忘录。
- 保护（长按：录制语音备忘录）：选择此选项，在回放照片期间，可以按 RATE 按钮保护照片，按住该按钮 2 秒钟后可以开始录制语音备忘录。
- 删除图像：选择此选项，在回放照片期间，可以按 RATE 按钮来删除照片。

设定步骤

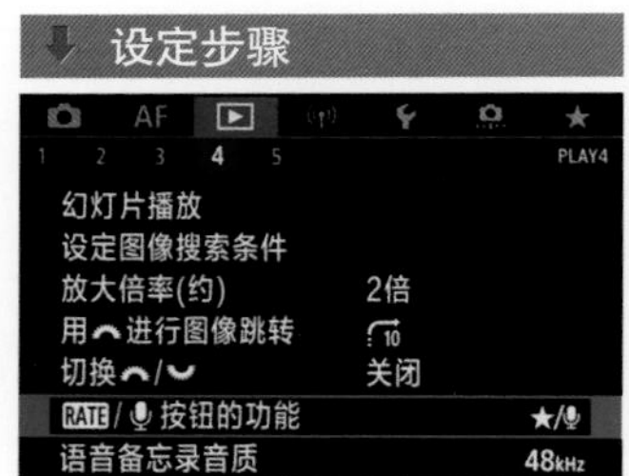


❶ 在**回放菜单 4** 中选择**RATE/🎙按钮的功能**选项

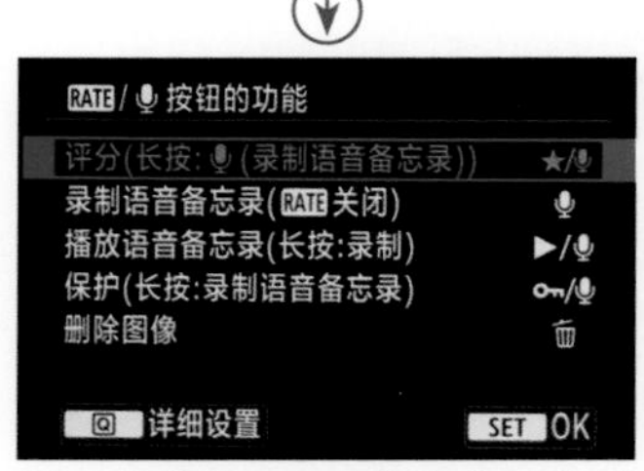


❷ 点击选择 RATE 按钮执行的功能，然后点击SET OK图标确定

**提示**

Canon EOS R6相机的RATE按钮不支持录制语音备忘录功能，因而在此菜单中的选项只有“评分”“保护”及“删除图像”3个回放时的功能。

## 设置取景器与显示屏自动切换的方法

Canon EOS R5/R6 相机可以检测到拍摄者正在通过取景器拍摄，还是正在通过屏幕拍摄，从而在取景器与屏幕之间切换。通过“屏幕/取景器显示”菜单，用户可以设置是由相机自动切换显示还是手动选择。

设定步骤

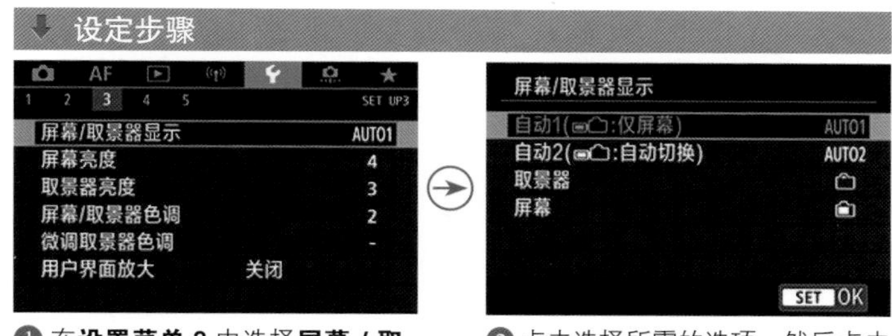


❶ 在**设置菜单 3** 中选择**屏幕 / 取景器显示**选项

❷ 点击选择所需的选项，然后点击 SET OK 图标确定

**高手点拨**：通常情况下，建议设置为“自动”，例如，当拍摄的照片需要精确对焦时，既需要通过屏幕来仔细查看对焦情况，又想要通过取景器取景拍摄，选择自动切换显示就会很方便。

- 自动 1（仅屏幕）：选择此选项，当屏幕翻开时，始终使用屏幕进行显示；当屏幕合上并面向拍摄者时，使用屏幕进行显示；但当拍摄者眼睛看向取景器时，会自动切换至取景器显示。
- 自动 2（自动切换）：选择此选项，当摄影师向取景器中看时，会自动切换到取景器中显示画面；当不再使用取景器时，又会自动切换回屏幕中显示画面。
- 取景器：选择此选项，屏幕被关闭，照片将在取景器上显示，适合在剩余电量较少时使用。
- 屏幕：选择此选项，则关闭取景器，始终在屏幕中显示照片。

## 修改自定义按钮的功能

Canon EOS R5/R6 相机的机身上有很多按钮，并被分别赋予了不同的功能，以便于拍摄者进行快速设置。根据个人的不同需求，还可以分别为这些按钮重新指定功能。

设定步骤

❶ 在**自定义功能菜单 3** 中选择**自定义按钮**选项

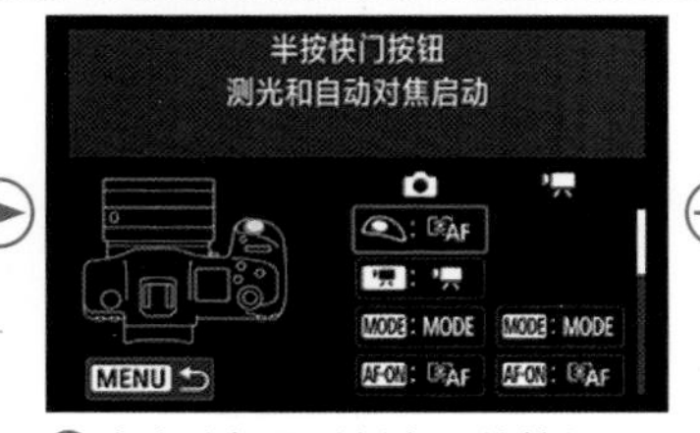


❷ 点击选择要重新定义的按钮

❸ 点击选择为该按钮分配的功能，然后点击 SET OK 图标确定

## 开启像差校正拍出更好的照片

利用 Canon EOS R5/R6 相机提供的“镜头像差校正”功能，可以自动对镜头进行周边光量校正、失真校正及数码镜头优化。

### 周边光量校正

当使用广角镜头或镜头的广角端拍摄，以及给镜头安装了滤镜或遮光罩时，都可能造成拍出的照片四周出现亮度比中间部分暗的情况，即所谓的暗角现象。利用 Canon EOS R5/R6 提供的“周边光量校正”功能，可以校正这种暗角现象。

设定步骤

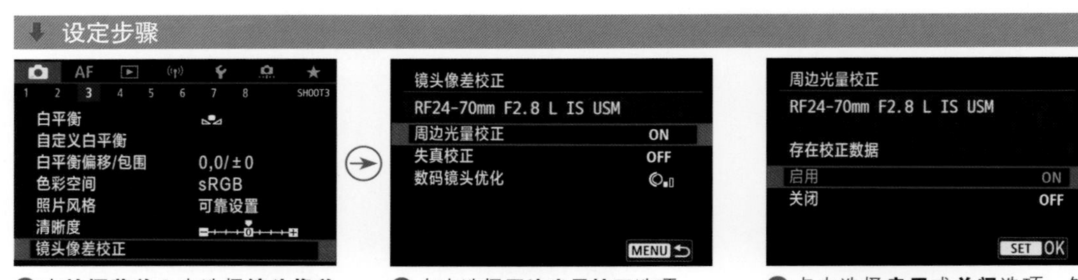


❶ 在**拍摄菜单 3** 中选择**镜头像差校正**选项

❷ 点击选择**周边光量校正**选项

❸ 点击选择**启用**或**关闭**选项，然后点击 SET OK 图标确定

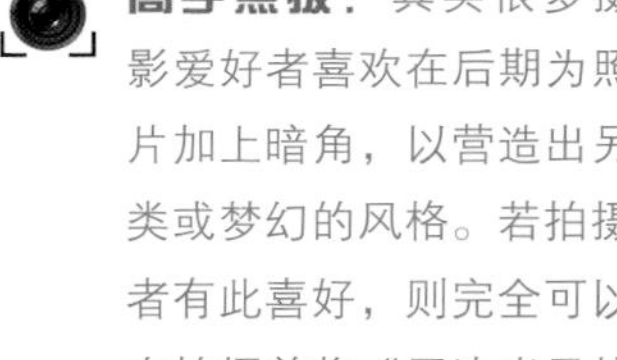

**高手点拨**：其实很多摄影爱好者喜欢在后期为照片加上暗角，以营造出另类或梦幻的风格。若拍摄者有此喜好，则完全可以在拍摄前将“周边光量校正”设置为“关闭”，以保留这种暗角。

▲ 将“周边光量校正”设置为“关闭”后拍摄的效果

▲ 将“周边光量校正”设置为“启用”后拍摄的效果『焦距：85mm ┆ 光圈：F2.8 ┆ 快门速度：1/160s ┆ 感光度：ISO100』

## 失真校正

该选项用于减轻使用广角镜头拍摄时出现的桶形失真和使用长焦镜头拍摄时出现的枕形失真现象。开启此功能后，取景器中可视区域的边缘在最终照片中可能会被裁切掉，并且处理照片所需的时间可能会增加。

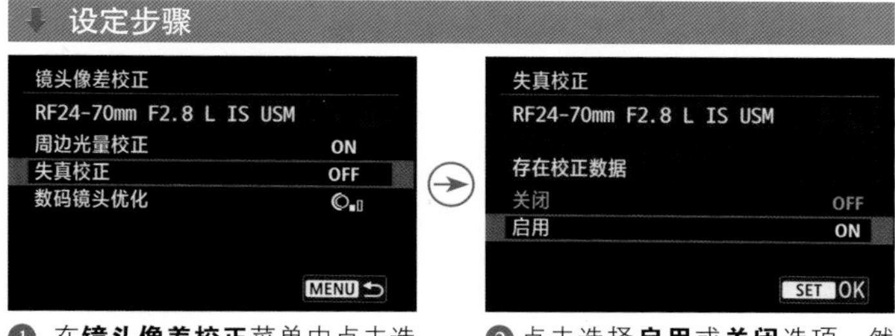


❶ 在**镜头像差校正**菜单中点击选择**失真校正**选项

❷ 点击选择**启用**或**关闭**选项，然后点击SET OK图标确定

## 数码镜头优化

该选项可以减轻镜头所产生的多种像差、衍射现象及因低通滤镜导致的分辨率损失。虽然在设置为"标准"或"强"选项时，不会显示"色差校正"和"衍射校正"，但这两者在拍摄时都会被"启用"。

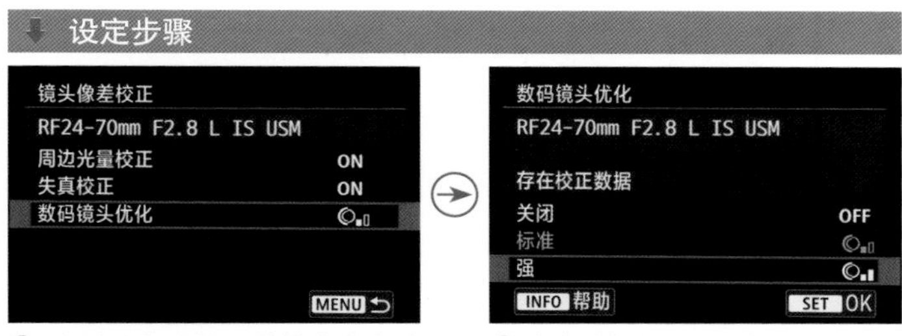


❶ 在**镜头像差校正**菜单中点击选择**数码镜头优化**选项

❷ 点击选择**标准**、**强**或**关闭**选项，然后点击SET OK图标确定

▲『焦距：18mm ┊ 光圈：F10 ┊ 快门速度：1/2s ┊ 感光度：ISO100』

# 设置影像存储参数

## 根据照片的用途设置画质

### 设置合适的分辨率为后期处理做准备

在设置图像的画质之前，应先了解一下图像的分辨率。图像的分辨率越高，制作的照片的质量就越理想，在计算机后期处理时裁剪的余地就越大，同时文件所占空间也越大。Canon EOS R5 相机可拍摄图像的最大分辨率为 8192×5464，约相当于 4480 万像素，因而拍出的照片有很大的后期处理空间。

### 合理利用画质设定节省存储空间

在拍摄前，用户可以根据自己对画质的要求进行设定。在存储卡空间充足的情况下，最好使用最高分辨率进行拍摄，这样可以使拍出的照片在放得很大时也很清晰。不过使用最高分辨率也存在缺点，因为使用最高分辨率拍摄时，图像文件过大，导致照片存储的速度会减慢，所以在进行高速连拍时，最好适当地降低分辨率。

Q：什么是 RAW 格式？

A：简单地说，RAW 格式就是一种数码照片文件格式，包含了数码相机传感器未处理的图像数据，相机不会处理来自传感器的色彩分离的原始数据，仅将这些数据保存在存储卡上，这意味着相机将（所看到的）全部信息都保存在图像文件中。采用 RAW 格式拍摄时，数码相机仅保存 RAW 格式图像和 EXIF 信息（相机型号、所使用的镜头，以及焦距、光圈、快门速度等）。摄影师设定的相机预设值（如对比度、饱和度、清晰度和色调等）都不会影响所记录的图像数据。

Q：使用 RAW 格式拍摄的优点有哪些?

A：使用 RAW 格式拍摄的优点如下。

- 可将相机中的许多文件处理工作转移到计算机上进行，从而可进行更细致地对照片进行处理，包括白平衡调节，高光区、阴影区和低光区调节，以及清晰度、饱和度控制等。对于非 RAW 格式文件而言，由于在相机内处理图像时已经应用了白平衡设置，这种无损改变是不可能的。
- 可以使用最原始的图像数据（直接来自传感器），而不是经过处理的信息，这毫无疑问将获得更好的效果。
- 可利用 14 位图片文件进行高位编辑，这意味着具有更多的色调，可以使最终的照片获得更平滑的梯度和色调过渡。在 14 位模式下进行操作时，可使用的数据更多。

EOS R5/R6

**设定步骤**

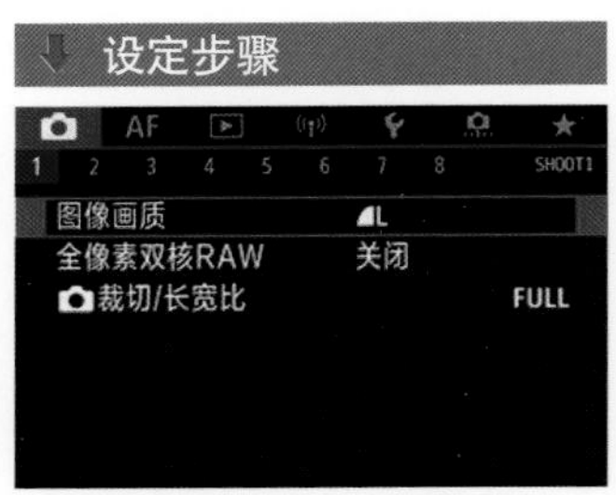


❶ 在**拍摄菜单 1** 中选择**图像画质**选项

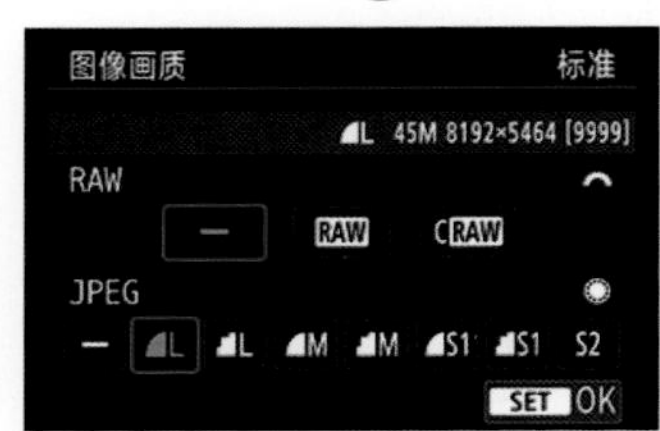


❷ 点击选择 RAW 格式或者 JPEG 格式画质选项，然后点击SET OK图标确定

▲ 若在**记录功能 + 存储卡/文件夹**菜单中选择了**分别记录**选项，可以为每个存储卡分别选择图像画质

▲ 当启用了 **HDR PQ** 功能时，可以在此设置 HEIF 格式

**提示**

Canon EOS R6相机可拍摄图像的最大分辨率为5472×3648，约2000万像素。

## 利用 HDR PQ 功能拍摄 HEIF 照片

HDR PQ 中的 PQ 代表用于显示 HDR 图像的输入信号的伽马曲线。在“HDR PQ 设置”菜单中启用此功能，可以让相机生成符合以 ITU-R BT.2100 和 SMPTE ST.2084 定义的 PQ 规格的 HDR 图像。

当启用 HDR PQ 功能后，用户可以在“图像画质”菜单中指定照片记录为 HEIF 或 RAW 格式。这里讲解一下什么是 HEIF 格式，HEIF 格式是高效率图像文件格式（High Efficiency Image File Format）的英文缩写，它不仅可以存储静态照片和 EXIF 信息元数据等，还可以存储动画、图像序列甚至视频、音频等，而 HEIF 的静态照片格式特指以 HEVC 编码器进行压缩的图像数据和文件。

**高手点拨：** HEIF图像无法直接使用Windows系统预览，因此，可以使用Canon EOS R5/R6中的“HEIF→JPEG转换”菜单将其转换成为JPEG格式进行预览。

HEIF 格式图像具有以下几个优点。

- 超高比压缩文件的同时具有高画质。HEIF 静态照片在文件大小相同的情况下可以保留的信息是 JPEG 的两倍，或者说画质相同时 HEIF 的容量只有不到 JPEG 的一半。
- 具有更优质的画质。HEIF 图像和视频一样，支持高达 10 位色深保存，而且和 HDR 图像、广色域等新技术的应用能更好地无缝配合，可以把高动态显示、景深、色深等信息封装至同一个文件中，记录和显示更明亮、更鲜艳生动的照片和视频。
- 内容灵活。由于 HEIF 是一种封装格式，因此能保存的信息要远远比 JPEG 丰富，除了缩略图、EXIF、元数据等信息外，还可以保存并显示各种各样的数据信息。

### 设定步骤

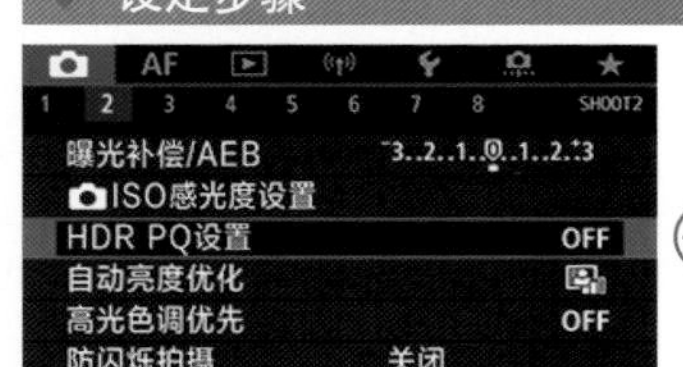


❶ 在**拍摄菜单 2** 中选择 **HDR PQ 设置**选项

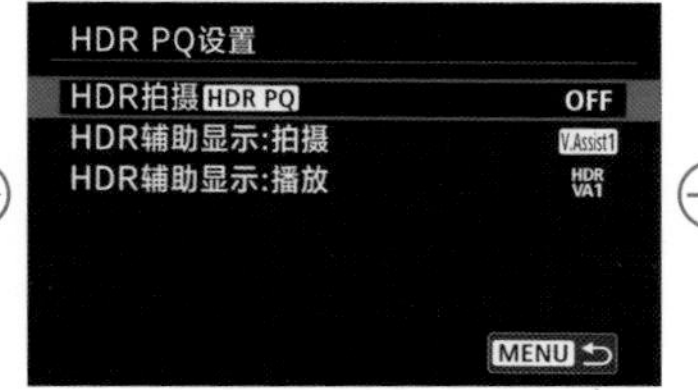


❷ 点击选择 **HDR 拍摄 HDR PQ** 选项

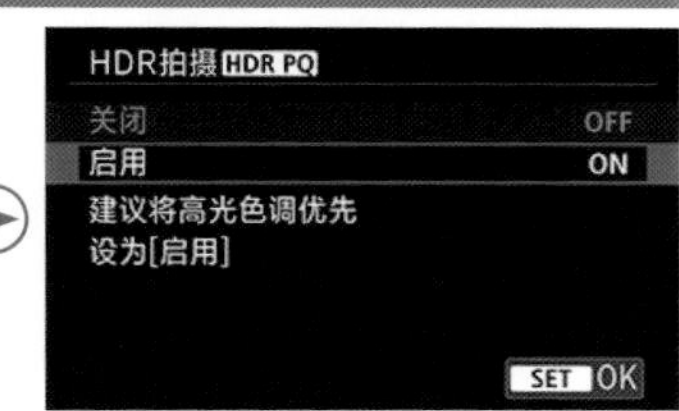


❸ 点击选择**启用**选项，然后点击 SET OK 图标确定

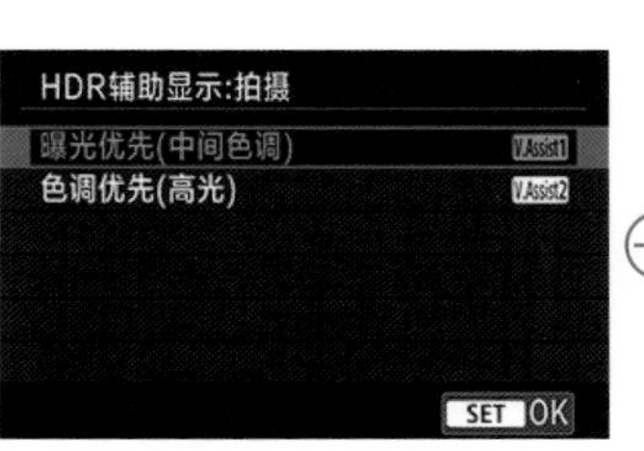


❹ 若在步骤❷中选择了 **HDR 辅助显示：拍摄**选项，点击选择所需的选项，然后点击 SET OK 图标确定

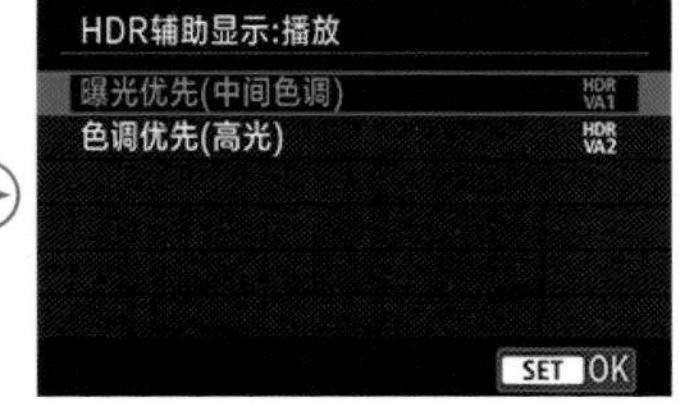


❺ 若在步骤❷中选择了 **HDR 辅助显示：播放**选项，点击选择所需的选项，然后点击 SET OK 图标确定

- HDR 辅助显示（拍摄）：在拍摄时屏幕上会显示转换的图像，该图像类似在 HDR 显示设备上显示的图像效果。选择“曝光优先（中间色调）”选项，将在屏幕上显示使用中间亮度强调被摄体（如人物）曝光的参考。选择“色调优先（高光）”选项，将在屏幕上显示强调明亮的被摄体（如天空）渐变层次的参考。
- HDR 辅助显示（播放）：在回放时屏幕上会显示转换的图像，该图像类似在 HDR 显示设备上显示的图像效果。选择“曝光优先（中间色调）”选项，将在屏幕上显示使用中间亮度强调被摄体（如人物）曝光的参考。选择“色调优先（高光）”选项，将在屏幕上显示强调明亮的被摄体（如天空）渐变层次的参考。

## 全像素双核 RAW 功能

Canon EOS R5 相机携带了佳能相机较新的图像处理技术——全像素双核 RAW 优化。

当启用“全像素双核 RAW”功能后，相机可以同时将正常影像和有视差影像的双像素数据，以及被摄体的纵深信息记录到一个 RAW 文件中。因为记录的信息更为丰富，所以与普通的 RAW 文件相比，文件大小是普通 RAW 文件的两倍。

与普通的 RAW 文件相比，全像素双核 RAW 的可调整性更高，用户结合佳能 Digital Photo Professional（简称 DPP）软件中的全像素 RAW 优化功能，可以很轻松地对画面进行解像感补偿、虚化偏移、减轻鬼影三大方面的精细处理。

- 解像感补偿：通俗地讲，解像感补偿就是图像微调。由于全像素双核 RAW 文件中记录了照片的深度信息，那么只要在软件中通过微调，便可以进一步提高照片的焦点清晰度，从而得到高锐度的照片。这对于人像、鸟类、微距等对锐度要求较高的题材来说，有一定实用性。
- 虚化偏移：由于全像素双核 RAW 文件中会记录到不同视点位置和纵深信息，通过在 DPP 软件中重新设定视点，便可以水平移动散景位置。这个功能主要运用在使用大光圈虚化前景的人像照片或者微距照片中。如果摄影师觉得虚化的前景影响到了主体表现，那么就可以使用此功能来适当水平移动前景的位置，但要注意移动的程度有限，不能期望过高。
- 减轻鬼影：在逆光拍摄时，经常遇到画面中出现鬼影和眩光，如果使用的是 Canon EOS R5/R6 的全像素双核 RAW 格式记录，然后在 DPP 软件中进行后期处理，便能有效地减少画面中的鬼影及炫光现象。

**设定步骤**

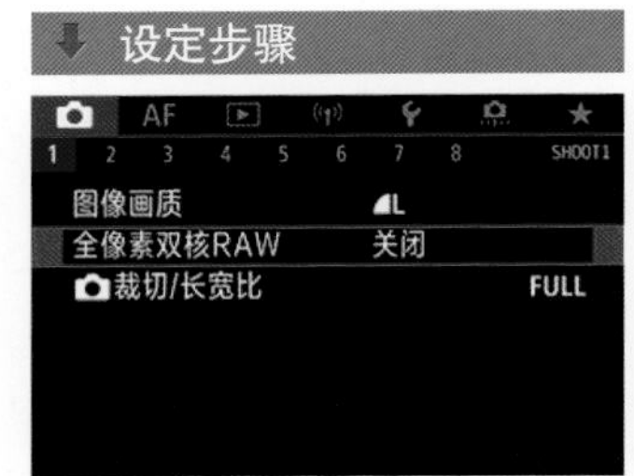


❶ 在**拍摄菜单 1** 中选择**全像素双核 RAW** 选项

❷ 点击选择**启用**或**关闭**选项，然后点击SET OK图标确定

**提示**

Canon EOS R6相机无此功能。

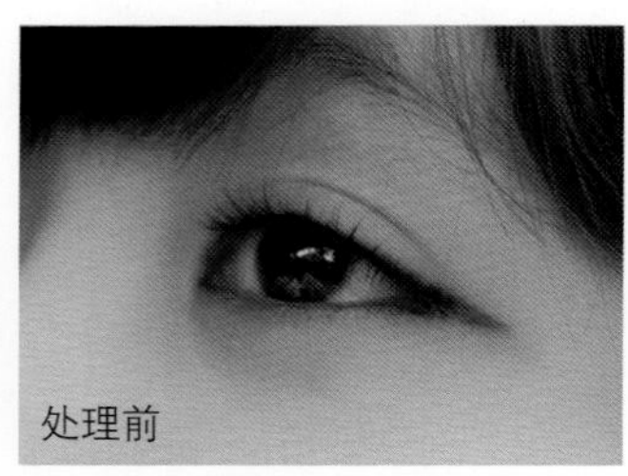

处理前

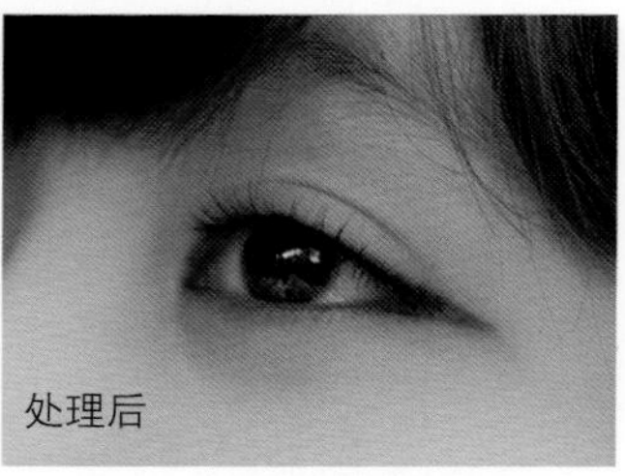

处理后

▲ 通过对比右侧处理前与处理后的放大图可以看出，在对全像素双核 RAW 格式的照片进行解像感补偿处理后，照片的清晰度得到了提高『焦距：50mm ┆ 光圈：F2.2 ┆ 快门速度：1/320s ┆ 感光度：ISO200』

## 修改照片照明与景深

使用 Canon EOS R5 相机的“全像素双核 RAW”功能拍摄的照片，可以在相机内的“DPRAW 处理”菜单进行 RAW 图像处理。在此菜单中除了包含“RAW 图像处理”菜单的所有调整选项外，还可以对照片进行“人像重新照明”和“背景清晰度”两个方面的校正。

> **提示**
> EOS R6相机无此功能。

### 人像重新照明

此功能适用于人像照片，通过对照片添加亮度来改善侧光或逆光下人物的阴影区域。与“自动亮度优化功能”的工作方式不同，“人像重新照明”功能需摄影师手动调整亮度，对人物面部、身体及其他区域均可以进行校正。

在详细调整界面，画面左上方会显示一黑一白两个小点，其中黑点表现被选中面部位置，白点表示光源的方向，用户可以拖曳调整光源的照明方向。当白点与黑点重合时，则光源置于面部的正前方。点击屏幕上的Q图标可以在弱、标准、强 3 个强度级别中调整光源的照明强度；点击屏幕上的🔍图标可以设定光源照明的覆盖范围，可以根据照片的补光需要选择投射光、中范围光和广范围光的补光范围。

**设定步骤**

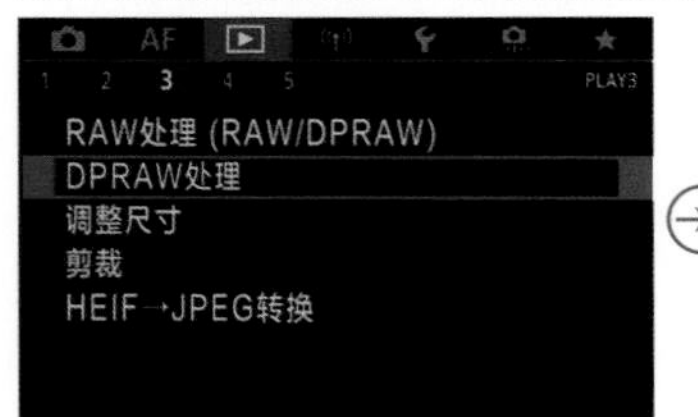


❶ 在**回放菜单 3** 中选择 **DPRAW 处理**选项

❷ 点击选择**人像重新照明**选项

❸ 左右滑动选择要编辑的照片，然后点击 SET 图标

❹ 点击图标，进入人像重新照明详情编辑界面

❺ 点击选择要修饰的面部，调整光源方向、补光强度及光源覆盖范围

❻ 光源方向为顺光时的效果

❼ 对脸部阴影区域补光的效果

❽ 增强补光强度及光源覆盖范围的效果。调整满意后点击 SET OK 图标确定

❾ 设定完成后，点击图标另存修改后的照片，在此界面中点击确定选项

## 背景清晰度

此选项用于调整人物或风景照片中背景的模糊程度，用户可以在 0 ~ 4 个等级内调整清晰度。在 RAW 图像处理中调整清晰度时，可以在 −4 至 +4 等级范围内设定图像边缘反差。

### 设定步骤

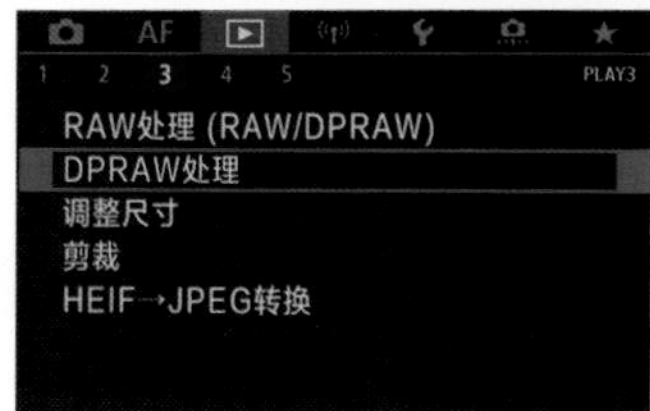


❶ 在**回放菜单 3** 中选择 **DPRAW 处理**选项

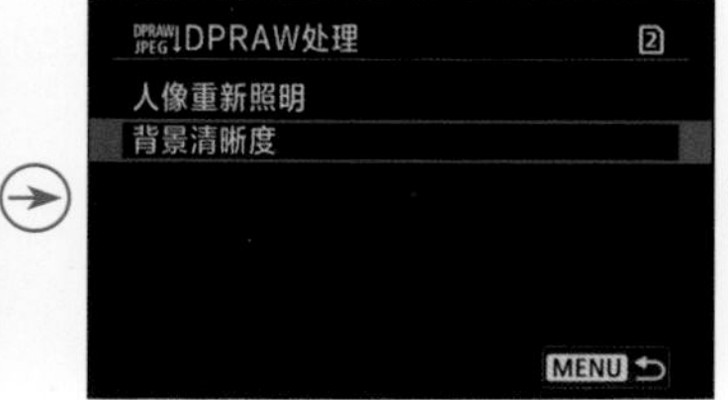


❷ 点击选择**背景清晰度**选项

❸ 左右滑动选择要编辑的照片，然后点击 SET 图标

❹ 点击 0 图标，进入背景清晰度编辑界面

❺ 点击◀或▶图标选择清晰度等级

❻ 设定完成后，点击图标另存修改后的照片，在此界面中点击确定选项

▲ 调整背景为虚化效果，使画面主体表现更突出『左图 焦距：50mm ┆ 光圈：F3.2 ┆ 快门速度：1/640s ┆ 感光度：ISO100；右图 焦距：50mm ┆ 光圈：F3.5 ┆ 快门速度：1/800s ┆ 感光度：ISO100』

## 设置静止图像裁切/长宽比

Canon EOS R5/R6 为全画幅微单相机，通常情况下使用 RF 或 EF 镜头，会以约 36.0mm × 24.0mm 的感应器尺寸拍摄全画幅图像，但也为多样化拍摄提供了静止图像“裁切/长宽比”功能，在此菜单中，用户可以根据拍摄需求选择合适的长宽比选项，比如选择 1.6 倍 ( 裁切 ) 选项，相机可以放大图像的中央区域约 1.6 倍 ( 与 APS-C 尺寸一样 ) 来实现如同使用镜头拉近取景的拍摄效果。

如果希望拍摄出适合在宽屏计算机显示器或高清电视上查看的照片，可以将长宽比设置为 16∶9。使用 4∶3 的长宽比拍摄出来的画面适用于在普通计算机上观看。使用 1∶1 的长宽比拍摄出来的画面是正方形的，当需要使用方画幅来表现主体或拍摄用于网络头像的照片时适合使用。

在拍摄区域设置界面，可以设定当长宽比为 1∶1 、4∶3 或 16∶9 时，是以黑色掩盖还是轮廓线标示取景范围。

### 设定步骤

❶ 在**拍摄菜单 1** 中选择**裁切 / 长宽比**选项

❷ 点击选择需要的比例选项，若点击了 INFO 拍摄区域 图标，则可以选择拍摄区域

❸ 点击选择**掩蔽**或**轮廓**选项，然后点击 SET OK 图标确定

## 选择用于记录和回放的存储卡

当在 Canon EOS R5/R6 相机插入两张存储卡时，可以通过“记录功能 + 存储卡/文件夹选择”菜单，设定记录方式、指定记录的存储卡或重新创建一个文件夹来保存拍摄的照片。

### 设定步骤

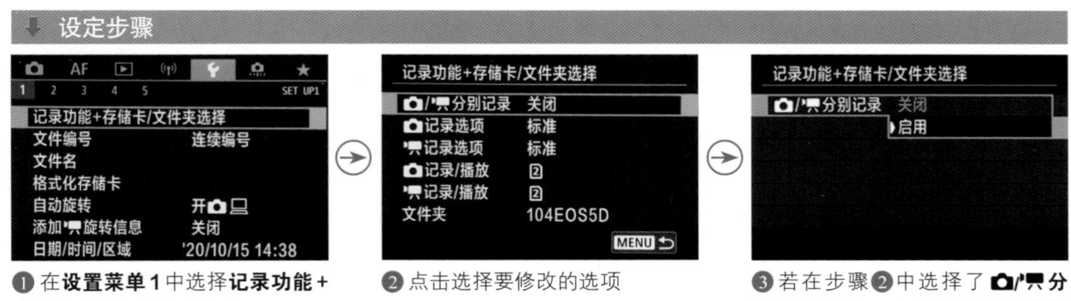


❶ 在**设置菜单 1** 中选择**记录功能 + 存储卡 / 文件夹选择**选项

❷ 点击选择要修改的选项

❸ 若在步骤❷中选择了 **分别记录**选项，在此可以选择**关闭**或**启用**选项

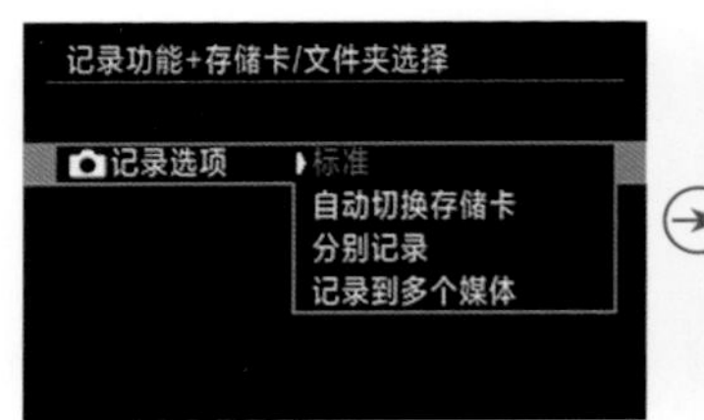


❹ 若在步骤❷中选择了**记录选项**选项，在此选择所需的方式

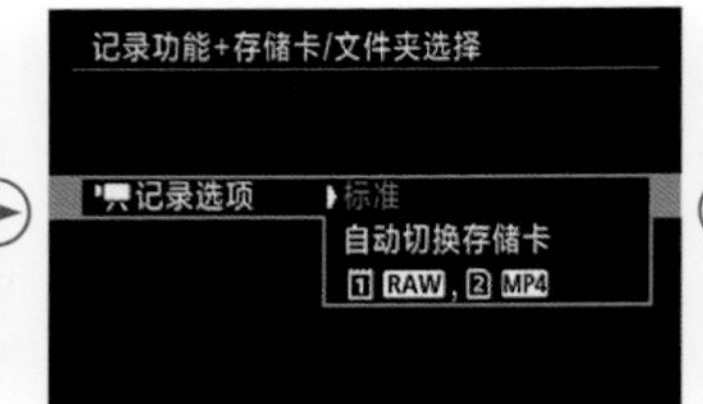


❺ 若在步骤❷中选择了**记录选项**选项，在此选择所需的方式

❻ 若在步骤❷中选择了**记录/播放**选项，在此可以选择记录和播放照片的存储卡

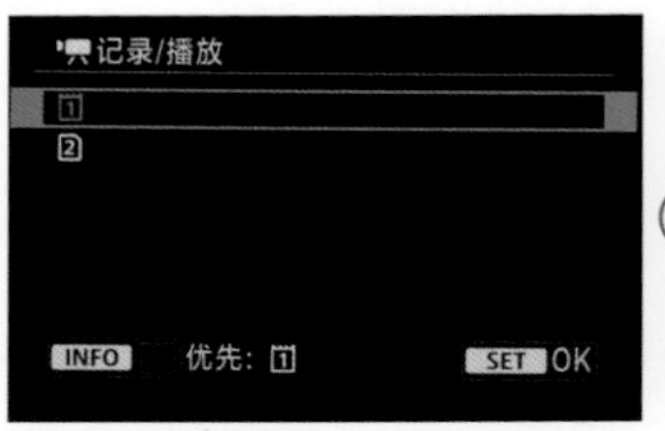


❼ 若在步骤❷中选择了**记录/播放**选项，在此可以选择记录和播放视频的存储卡

❽ 若在步骤❷中选择了**文件夹**选项，在此可以选择 一个文件夹或创建新文件夹

- 分别记录：选择“启用”选项，相机将自动处理视频和照片的存储位置，视频会被存储至存储卡1中，照片会被存储至存储卡2中。
- 记录选项：选择照片的记录与保存方式。选择“标准”选项，即可将照片保存在由“记录/播放”选项指定的存储卡中；选择“自动切换存储卡”选项，其功能与选择“标准”选项时基本相同，但当指定的存储卡已满时，会自动切换至另外一张存储卡进行保存；选择“分别记录”选项，可以在“图像画质”中为每张存储卡中保存的照片设置画质；选择“记录到多个媒体”选项，可将照片同时记录到两张存储卡中。
- 记录选项：选择视频的记录与保存方式。前两个选项与照片选项相同，当选择“1 RAW、2 MP4”选项时，录制视频时会将RAW格式的视频记录至存储卡1，将MP4格式的视频记录至存储卡2。
- 记录/播放（播放）：选择记录和播放照片的存储卡。当“记录选项”设置为“标准”或“自动切换存储卡”选项时，在此选择用于记录和回放照片的存储卡。当“记录选项”设置为“分别记录”或“记录到多个媒体”选项时，在此选择用于回放的存储卡。

记录/播放（播放）：选择记录和播放视频的存储卡，其他与“记录/播放”一样。当“记录选项”设置为“1 RAW、2 MP4”选项时，在此选择用于回放的存储卡。

- 文件夹：可以选择一个已有的文件夹或创建一个新的文件夹保存照片。

## 格式化存储卡

“格式化存储卡”功能用于删除存储卡内的全部数据。一般在新购买存储卡后，应事先对其进行格式化。选择“确定”选项，界面中将显示“格式化存储卡 全部数据将丢失！”的提示。格式化会将保护的照片也一并删除，因此在操作前要特别注意。

❶ 在**设置菜单 1** 中选择**格式化存储卡**选项

❷ 选择要格式化的存储卡选项，然后在确认界面选择**确定**选项

# 设置照片拍摄风格

## 使用照片风格功能

根据不同的拍摄题材，可以选择相应的照片风格，从而实现更佳的画面效果。Canon EOS R5/R6 相机包含自动、标准、人像、风光、精致细节、中性、可靠设置及单色照片风格等。

- 自动：使用此风格拍摄时，色调将自动调节为适合拍摄场景，尤其是拍摄蓝天、绿色植物及自然界中的日出与日落场景时，色彩会显得更加生动。
- 标准：此风格是最常用的照片风格，使用该风格拍摄的照片画面清晰，色彩鲜艳、明快。
- 人像：使用此风格拍摄人像时，人的皮肤会显得更加柔和、细腻。
- 风光：此风格适合拍摄风光照片，对画面中的蓝色和绿色有非常好的展现。
- 精致细节：此风格会将被摄体的详细轮廓和细腻纹理表现出来，颜色会略微鲜明。
- 中性：此风格适合偏爱计算机图像处理的用户，使用该风格拍摄的照片色彩较为柔和、自然。
- 可靠设置：此风格也适合偏爱计算机图像处理的用户，当在 5200K 色温下拍摄时，相机会根据主体的颜色调节色彩饱和度。
- 单色：使用此风格可拍摄黑白或单色的照片。

设定步骤

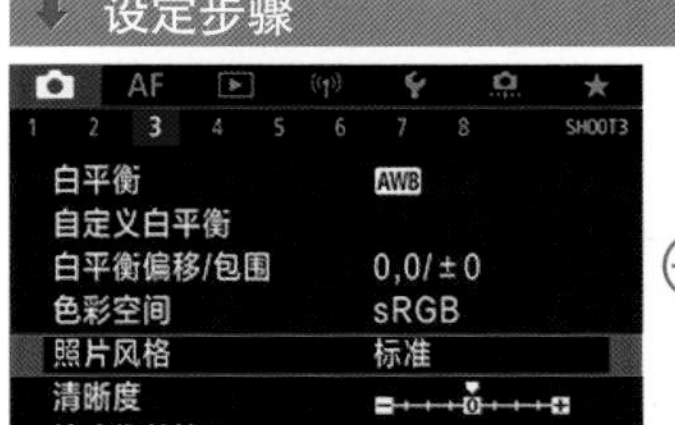


❶ 在**拍摄菜单 3** 中选择**照片风格**选项

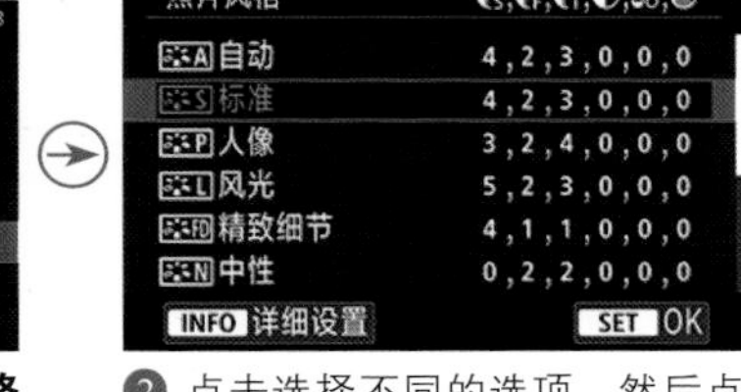


❷ 点击选择不同的选项，然后点击 SET OK 图标确定

▲ 标准风格

▲ 人像风格

▲ 风光风格

▲ 中性风格

▲ 可靠设置风格

▲ 单色风格

**高手点拨：** 在拍摄时，如果拍摄题材经常有较大的变化，建议使用“标准”风格，比如在拍摄人像题材后再拍摄风光题材时，这样就不会出现风光照片不够锐利的问题，属于比较中庸和保险的选择。

## 修改预设的照片风格参数

在前面讲解的预设照片风格中，用户可以根据需要修改其中的参数，以满足个性化的需求。选择某一种照片风格后，按下机身上的 INFO 按钮，即可进入其详细设置界面。

### 设定步骤

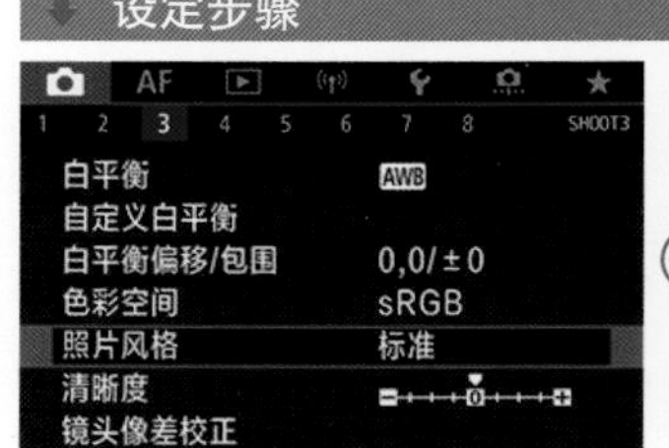


❶ 在**拍摄菜单 3** 中选择**照片风格**选项

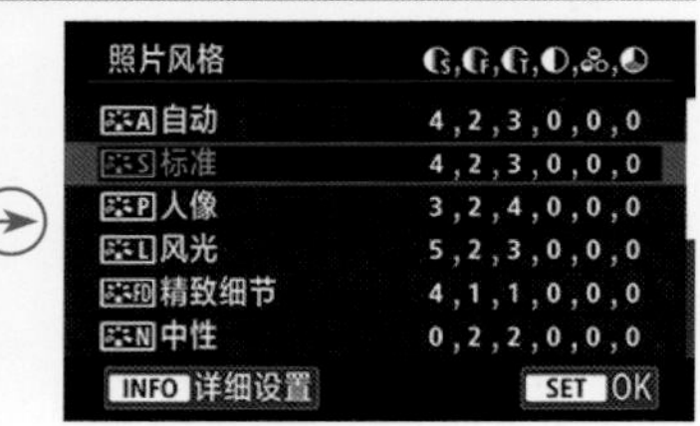


❷ 点击选择要修改的照片风格，然后点击 INFO. 详细设置 图标

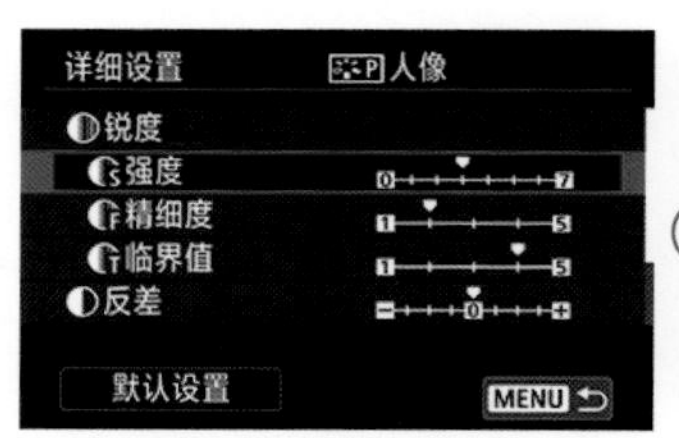


❸ 点击选择要编辑的参数选项，此处以选择**强度**选项为例

❹ 进入参数的编辑状态，点击◀或▶图标选择所需的数值，然后点击 SET OK 图标确认

❺ 可依次修改其他选项，设置完成后点击 MENU 图标保存已修改的参数即可

- 锐度：控制图像的锐度。在“强度”选项中，向 0 端靠近表示降低锐化的强度，图像变得越来越模糊；向 7 端靠近表示提高锐度，图像变得越来越清晰。在“精细度”选项中，可以设定强调轮廓的精细度，数值越小，要强调的轮廓越精细。在“临界值”选项中，根据被摄体和周围区域之间反差的差异设定强调轮廓的程度，数值越小，当反差较低时越强调轮廓，但是当数值较小时，使用高 ISO 感光度拍摄的画面噪点会比较明显。

▲ 设置锐化强度前（0）后（+4）的效果对比

Q&A

Q：为什么要使用照片风格功能？

A：数码相机在记录图像之前会在图像感应器的信号输出中对图像的色调、亮度及轮廓进行修正处理。使用照片风格功能，可以在拍摄前设置所需修正的照片风格。如果在拍摄照片前已经根据需要设置了合适的照片风格（例如，“人像”照片风格适合拍摄人物，“风光”照片风格适合拍摄天空和深绿色的树木等），无须在拍摄后使用后期处理软件编辑图像，因为相机会记录所有的特性。该功能还可以防止使用后期处理软件另存图像文件时发生的图像质量下降问题。

EOS R5/R6

● 反差：控制图像的反差及色彩的鲜艳程度。向“－”端靠近表示降低反差，图像变得越来越柔和；向“+”端靠近表示提高反差，图像变得越来越明快。所以，在有雾气的场景下拍摄时，如果希望突出主体，可以提高反差值。

▲ 设置反差前（0）后（+3）的效果对比

● 饱和度：控制色彩的鲜艳程度。向“－”端靠近表示降低饱和度，色彩变得越来越淡；向“+”端靠近表示提高饱和度，色彩变得越来越艳。

▲ 设置饱和度前（0）后（+3）的效果对比

● 色调：控制画面色调的偏向。向“－”端靠近表示越偏向于红色调；向“+”端靠近表示越偏向于黄色调。

▲ 向左增加红色调与向右增加黄色调的效果对比

## 直接拍出单色照片

在“单色”风格下可以选择不同的滤镜效果及色调效果，从而拍出更有特色的黑白或单色照片。

在“滤镜效果”选项中，可选择无、黄、橙、红和绿等色彩，从而在拍摄过程中针对这些色彩进行过滤，得到更亮的灰色甚至白色。

- N 无：没有滤镜效果的原始黑白画面。
- Ye 黄：可使蓝天更自然、白云更清晰。
- Or 橙：压暗蓝天，使夕阳的效果更强烈。
- R 红：使蓝天更暗、落叶的颜色更鲜亮。
- G 绿：可将肤色和嘴唇的颜色表现得很好，使树叶的颜色更加鲜亮。

在“色调效果”选项中可以选择无、褐、蓝、紫、绿等单色调效果。

- N 无：没有偏色效果的原始黑白画面。
- S 褐：画面呈现褐色，有种怀旧的感觉。
- B 蓝：画面呈现偏冷的蓝色。
- P 紫：画面呈现淡淡的紫色。
- G 绿：画面呈现偏绿色。

### 设定步骤

❶ 在**拍摄菜单 3** 中选择**照片风格**选项，然后选择**单色**照片风格选项

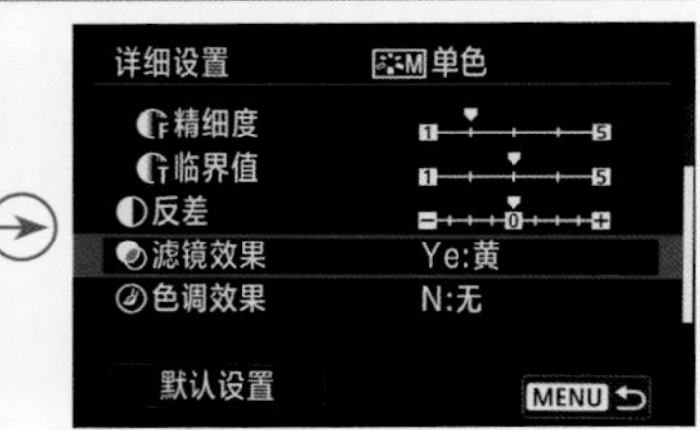


❷ 点击 INFO 详细设置 图标进入此界面，然后点击选择**滤镜效果**选项

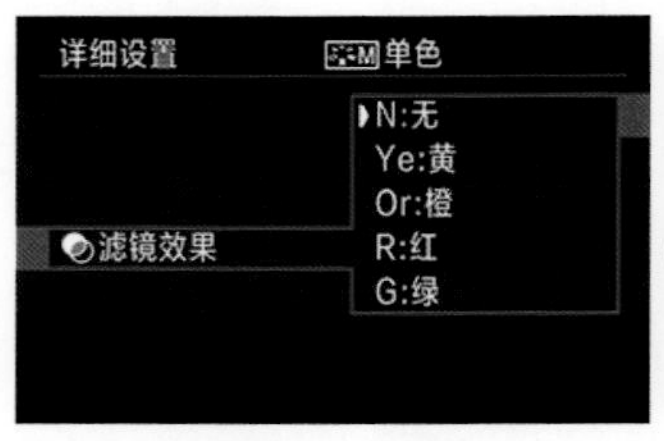


❸ 点击选择需要过滤的色彩

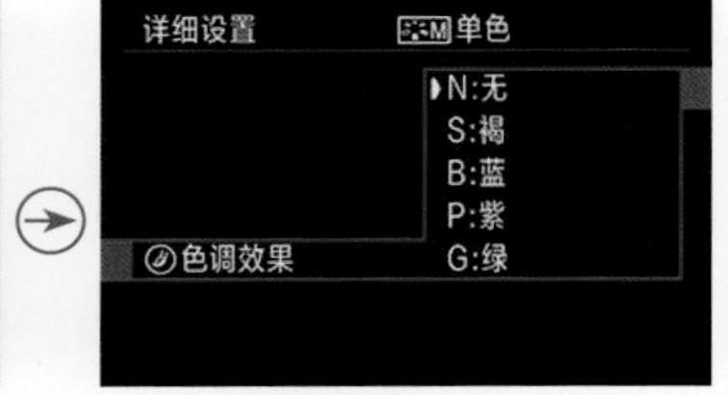


❹ 选择**色调效果**选项，点击选择需要增加的色调效果

▲选择“单色”照片风格时拍摄的单色照片效果

▲设置“滤镜效果”为“绿”时拍摄的单色照片效果

▲设置“色调效果”为“褐”时拍摄的单色照片效果

▲设置“色调效果”为“蓝”时拍摄的单色照片效果

## 注册照片风格

自定义照片风格即摄影师可以在某一个预设风格的基础上，对具体参数进行编辑，并以此形成一种新的个人自定义风格，在使用时只需要直接选择此自定义风格，即可调出相关参数。

❶ 选择“用户定义 1”到“用户定义 3”中的任意一个选项。

❷ 按下 INFO 按钮或点击INFO. 详细设置图标，进入详细设置界面。

❸ 在“照片风格”菜单中选择以哪个预设照片风格为基础进行自定义。

❹ 分别调整“锐度”“反差”“饱和度”及“色调”参数，然后按下 MENU 按钮注册新的照片风格即可。

### 设定步骤

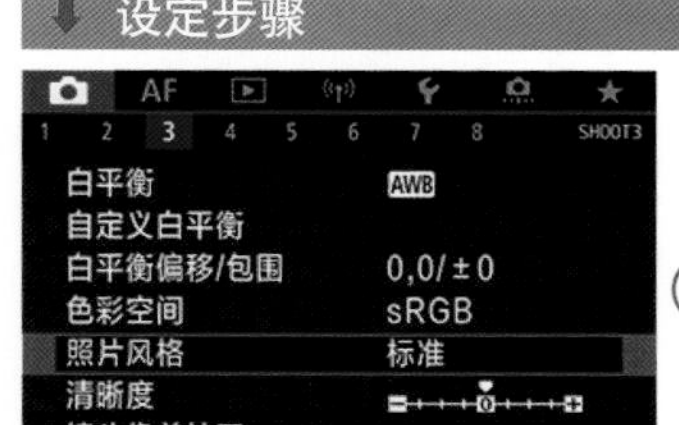


❶ 在**拍摄菜单 3** 中选择**照片风格**选项

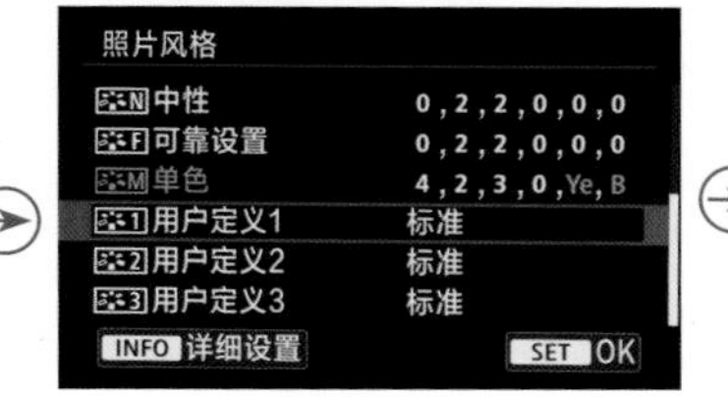


❷ 点击选择**用户定义 1 ~ 用户定义 3** 中的任意一个选项，然后点击INFO. 详细设置图标

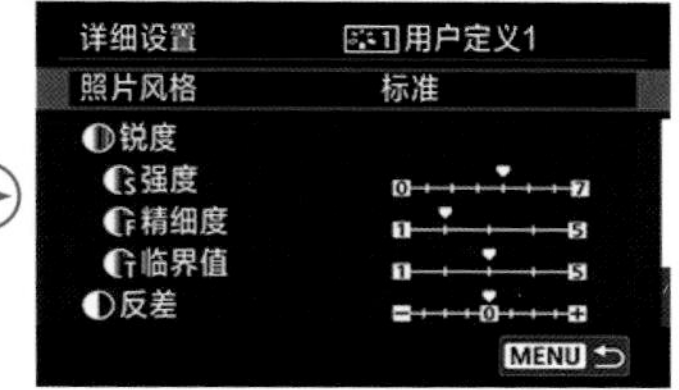


❸ 点击选择**照片风格**选项，进入风格选择界面

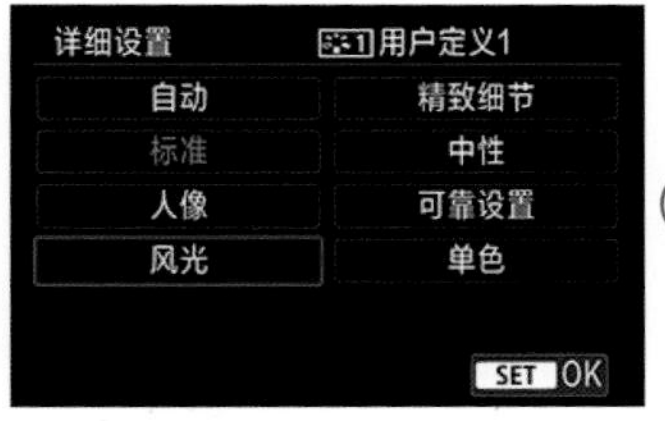


❹ 点击选择一种照片风格为基础进行自定义照片风格，然后点击SET OK图标确认

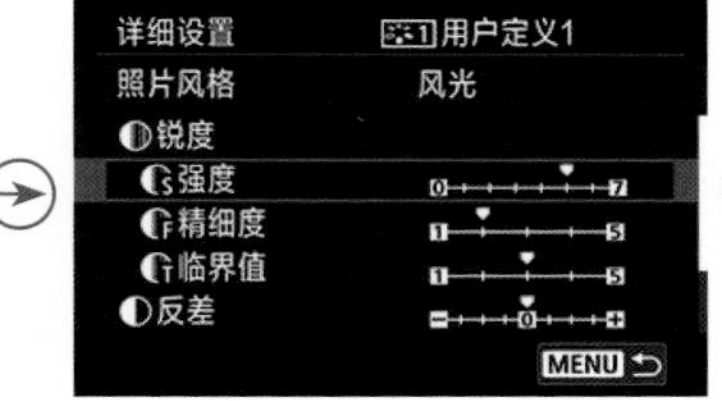


❺ 在此界面中，点击选择要自定义修改的参数

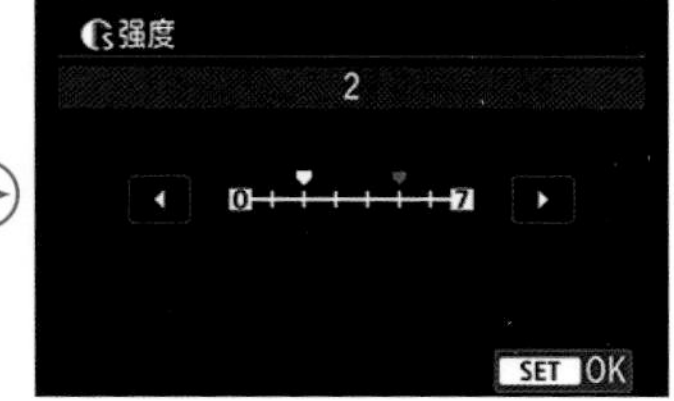


❻ 点击◀或▶图标修改选定的参数，然后点击SET OK图标确认对该参数的修改

◀ 注册自定义照片风格后，在拍摄时就不需要再做参数调整了，直接选择该自定义照片风格即可『焦距：35mm ┊ 光圈：F2.8 ┊ 快门速度：1/160s ┊ 感光度：ISO640』

# 随拍随赏——拍摄后查看照片

## 回放照片的基本操作

在回放照片时，可以进行放大、缩小、显示信息、前翻、后翻及删除照片等多种操作。下面通过图示来说明回放照片的基本操作方法。

逆时针旋转速控转盘 2 可缩小照片直至显示为小的缩略图（也可以用张开的两个手指触摸屏幕，然后在屏幕上将手指合拢，以触摸的方式缩小播放照片）

顺时针旋转速控转盘 2 可以放大照片（也可以用合拢的两个手指触摸屏幕，然后在屏幕上将手指张开，以触摸的方式放大显示照片）

使用多功能控制钮查看放大的照片局部（也可以直接用手指触摸屏幕，滑动图像查看局部）

连续按 INFO 按钮，可以循环显示拍摄信息。在详细信息界面中，按多功能控制钮的上下方向，可切换显示信息

按▶按钮，可开始浏览照片

按🗑按钮，可删除当前浏览的照片

Q：出现“无法回放图像”消息提示时怎么办？

A：在相机中回放图像时，如果出现“无法回放图像”消息提示，可能有以下几方面原因。

- 存储卡中的图像已导入计算机并进行了编辑处理，然后又写回了存储卡。
- 正在尝试回放非佳能相机拍摄的图像。
- 存储卡出现故障。

## 保护图像

对于一些特别重要的照片，可以用“保护图像”功能将其保护起来，以避免由于误操作而将其删除。

**高手点拨：** 为了保护重要的照片，最好在拍摄后立即进行图片保护，以免误删除。

**设定步骤**

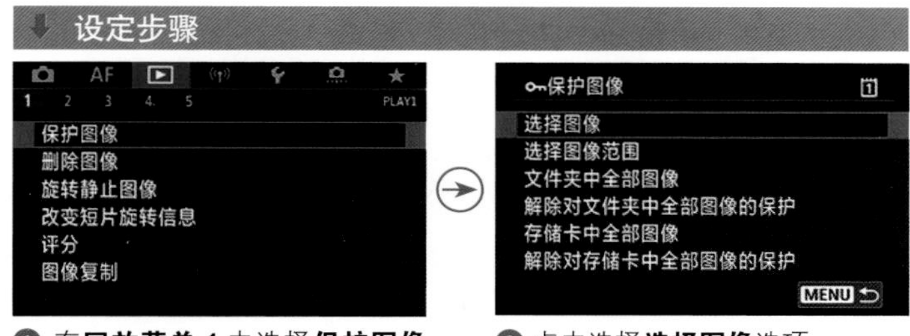


❶ 在**回放菜单 1** 中选择**保护图像**选项

❷ 点击选择**选择图像**选项

❸ 左右滑动屏幕选择要保护的图像

❹ 点击 SET 图标即可保护所选图像

## 旋转静止图像

当需要旋转照片时，可以使用“旋转静止图像”功能对照片进行 90°、270° 旋转。

**设定步骤**

❶ 在**回放菜单 1** 中选择**旋转静止图像**选项

❷ 左右滑动选择要旋转的照片

❸ 连续点击 SET 图标将顺时针、逆时针旋转 90°，最后恢复原始状态

**高手点拨：** 如果在“设置菜单1”中选择了“自动旋转”选项，就无须对竖拍照片进行手动旋转了。

## 利用高光警告避免照片过曝

选择“高光警告”菜单中的“启用”选项，可以帮助用户发现所拍摄照片中曝光过度的区域，这些区域会在播放照片时，以黑白交替闪烁的形式显示。在这种情况下，如果想要表现曝光过度区域的细节，就需要适当减少曝光。

设定步骤

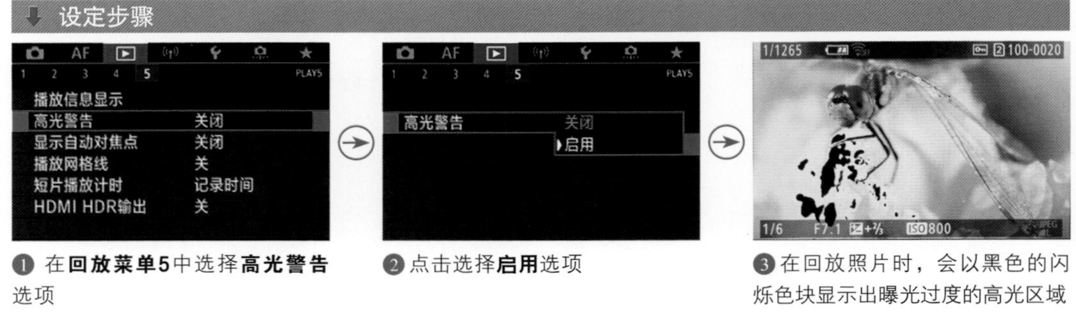


❶ 在**回放菜单5**中选择**高光警告**选项

❷ 点击选择**启用**选项

❸ 在回放照片时，会以黑色的闪烁色块显示出曝光过度的高光区域

## 显示自动对焦点

在“显示自动对焦点”菜单中选择“启用”选项，则回放照片时对焦点将以红色小方框显示，这时如果发现焦点不准确可以重新拍摄。

设定步骤

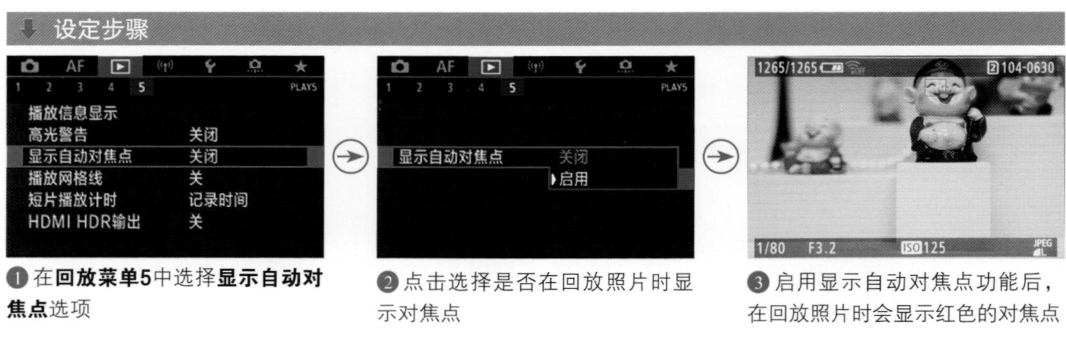


❶ 在**回放菜单5**中选择**显示自动对焦点**选项

❷ 点击选择是否在回放照片时显示对焦点

❸ 启用显示自动对焦点功能后，在回放照片时会显示红色的对焦点

## 将 HEIF 图像转换为 JPEG 图像

通过“HEIF → JPEG 转换”菜单，可以将开启“HDR PQ”选项后获得的 HEIF 格式照片转换为 JPEG 格式照片进行保存。

设定步骤

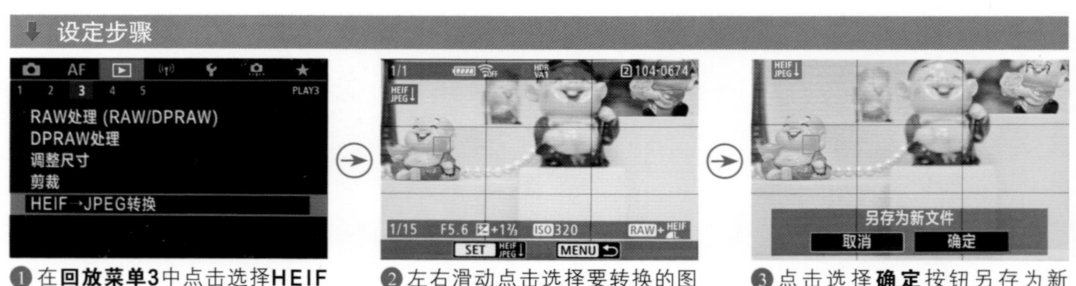


❶ 在**回放菜单3**中点击选择**HEIF→JPEG转换**选项

❷ 左右滑动点击选择要转换的图像，然后点击 SET 图标

❸ 点击选择**确定**按钮另存为新文件

## 显示播放状态的网格线

Canon EOS R5/R6 相机提供了“播放网格线”功能，以便在回放照片时检查照片的构图。根据不同的情况，可以选择 3 种不同的网格线。

- 关：选择此选项，在回放照片时将不显示网格线。
- 3×3 #：选择此选项，将显示 3×3 的网格线。
- 6×4 ##：选择此选项，将显示 6×4 的网格线。
- 3×3+ 对角 ⋇：选择此选项，在显示 3×3 的网格线时，还会显示两条对角网格线。

### 设定步骤

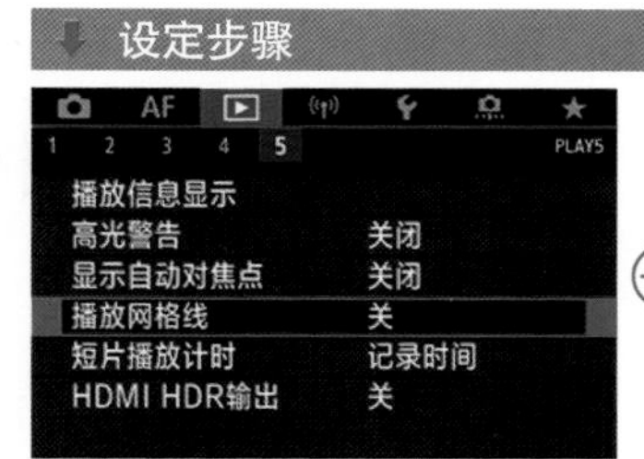

❶ 在**回放菜单5**中选择**播放网格线**选项

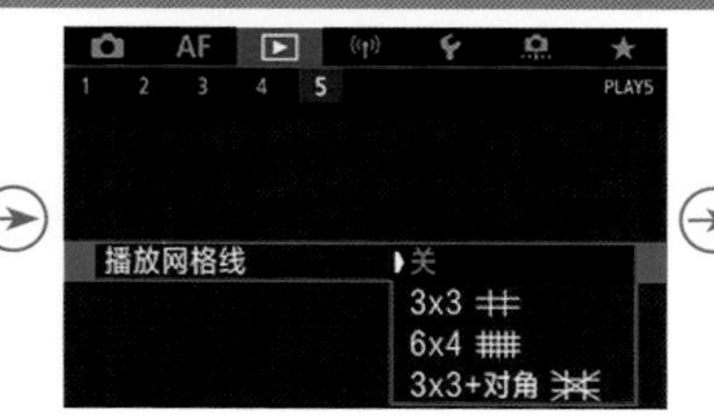


❷ 点击选择不同的网格线类型

❸ 启用“播放网格线”功能后，可以在回放照片时显示网格线，以便于校正构图

## 利用快速跳转寻找照片

通常情况下，可以使用速控转盘1来跳转照片，但只支持每次跳转一个文件（照片、视频等）。如果想按照其他方式进行跳转，则可以使用主拨盘并进行相关功能的设置，如每次跳转10张或100张照片，或者按照日期、文件夹来显示图像。

- 选择此选项并转动主拨盘，将逐个显示图像。
- 10：选择此选项并转动主拨盘，将跳转 10 张图像。
- 选择此选项并转动主拨盘，将跳转指定的张数的图像。
- 选择此选项并转动主拨盘，将按日期显示图像。
- 选择此选项并转动主拨盘，将按文件夹显示图像。
- 选择此选项并转动主拨盘，将只显示短片。
- 选择此选项并转动主拨盘，将只显示静止图像。
- 选择此选项并转动主拨盘，将只显示受保护的图像。
- ★：选择此选项并转动主拨盘，将按图像评分显示图像。

### 设定步骤

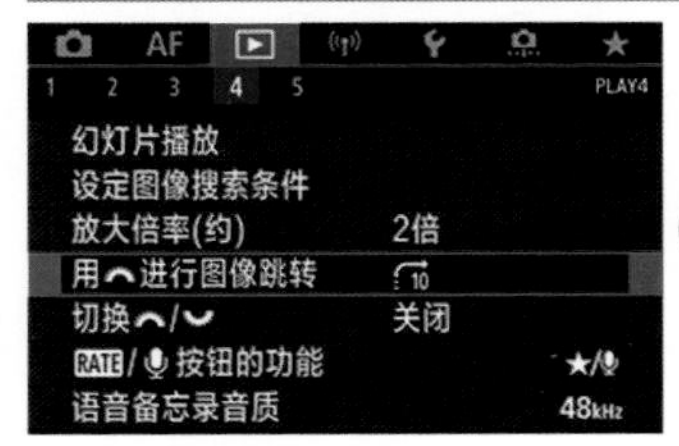


❶ 在**回放菜单4**中选择**用进行图像跳转**选项

❷ 点击选择转动主拨盘时的图像跳转方式，然后点击SET OK图标确认

❸ 若选择最后一项，即按照照片的星级进行跳转，可以点击或选择每次跳转的照片星级

## 处理 RAW 图像

在 Canon EOS R5/R6 相机中，可以用相机处理RAW和CRAW照片的亮度、白平衡、照片风格、图像画质等设置，并存储为 JPEG 或 HEIF 格式。

### 设定步骤

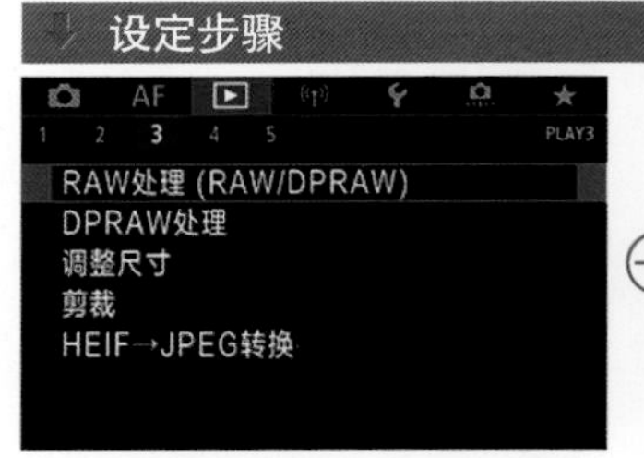


❶ 在**回放菜单 3** 中选择 **RAW 处理（RAW/DPRAW）**选项

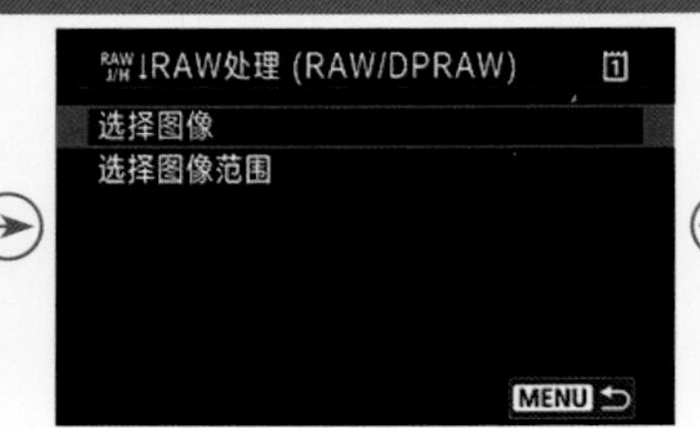


❷ 在此界面中可以点击选择一张图像还是多张图像进行编辑

❸ 如果在步骤❷中选择了**选择图像**选项，将出现照片选择画面，此时可以左右滑动选择要编辑的照片

❹ 点击SET ✓图标以选择要编辑的照片，然后点击Q OK图标确认

❺ 点击选择处理的存储方式。此处以选择**设置处理→ JPEG** 选项为例

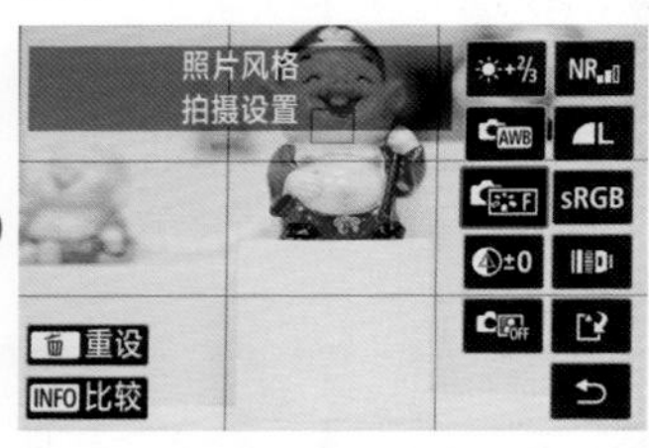


❻ 点击要修改的选项进入其设置界面

❼ 在设置界面中，点击选择所需的选项。当选择色温或照片风格时，还可以点击 INFO 图标进入详细设置界面

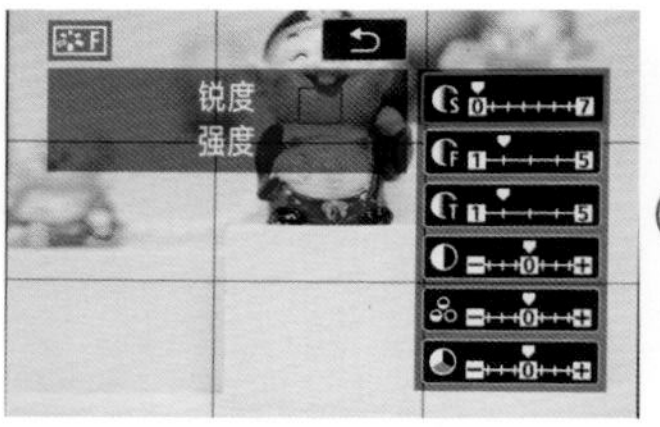


❽ 以照片风格详细设置界面为例，在此界面中可以对锐度、反差、饱和度及色调进行修改

❾ 修改完成后，点击选择图标

❿ 点击选择**确定**选项即可保存修改过的文件

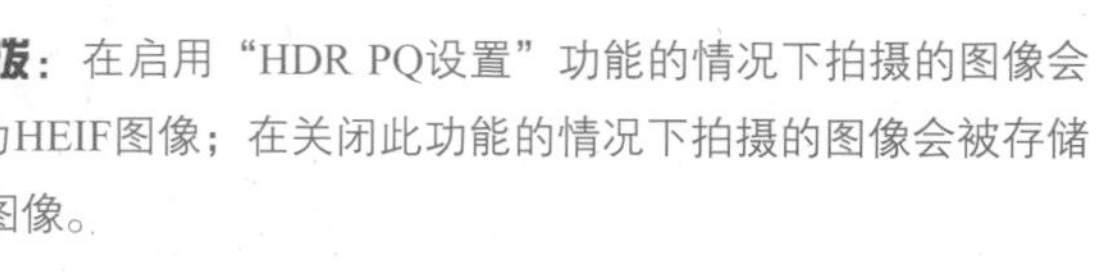

**高手点拨：**在启用“HDR PQ设置”功能的情况下拍摄的图像会被存储为HEIF图像；在关闭此功能的情况下拍摄的图像会被存储为JPEG图像。

**提示**

在Canon EOS R6相机中，此菜单的名称为“RAW图像处理”。

# 第 3 章
## 必须掌握的基本曝光设置

# 调整光圈控制曝光与景深

## 光圈的结构

光圈是相机镜头内部的一个组件，它由许多金属薄片组成，金属薄片不是固定的，通过改变它的开启程度可以控制进入镜头光线的多少。光圈开启得越大，通光量就越多；光圈开启得越小，通光量就越少。摄影师可以仔细观察镜头在选择不同光圈时叶片大小的变化。

▲ 从镜头的底部可以看到镜头内部的光圈金属薄片

**高手点拨：** 虽然光圈数值是在相机上设置的，但其可调节的范围却是由镜头决定的，即镜头支持的最大及最小光圈，就是在相机上可以设置的上限和下限。镜头可支持的光圈越大，则在同一时间内就可以吸收更多的光线，从而允许摄影师在更暗的环境中进行拍摄——当然，光圈越大的镜头，其价格也越贵。

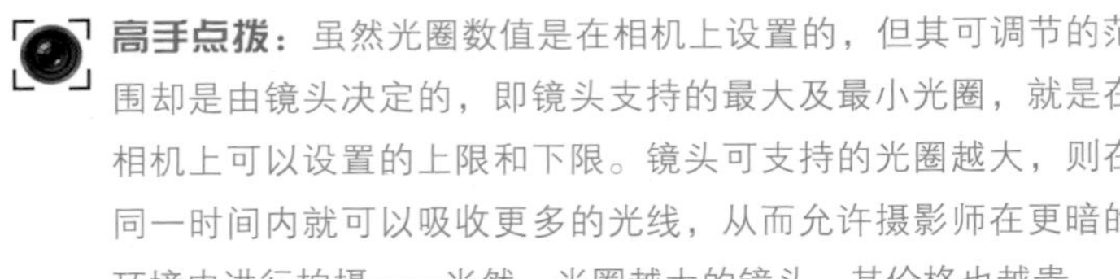


▲ 光圈是控制相机通光量的装置，光圈越大（F2.8），通光量越多；光圈越小（F22），通光量越少。

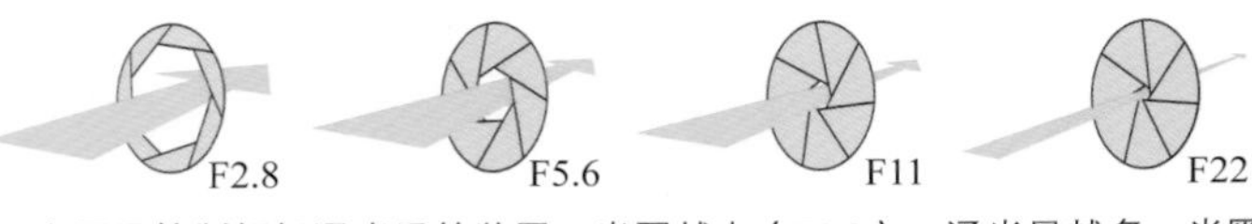

▲ 佳能 RF 50mm F1.2 L USM

▲ 佳能 RF 28-70mm F2 L USM

▲ 佳能 RF 24-105mm F4-7.1 IS STM

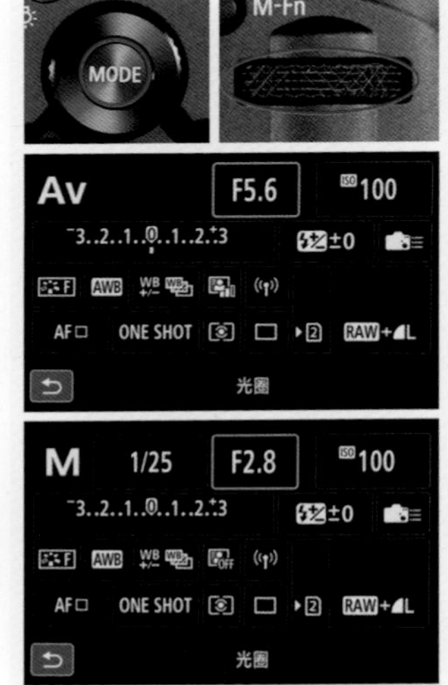


**设定方法**

按 MODE 按钮，然后转动主拨盘选择 Av 挡光圈优先或 M 挡全手动曝光模式。在使用 Av 挡光圈优先曝光模式拍摄时，通过转动主拨盘来调整光圈；在使用 M 挡全手动曝光模式拍摄时，则通过转动速控转盘来调整光圈

在上面展示的 3 款镜头中，佳能 RF 50mm F1.2 L USM 是定焦镜头，其最大光圈为 F1.2；佳能 RF 28-70mm F2 L USM 为恒定光圈的变焦镜头，无论使用哪一个焦段进行拍摄，其最大光圈都能够达到 F2；佳能 RF 24-105mm F4-7.1 IS STM 是浮动光圈的变焦镜头，当使用镜头的广角端（24mm）拍摄时，最大光圈可以达到 F4，而当使用镜头的长焦端（105mm）拍摄时，最大光圈只能够达到 F7.1。

同样，上述 3 款镜头也均有最小光圈值，例如，佳能 RF 28-70mm F2 L USM 的最小光圈为 F22，佳能 RF 24-105mm F4-7.1 IS STM 的最小光圈同样是一个浮动范围（F22 ~ F40）。

**提示**

Canon EOS R6相机直接转动模式拨盘，使Av或M图标对齐左侧白色小标志。

## 光圈值的表现形式

光圈值用字母 F 或 f 表示，如 F8（或 f/8）。常见的光圈值有 F1.4、F2、F2.8、F4、F5.6、F8、F11、F16、F22、F32、F36 等，光圈每递进一挡，光圈口径就会缩小一部分，通光量也随之减半。例如，F5.6 光圈的进光量是 F8 的两倍。

常见的光圈数值还有 F1.2、F2.2、F2.5、F6.3 等，但这些数值不包含在光圈正级数之内，这是因为各镜头厂商都在每级光圈之间插入了 1/2（如 F1.2、F1.8、F2.5、F3.5 等）和 1/3（如 F1.1、F1.2、F1.6、F1.8、F2、F2.2、F2.5、F3.2、F3.5、F4.5、F5.0、F6.3、F7.1 等）变化的副级数光圈，以便更加精确地控制曝光程度，使画面的曝光更加准确。

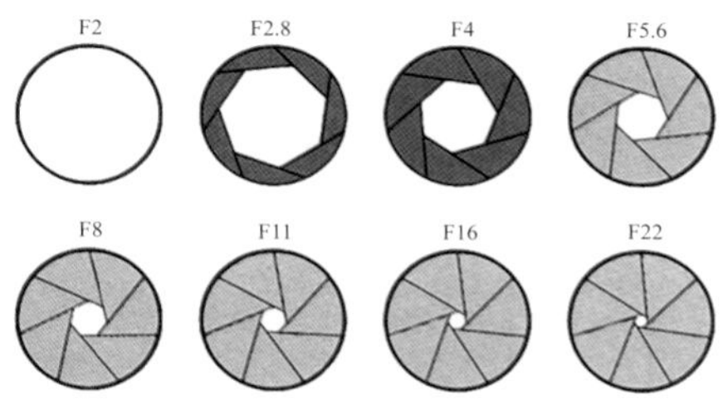

▲ 不同光圈值下镜头通光口径的变化

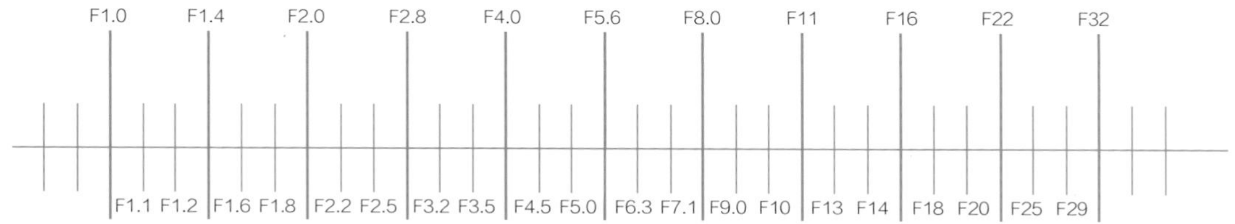

▲ 光圈级数刻度示意图，上排为光圈正级数，下排为光圈副级数

## 光圈对成像质量的影响

通常情况下，摄影师都会选择比镜头最大光圈小一至两挡的中等光圈，因为大多数镜头在中等光圈下的成像质量最佳，照片的色彩和层次都能有更好的表现。例如，一只最大光圈为 F2.8 的镜头，其最佳成像光圈为 F5.6 ~ F8。另外，也不能使用过小的光圈，因为过小的光圈会使光线在镜头中产生衍射效应，导致画面质量下降。

Q：什么是衍射效应？

A：衍射是指当光线穿过镜头光圈时，光在传播的过程中发生弯曲的现象。光线通过的孔隙越小，光的波长越长，这种现象就越明显。因此，在拍摄时光圈收得越小，在被记录的光线中衍射光所占的比例就越大，画面的细节损失就越多，画面越不清楚。衍射效应对 APS-C 画幅数码相机和全画幅数码相机的影响程度稍有不同，通常 APS-C 画幅数码相机在光圈缩小到 F11 时，就能发现衍射效应对画质产生了影响；而全画幅数码相机在光圈缩小到 F16 时，才能够看到衍射效应对画质产生了影响。

▲ 使用镜头最佳光圈拍摄时，所得到的照片画质最理想『焦距：18mm ┆ 光圈：F11 ┆ 快门速度：1/250s ┆ 感光度：ISO200』

## 光圈对曝光的影响

如前所述，在其他参数不变的情况下，光圈增大一挡，则曝光量增加一倍。例如，光圈从 F4 增大至 F2.8，即可增加一倍的曝光量；反之，光圈减小一挡，则曝光量也随之减少一半。换而言之，光圈开得越大，通光量就越多，所拍摄出来的照片也越明亮；光圈开得越小，通光量就越少，所拍摄出来的照片也越暗淡。

下面是一组在焦距为 35mm、快门速度为 1/20s、感光度为 ISO200 的特定参数下，只改变光圈值所拍摄的照片。

▲ 光圈：F10

▲ 光圈：F7.1

▲ 光圈：F5.6

▲ 光圈：F2.8

通过这一组照片进行对比可以看出，在其他曝光参数不变的情况下，随着光圈逐渐变大，进入镜头的光线不断增多，因此所拍摄出来的画面也逐渐变亮。

## 景深

简单来说，景深即指对焦位置前后的清晰范围。清晰范围越大，表示景深越大；反之，清晰范围越小，表示景深越小，画面的虚化效果就越好。

景深的大小与光圈、焦距及拍摄距离这 3 个要素密切相关。当拍摄者与被摄对象之间的距离非常近时，或者使用长焦距或大光圈拍摄时，都能得到对比强烈的背景虚化效果；反之，当拍摄者与被摄对象之间的距离较远，或者使用小光圈或较短焦距拍摄时，画面的虚化效果就会较差。

另外，被摄对象与背景之间的距离也是影响背景虚化的重要因素。例如，当被摄对象距离背景较近时，即使使用 F1.8 的大光圈也不能得到很好的背景虚化效果；但被摄对象距离背景较远时，即使使用 F8 的小光圈，也能获得较明显的虚化效果。

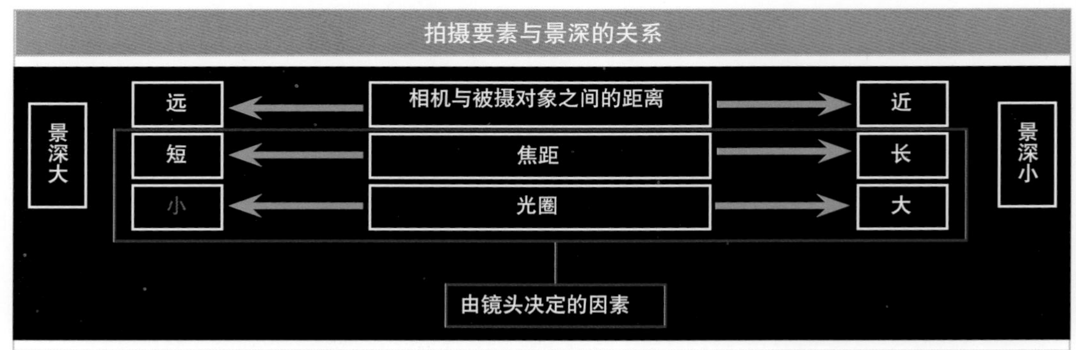

▲ 这张图前景和背景都非常清晰，是大景深效果『焦距：17mm ┆ 光圈：F14 ┆ 快门速度：1/40s ┆ 感光度：ISO200』

▲ 这张图人物清晰而背景虚化，是小景深效果『焦距：85mm ┆ 光圈：F2.5 ┆ 快门速度：1/250s ┆ 感光度：ISO100』

Q：什么是景深？

A：景深是指照片中某个景物清晰的范围。即当摄影师将镜头对焦于某个点并拍摄后，在照片中与该点处于同一平面的景物都是清晰的，而位于该点前方和后方的景物则由于没有对焦，因此都是模糊的。但由于人眼不能精确地辨别焦点前方和后方出现的轻微模糊，因此这部分图像看上去仍然是清晰的，这种清晰会一直在照片中向前、向后延伸，直至景物看上去变得模糊到不可接受，而这个可接受的清晰范围，就是景深。

Q：什么是焦平面？

A：如前所述，当摄影师将镜头对焦于某个点拍摄时，在照片中与该点处于同一平面的景物都是清晰的，而位于该点前方和后方的景物则都是模糊的，这个清晰的平面就是成像焦平面。如果摄影师的相机位置不变，当被摄对象在可视区域内向焦平面做水平运动时，成像始终是清晰的；但如果其向前或向后移动，则由于脱离了成像焦平面，因此会出现一定程度的模糊，景物模糊的程度与其距焦平面的距离成正比。

▲ 对焦点在中间的财神爷玩偶上，但由于另外两个玩偶与其在同一个焦平面上，因此 3 个玩偶都是清晰的

▲ 对焦点仍然在中间的财神爷玩偶上，但由于另外两个玩偶与其不在同一个焦平面上，因此另外两个玩偶是模糊的

## 光圈对景深的影响

光圈是控制景深（背景虚化程度）的重要因素。即在相机焦距不变的情况下，光圈越大，景深越小；反之，光圈越小，景深越大。如果在拍摄时想通过控制景深来使自己的作品更有艺术效果，就要学会合理使用大光圈和小光圈。

在包括 Canon EOS R5/R6 在内的所有数码微单相机中，都有光圈优先曝光模式，配合上面的理论，通过调整光圈数值的大小，即可拍摄出不同的对象或表现不同的主题。

例如，大光圈主要用于人像摄影、微距摄影，通过虚化背景来突出主体；小光圈主要用于风景摄影、建筑摄影、纪实摄影等，以便使画面中的所有景物都能清晰呈现。

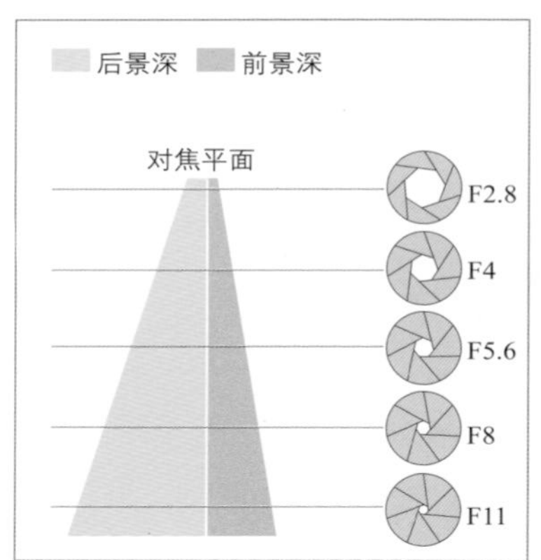


▲ 从示例图中可以看出，光圈越大，前、后景深越小；光圈越小，前、后景深越大，其中，后景深又是前景深的两倍

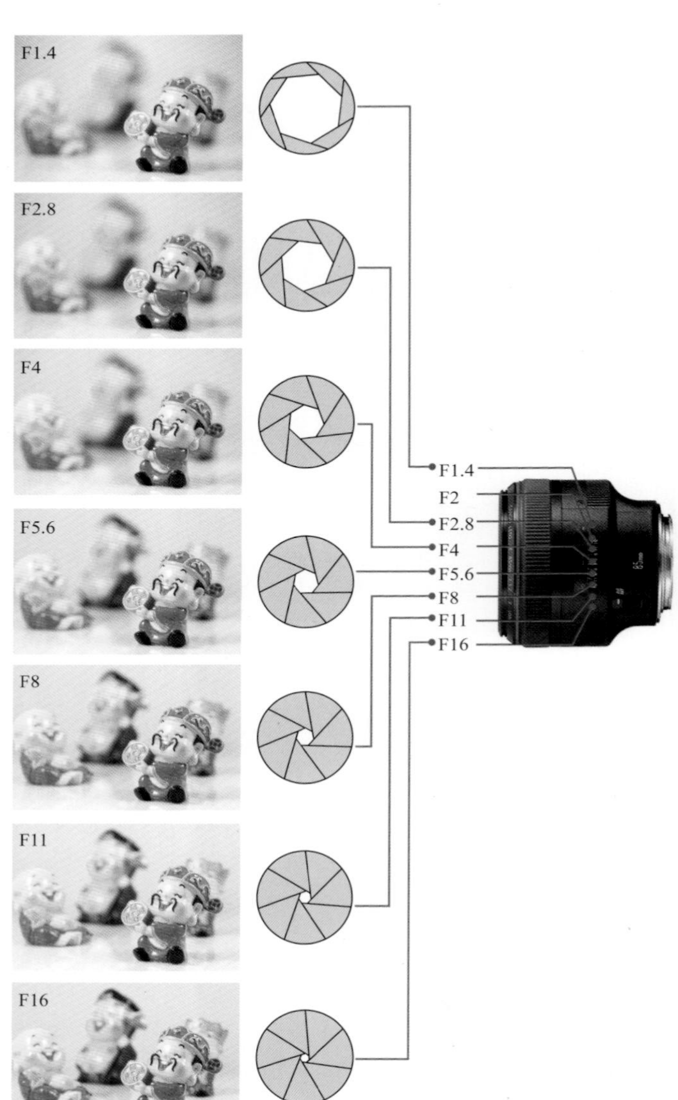


▲ 从示例图中可以看出，当光圈从 F1.4 逐渐缩小到 F16 时，画面的景深逐渐变大，画面背景处的玩偶就越清晰

## 焦距对景深的影响

在其他条件不变的情况下，拍摄时所使用的焦距越长，画面的景深越小，可以得到更强烈的虚化效果；反之，焦距越短，则画面的景深越大，越容易呈现前后都清晰的画面效果。

▲通过使用从广角到长焦的焦距拍摄的花卉照片对比可以看出，焦距越长，画面的景深越小，主体越清晰

**高手点拨：**焦距越短，视角越广，其透视变形也越严重，而且越靠近画面边缘，变形就越严重，因此在构图时要特别注意这一点。尤其在拍摄人像时，要尽可能地将肢体置于画面的中间位置，特别是人物的面部，以免发生变形而影响美观。另外，对于定焦镜头来说，只能通过前后的移动来改变相对的“焦距”，即画面的取景范围，拍摄者越靠近被摄对象，就相当于使用了更长的焦距，此时同样可以得到更小的景深。

## 拍摄距离对景深的影响

在其他条件不变的情况下，拍摄者与被摄对象之间的距离越近，越容易得到小景深的虚化效果；反之，如果拍摄者与被摄对象之间的距离较远，则不容易得到虚化效果。

这一点在使用微距镜头拍摄时体现得更为明显，当镜头离被摄体很近时，画面中的清晰范围就变得非常小。因此，在人像摄影中，为了获得较小的景深，经常采取靠近被摄者拍摄的方法。

下面为一组在所有拍摄参数都不变的情况下，只改变镜头与被摄对象之间的距离时拍摄得到的照片。

通过左侧展示的一组照片可以看出，当镜头距离前景位置的玩偶越远时，其背景的模糊效果也越差。

## 背景与被摄对象的距离对景深的影响

在其他条件不变的情况下，画面中的背景与被摄对象的距离越远，则越容易得到小景深的虚化效果；反之，如果画面中的背景与被摄对象位于同一个焦平面上，或者非常靠近，则不容易得到虚化效果。

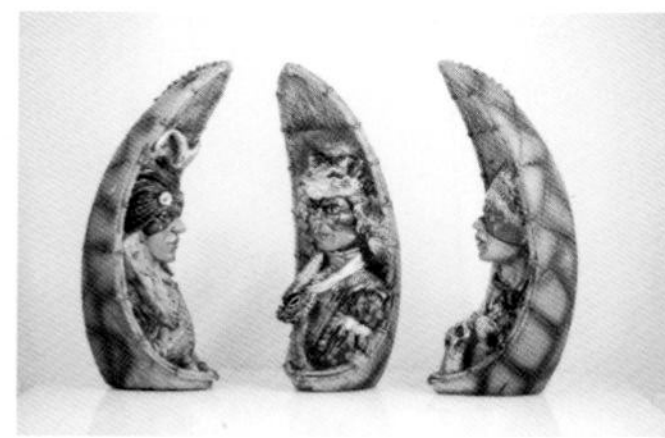

左图所示为在所有拍摄参数都不变的情况下，只改变被摄对象距离背景的远近而拍出的照片。

通过左侧展示的一组照片可以看出，在镜头位置不变的情况下，随着前面的木偶距离背景中的两个木偶越来越近，背景中木偶的虚化程度也越来越低。

# 设置快门速度控制曝光时间

## 快门与快门速度的含义

简单来说，快门的作用就是控制曝光时间的长短。在按动快门按钮时，从快门前帘开始移动到后帘结束所用的时间就是快门速度，这段时间实际上也就是电子感光元件的曝光时间。所以快门速度决定曝光时间的长短，快门速度越快，曝光时间就越短，曝光量也就越少；快门速度越慢，则曝光时间就越长，曝光量也就越多。

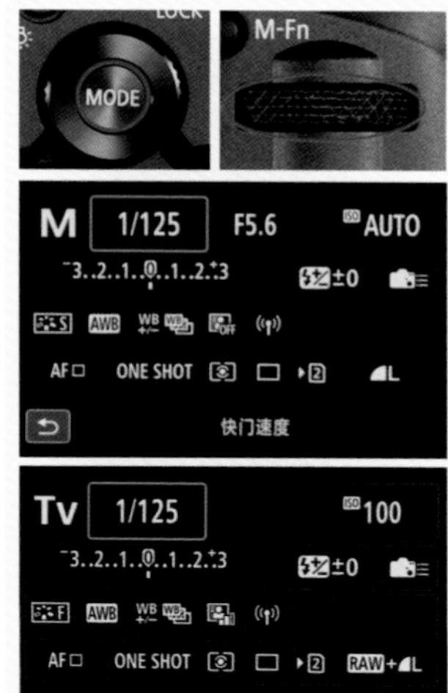


**设定方法**

按下MODE按钮，然后转动主拨盘选择M全手动或Tv快门优先曝光模式。在使用M挡或Tv挡拍摄时，直接向左或向右转动主拨盘，即可调整快门速度数值

## 快门速度的表示方法

快门速度以秒为单位，Canon EOS R5/R6作为全画幅数码微单相机，其快门速度范围为1/8000～30s，可以满足几乎所有题材的拍摄要求。

常见的快门速度有30s、15s、8s、4s、2s、1s、1/2s、1/4s、1/8s、1/15s、1/30s、1/60s、1/125s、1/250s、1/500s、1/1000s、1/2000s、1/4000s等。

> **提示**
>
> Canon EOS R5/R6提供了机械快门、电子前帘快门和电子快门3种快门模式，在机械快门、电子前帘快门模式下可选的快门速度为1/8000～30s、B门；在电子快门模式下可选的快门速度为1/8000～0.5s。

> **提示**
>
> Canon EOS R6相机直接转动模式拨盘使Tv或M图标对齐左侧白色小标志。

## 设置快门释放模式

Canon EOS R5/R6提供了机械快门、电子前帘快门和电子快门3种快门模式，用户可以通过“快门模式”菜单来选择快门类型。

选择“机械”选项，可以激活机械快门，当使用大光圈进行拍摄时，建议使用此模式；选择“电子前帘”选项，拍摄时仅使用后帘快门，在高速连拍模式下，可以获得比机械快门更快的连拍速度；选择“电子”选项，可以在不发出快门音的情况下进行拍摄，在连拍时，相机始终以高速（最高约20张/秒）进行拍摄。

**设定步骤**

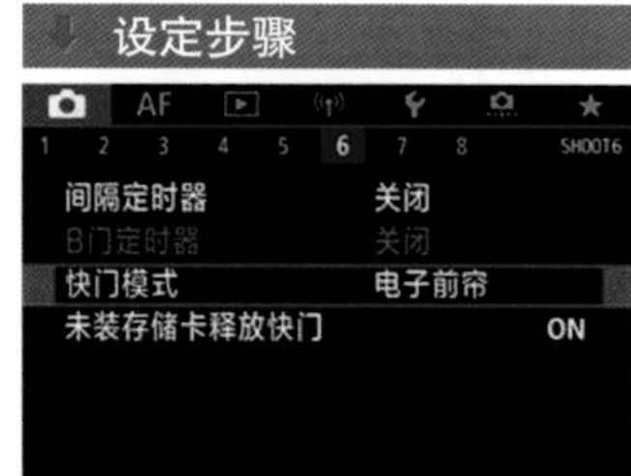


❶ 在**拍摄菜单**6中选择**快门模式**选项

❷ 点击选择所需的选项，然后点击SET OK图标确定

## 快门速度对曝光的影响

如前面所述，快门速度的快慢决定了曝光量的多少。在其他条件不变的情况下，快门速度每变化一倍，曝光量也会变化一倍。例如，当快门速度由 1/125s 变为 1/60s 时，由于快门速度慢了一半，曝光时间增加了一倍，因此总的曝光量也随之增加了一倍。从下面展示的一组照片中可以发现，在光圈与 ISO 感光度数值不变的情况下，快门速度越慢，曝光时间越长，画面感光就越充分，所以画面也越亮。

下面是一组在焦距为 100mm、光圈为 F5、感光度为 ISO100 的特定参数下，只改变快门速度所拍摄的照片。

▲ 快门速度：1/125s

▲ 快门速度：1/100s

▲ 快门速度：1/80s

▲ 快门速度：1/60s

▲ 快门速度：1/40s

▲ 快门速度：1/30s

▲ 快门速度：1/25s

▲ 快门速度：1/20s

通过这一组照片可以看出，在其他曝光参数不变的情况下，随着快门速度逐渐变慢，进入镜头的光线不断增多，因此所拍摄出来的画面也逐渐变亮。

## 影响快门速度的三大要素

影响快门速度的要素包括光圈、感光度及曝光补偿，它们对快门速度的具体影响如下。

- 感光度：感光度每增加一倍（如从 ISO100 增加到 ISO200），感光元件对光线的敏锐度会随之增加一倍，同时，快门速度也会随之提高一倍。
- 光圈：光圈每提高一挡（如从 F4 增加到 F2.8），快门速度则提高一倍。
- 曝光补偿：曝光补偿数值每增加 1 挡，由于需要更长时间的曝光来提亮照片，因此快门速度将降低一半；反之，曝光补偿数值每降低 1 挡，由于照片不需要更多的曝光，因此快门速度可以提高一倍。

## 快门速度对画面效果的影响

快门速度不仅影响相机进光量，还会影响画面的动感效果。当表现静止的景物时，快门的快慢对画面不会有什么影响，除非摄影师在拍摄时有意摆动镜头；但当表现动态的景物时，不同的快门速度能够营造出不一样的画面效果。

右侧照片是在焦距和感光度都不变的情况下，将快门速度依次调慢所拍摄的。

对比这一组照片，可以看到当快门速度较快时，水流被定格成相对清晰的影像；但当快门速度逐渐降低时，流动的水流在画面中渐渐产生模糊的效果。

由此可见，如果希望在画面中凝固运动着的拍摄对象的精彩瞬间，应该使用高速快门。拍摄对象的运动速度越高，采用的快门速度也要越快，以便在画面中凝固运动对象，形成一种时间突然停滞的静止效果。

如果希望在画面中表现运动着的拍摄对象的动态模糊效果，可以使用低速快门，以使其在画面中形成动态模糊效果，能够较好地表现出生动的效果。按此方法拍摄流水、夜间的车流轨迹、风中摇摆的植物、流动的人群等，均能获得画面效果流畅、生动的照片。

▲ 光圈：F2.8 快门速度：1/80s 感光度：ISO50

▲ 光圈：F9 快门速度：1/8s 感光度：ISO50

▲ 光圈：F14 快门速度：1/3s 感光度：ISO50

▲ 光圈：F20 快门速度：0.8s 感光度：ISO50

▲ 光圈：F22 快门速度：1s 感光度：ISO50

▲ 光圈：F25 快门速度：1.3s 感光度：ISO50

▲ 采用高速快门定格住跳跃在空中的女孩『焦距：70mm ┆ 光圈：F4 ┆ 快门速度：1/500s ┆ 感光度：ISO200』

▲ 采用低速快门记录夜间的车流轨迹『焦距：24mm ┆ 光圈：F16 ┆ 快门速度：20s ┆ 感光度：ISO100』

## 依据对象的运动情况设置快门速度

在设置快门速度时，应综合考虑被拍摄对象的运动速度、运动方向，以及摄影师与被摄对象之间的距离这 3 个基本要素。

### 被拍摄对象的运动速度

不同的照片表现形式，拍摄时所需要的快门速度也不尽相同。例如，抓拍物体运动的瞬间，需要使用较高的快门速度；而如果是跟踪拍摄，对快门速度的要求就比较低了。

▲ 坐着的狗处于静止状态，因此无须太高的快门速度『焦距：85mm ┆ 光圈：F2.8 ┆ 快门速度：1/200s ┆ 感光度：ISO100』

▲ 奔跑中的狗的运动速度很快，因此需要较高的快门速度才能将其清晰地定格在画面中『焦距：200mm ┆ 光圈：F6.3 ┆ 快门速度：1/1000s ┆ 感光度：ISO320』

### 被拍摄对象的运动方向

如果从运动对象的正面拍摄（通常是角度较小的斜侧面），能够表现出对象从小变大的运动过程，此时需要的快门速度通常要低于从侧面拍摄；只有从侧面拍摄才会感受到被拍摄对象真正的速度，拍摄时需要的快门速度也就更高。

▶ 从正面或斜侧面角度拍摄运动对象时，速度感不强『焦距：70mm ┆ 光圈：F3.2 ┆ 快门速度：1/1000s ┆ 感光度：ISO400』

▲ 从侧面拍摄运动对象时，速度感很强『焦距：40mm ┆ 光圈：F2.8 ┆ 快门速度：1/1250s ┆ 感光度：ISO400』

### 摄影师与被拍摄对象之间的距离

无论是身体靠近运动对象，还是使用镜头的长焦端，只要画面中的运动对象越大、越具体，拍摄对象的运动速度就相对越高，拍摄时需要不停地移动相机。略有不同的是，如果是身体靠近运动对象，则需要较大幅度地移动相机；而使用镜头的长焦端，只需小幅度地移动相机，就能够保证被摄对象一直处于画面之中。

从另一个角度来说，如果将视角变得更广阔一些，就不用为了将运动对象融入画面中而费力地紧跟着被摄对象，比如使用镜头的广角端拍摄，就更容易抓拍到被摄对象运动的瞬间。

▲ 使用广角镜头抓拍到的现场整体气氛『焦距：28mm ┆ 光圈：F9 ┆ 快门速度：1/200s ┆ 感光度：ISO200』

▶ 长焦镜头注重表现单个主体，对瞬间的表现更加明显『焦距：400mm ┆ 光圈：F7.1 ┆ 快门速度：1/640s ┆ 感光度：ISO200』

## 常见快门速度的适用拍摄对象

以下是一些常见快门速度的适用拍摄对象，虽然在拍摄时并非一定要用快门优先曝光模式，但首先对一般情况有所了解，才能找到最适合表现不同拍摄对象的快门速度。

| 快门速度 / 秒 | 适用范围 |
|---|---|
| B 门 | 适合拍摄夜景、闪电、车流等。其优点是摄影师可以自行控制曝光时间，缺点是当不知道当前场景需要多长时间才能正常曝光时，容易出现曝光过度或不足的情况，此时需要摄影师多做尝试，直至得到满意的效果 |
| 1 ~ 30 | 在拍摄夕阳、天空仅有少量微光的日落后及日出前后时，都可以使用光圈优先曝光模式或手动曝光模式进行拍摄，很多优秀的夕阳作品都诞生于这个曝光区间。使用1 ~ 5s的快门速度，也能够将瀑布或溪流拍摄出如同丝绸一般的梦幻效果 |
| 1 和 1/2 | 适合在昏暗的光线下，使用较小的光圈获得足够的景深，通常用于拍摄稳定的对象，如建筑、城市夜景等 |
| 1/15 ~ 1/4 | 1/4s的快门速度可以作为拍摄夜景人像时的最低快门速度。该快门速度区间也适合拍摄一些光线较强的夜景，如明亮的步行街和光线较好的室内等 |
| 1/30 | 在使用标准镜头或广角镜头拍摄风光、建筑室内时，该快门速度可以视为拍摄时最低的快门速度 |
| 1/60 | 对于标准镜头而言，该快门速度可以保证在各种场合进行拍摄 |
| 1/125 | 这一挡快门速度非常适合在户外阳光明媚时使用，同时也能够拍摄运动幅度较小的物体，如行走中的人 |
| 1/250 | 适合拍摄中等运动速度的拍摄对象，如游泳运动员、跑步中的人或棒球活动等 |
| 1/500 | 该快门速度已经可以抓拍一些运动速度较快的对象，如行驶的汽车、快速跑动中的运动员、奔跑的马等 |
| 1/4000 ~ 1/1000 | 该快门速度区间已经可以用于拍摄一些极速运动的对象，如赛车、飞机、足球运动员、飞鸟及瀑布飞溅出的水花等 |

## 安全快门速度

简单来说，安全快门是指人在手持拍摄时能保证画面清晰的最低快门速度。这个快门速度与镜头的焦距有很大关系，即手持相机拍摄时，快门速度应不低于焦距的倒数。

比如相机焦距为 70mm，拍摄时的快门速度应不低于 1/80s。这是因为人在手持相机拍摄时，即使被拍摄对象待在原处纹丝未动，也会因为拍摄者本身的抖动而导致画面模糊。

▼ 虽然是拍摄静态的玩偶，但由于光线较弱，导致快门速度低于安全快门速度，所以拍摄出来的玩偶是比较模糊的『焦距：100mm ┆ 光圈：F2.8 ┆ 快门速度：1/50s ┆ 感光度：ISO200』

▲ 拍摄时提高了感光度数值，因此能够使用更高的快门速度，从而确保拍出来的照片很清晰『焦距：100mm ┆ 光圈：F2.8 ┆ 快门速度：1/160s ┆ 感光度：ISO800』

**高手点拨：** 要拍摄更清晰的影像，可以考虑使用后面将要讲到的“影像稳定器模式”功能。

## 防抖技术对快门速度的影响

佳能的防抖系统全称为 IMAGE STABILIZER，简写为 IS，可保证在使用低于安全快门 4 倍的快门速度拍摄时也能获得清晰的影像。在使用时还要注意以下几点。

- 防抖系统成功校正抖动是有一定概率的，这还与个人的手持能力有很大关系。通常情况下，使用低于安全快门 2 倍以内的快门速度拍摄时，成功校正的概率会比较高。
- 当快门速度高于安全快门 1 倍以上时，建议关闭防抖系统，否则防抖系统的校正功能可能会影响原本清晰的画面，导致画质下降。
- 在使用三脚架保持相机稳定时，建议关闭防抖系统。因为在使用三脚架时，不存在手抖的问题，而开启了防抖功能后，其微小的振动反而会造成图像质量下降。值得一提的是，很多防抖镜头同时还带有三脚架检测功能，即它可以检测到三脚架细微振动造成的抖动并进行补偿，因此，在使用这种镜头拍摄时，则不应关闭防抖功能。

▲ 有防抖标志的佳能镜头

Q：IS 功能是否能够代替较高的快门速度？

A：虽然在弱光条件下拍摄时，具有 IS 功能的镜头允许摄影师使用更低的快门速度，但实际上 IS 功能并不能代替较高的快门速度。要想得到出色的高清晰度照片，仍然需要用较高的快门速度来捕捉瞬间的动作。不管 IS 功能有多么强大，只有使用高速快门才能清晰捕捉到快速移动的被摄对象，这一原则是不会改变的。

---

## 防抖技术的应用

虽然防抖技术会对照片的画质产生一定的负面影响，但是在拍摄光线较弱时，为了得到清晰的画面，它又是必不可少的。例如，在拍摄动物时常常会使用 400mm 的长焦镜头，这就要求相机的快门速度必须保持在 1/400s 的安全快门速度以上，光线略有不足就很容易把照片拍虚，这时使用防抖功能几乎就成了唯一的选择。

## 影像稳定器模式

当在 Canon EOS R5/R6 相机上安装不具有 IS 功能的镜头时，可以启用相机的 IS 模式，这样即使镜头不具备防抖功能，也能实现稳定效果。

设定步骤

❶ 在**拍摄菜单** 7 中选择**影像稳定器模式**选项

❷ 选择**影像稳定器模式**，然后点击选择**开**选项

## 长时间曝光降噪功能

曝光的时间越长，产生的噪点就越多，此时，可以启用长时间曝光降噪功能消减画面中的噪点。

- 关闭：选择此选项，在任何情况下都不执行长时间曝光降噪功能。
- 自动：选择此选项，当曝光时间超过 1 秒，且相机检测到噪点时，将自动执行降噪处理。此设置在大多数情况下有效。
- 启用：选择此选项，在曝光时间超过 1 秒时即进行降噪处理，此功能适用于选择“自动”选项时无法自动执行降噪处理的情况。

设定步骤

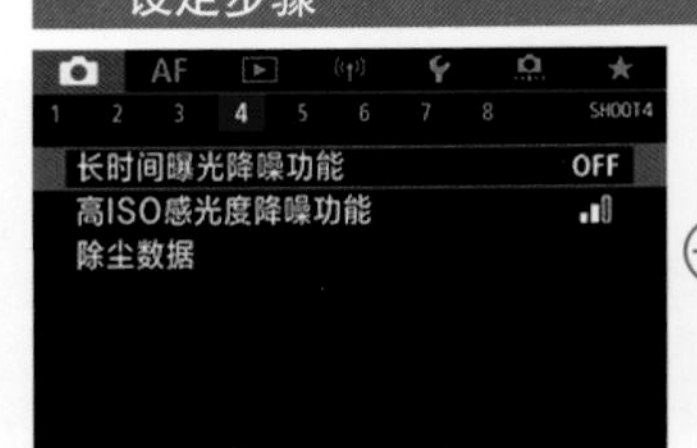


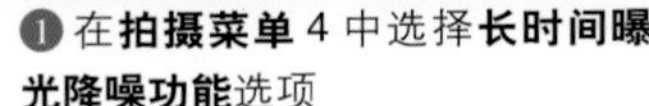

❶ 在**拍摄菜单** 4 中选择**长时间曝光降噪功能**选项

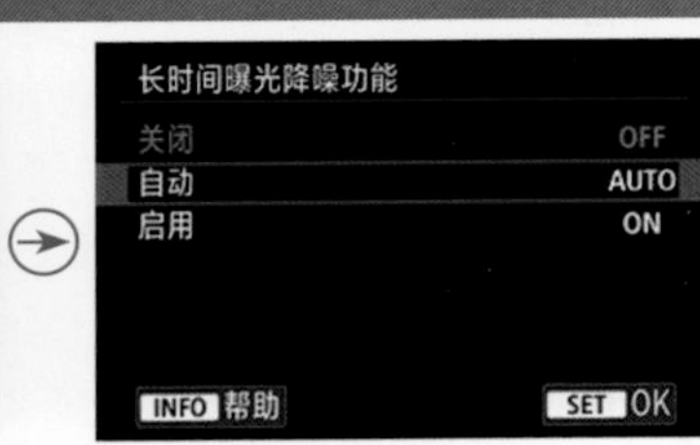


❷ 选择不同的选项，然后点击 SET OK 图标确定

**高手点拨：**降噪处理需要时间，而这个时间可能与拍摄时间相同。在将“长时间曝光降噪功能”设置为“启用”或“自动”时，那么在降噪处理过程中将显示“BUSY”，直到降噪完成，在这期间将无法继续拍摄照片。因此，通常情况下建议将它关闭，在需要进行长时间曝光拍摄时再开启。

▲ 左图是未设置长时间曝光降噪功能时的局部画面，右图是启用了该功能后的局部画面，可以发现画面中的杂色及噪点都明显减少，但同时也损失了一定的细节

## 设置曝光等级增量控制调整幅度

在“曝光等级增量”菜单中可以设置光圈、快门速度、曝光补偿、包围曝光、闪光曝光补偿及闪光包围曝光等数值的变化幅度，可以选择“1/3 级”或“1/2 级”。选定之后相机将以选定的幅度增加或减少曝光量。

- 1/3 级：选择此选项，每调整一级，则曝光量以 +1/3EV 或 − 1/3EV 的幅度发生变化。
- 1/2 级：选择此选项，每调整一级，则曝光量以 +1/2EV 或 − 1/2EV 的幅度发生变化。

设定步骤

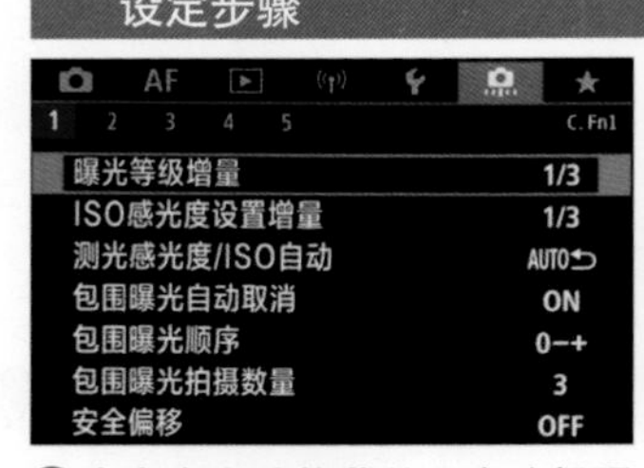


❶ 在**自定义功能菜单** 1 中选择**曝光等级增量**选项

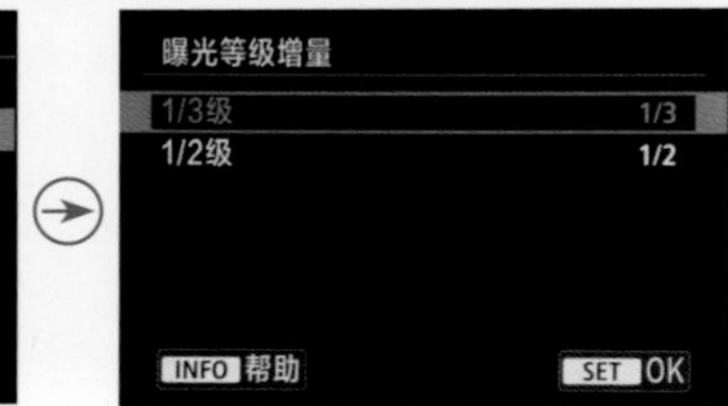


❷ 点击选择 1/3 **级**或 1/2 **级**选项，然后点击 SET OK 图标确定

F1.4 F2.0 F2.8 F4.0 F5.6
F1.6 F1.8 F2.2 F2.5 F3.2 F3.5 F4.5 F5.0

▲ 选择“1/3 级”选项时，光圈值的变化示意

F1.4 F2.0 F2.8 F4.0 F5.6
F1.7 F2.4 F3.4 F4.8

▲ 选择“1/2 级”选项时，光圈值的变化示意

# 设置 ISO 控制照片品质

## 理解感光度

数码相机的感光度概念是从传统胶片感光度引入的，用于表示感光元件对光线的感光敏锐程度，即在相同条件下，感光度越高，获得光线的数量也就越多。需要注意的是，感光度越高，产生的噪点就越多；而低感光度画面则清晰、细腻，细节表现较好。

设定方法

在拍摄状态下，屏幕上显示图像时，直接转动速控转盘 2 选择所需的 ISO 感光度值

Canon EOS R5 作为全画幅微单相机，在感光度的控制方面非常优秀。其常用感光度范围为 ISO100 ~ ISO51200，并可以向下扩展至 L（相当于 ISO50），向上扩展至 H（相当于 ISO102400）。在光线充足的情况下，一般使用 ISO100 拍摄即可。

对于 Canon EOS R5 相机来说，使用 RAW 格式拍摄，当感光度在 ISO6400 以下时，均能获得出色的画质；当感光度在 ISO6400 ~ ISO12800 之间时，Canon EOS R5 的画质比低感光度时略有降低，但仍可以用良好来形容；当感光度增至 ISO12800 以上时，虽然画面的细节还比较好，但已经有明显的噪点了，尤其在弱光环境下表现得更为明显；当感光度增至 ISO51200 时，画面中的噪点和色散已经变得非常严重，因此，除非必要，一般不建议使用 ISO6400 以上的感光度数值。

**提示**

Canon EOS R6相机可以在ISO100～ISO102400范围内手动设置感光度（以1/3级或整级为单位），可以下向扩展到L（相当于ISO 50），向上扩展到H（相当于ISO 204800）。

## 感光度的设置原则

感光度除了对曝光产生影响外，对画质也有极大的影响，即感光度越低，画质就越好；反之，感光度越高，就越容易产生噪点、杂色，画质就越差。

在条件允许的情况下，建议采用 Canon EOS R5/R6 基础感光度中的最低值，即 ISO100，这样可以在最大程度上保证得到较高的画质。

需要特别指出的是，在光线充足与不足的情况下分别拍摄时，即使设置相同的 ISO 感光度，在光线不足时拍出的照片中也会产生更多噪点，如果此时再使用较长的曝光时间，那么就更容易产生噪点。因此，在弱光环境中拍摄时，更需要设置低感光度，并配合高 ISO 感光度降噪和长时间曝光降噪功能来获得较高的画质。

当然，低感光度的设置，尤其是在光线不足的情况下，可能会导致快门速度过低，在手持拍摄时很容易由于手的抖动而导致画面模糊。此时，应该果断提高感光度，即优先保证能够成功地完成拍摄，然后再考虑高感光度给画质带来的损失。因为画质损失可通过后期处理来弥补，而画面模糊则意味着拍摄失败，是无法补救的。

## ISO 数值与画质的关系

对于 Canon EOS R5 相机而言，使用 ISO6400 以下的感光度拍摄时，均能获得优秀的画质；使用 ISO6400 ~ ISO12800 之间的感光度拍摄时，虽然画质要比低感光度时略有降低，但是仍然很优秀。

如果从实用角度来看，使用 ISO3200 和 ISO6400 拍摄的照片细节完整、色彩生动，如果不是放大到 100% 进行查看，与使用较低感光度拍摄的照片并无明显区别。但是对于一些对画质要求较为苛刻的用户来说，ISO3200 是 Canon EOS R5 能保证较好画质的最高感光度。使用高于 ISO3200 的感光度拍摄时，虽然整个照片依旧没有过多杂色，但是照片细节上的缺失通过大屏幕显示器观看时就能感觉到，所以除非处于极端环境中，否则不推荐使用。

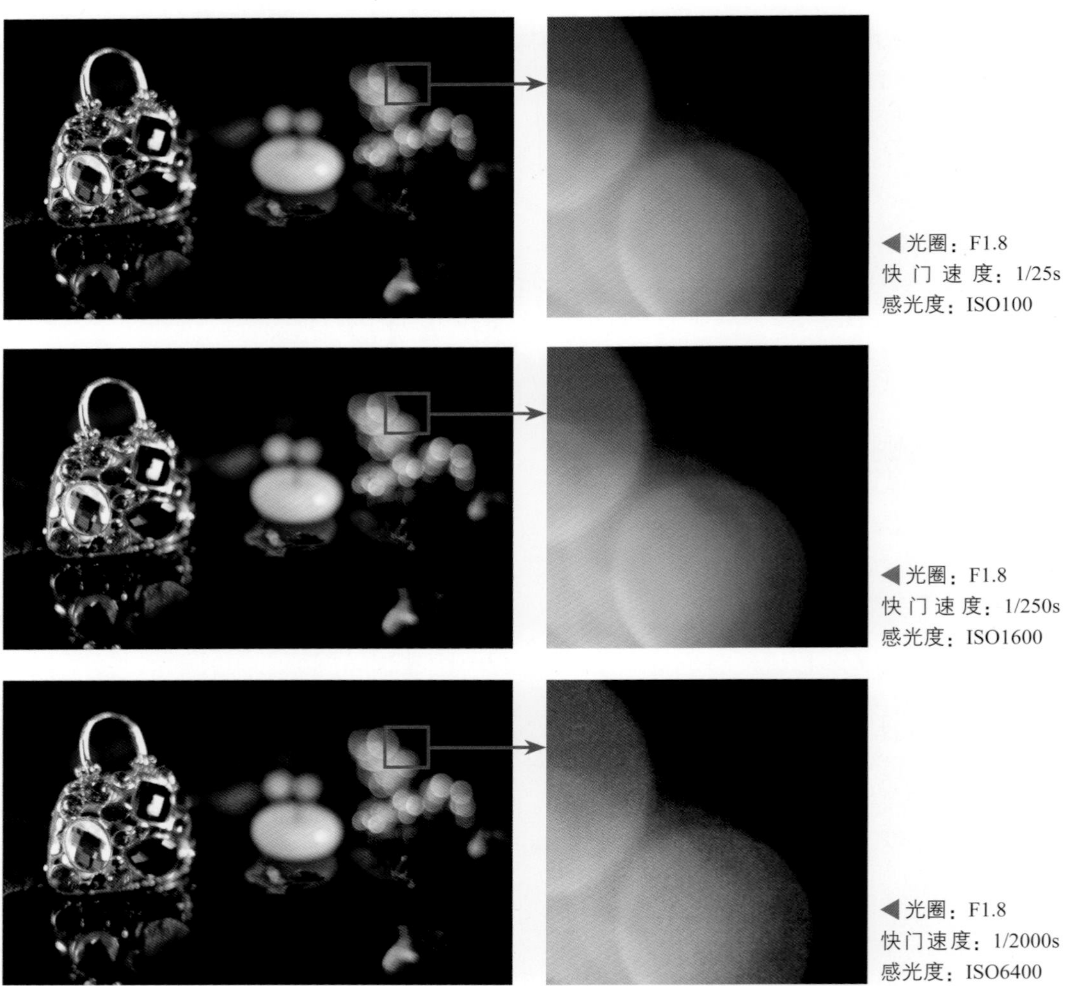

◀光圈：F1.8
快门速度：1/25s
感光度：ISO100

◀光圈：F1.8
快门速度：1/250s
感光度：ISO1600

◀光圈：F1.8
快门速度：1/2000s
感光度：ISO6400

从这一组照片中可以看出，在光圈优先曝光模式下，当 ISO 感光度数值发生变化时，快门速度也发生了变化，因此照片的整体曝光量并没有改变。但仔细观察细节可以看出，照片的画质随着 ISO 数值的增大而逐渐变差。

## 感光度对曝光效果的影响

作为控制曝光的三大要素之一，在其他条件不变的情况下，感光度每增加一挡，感光元件对光线的敏锐度会随之提高一倍，即增加一倍的曝光量；反之，感光度每减少一挡，则减少一半的曝光量。

更直观地说，感光度的变化直接影响光圈或快门速度的设置，以 F5.6、1/200s、ISO400 的曝光组合为例，在保证被摄体正确曝光的前提下，如果要改变快门速度并使光圈数值保持不变，可以通过提高或降低感光度来实现。快门速度提高一倍（变为 1/400s），则可以将感光度提高一倍（变为 ISO800）；如果要改变光圈值而保证快门速度不变，同样可以通过调整感光度数值来实现，例如要增加两挡光圈（变为 F2.8），则可以将 ISO 感光度数值降低两挡（变为 ISO100）。

下面是一组在焦距为 50mm、光圈为 F7.1、快门速度为 1/30s 的特定参数下，只改变感光度数值拍摄的照片。

ISO100

ISO125

ISO160

ISO200

ISO250

ISO320

从这一组照片中可以看出，当其他曝光参数不变时，ISO 感光度的数值越大，由于感光元件对光线变得更加敏感，因此所拍摄出来的照片也就越明亮。

## ISO 感光度设置

Canon EOS R5/R6 相机将 ISO 感光度的主要功能集成在了“ISO 感光度设置”菜单中，可以在其中选择 ISO 感光度的具体数值、设置静止图像的可用 ISO 感光度范围、设置自动 ISO 感光度的范围，以及使用自动 ISO 感光度时的最低快门速度等参数。

### 设定步骤

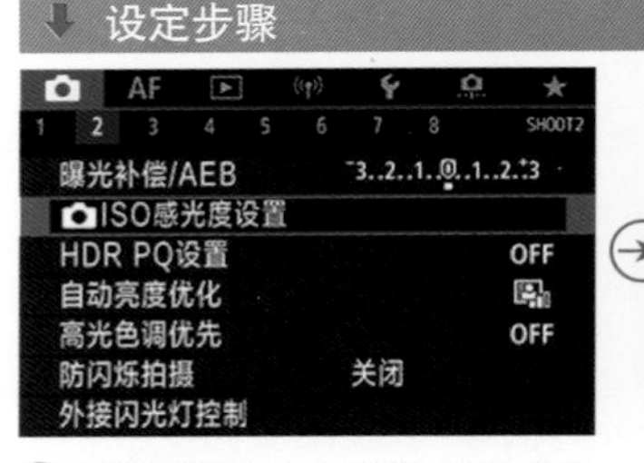


❶ 在**拍摄菜单** 2 中选择 ISO **感光度设置**选项

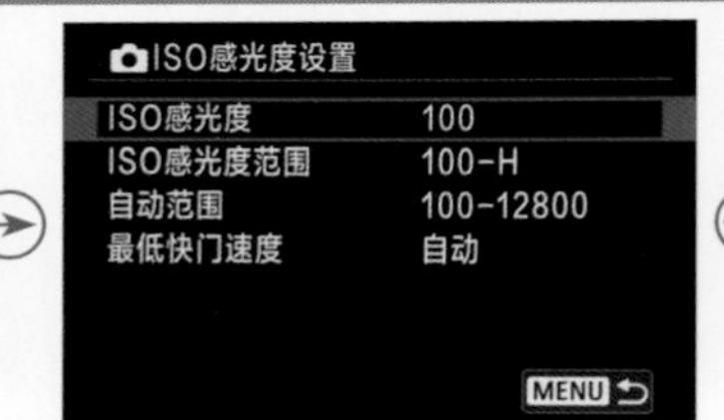


❷ 点击选择 ISO **感光度**选项

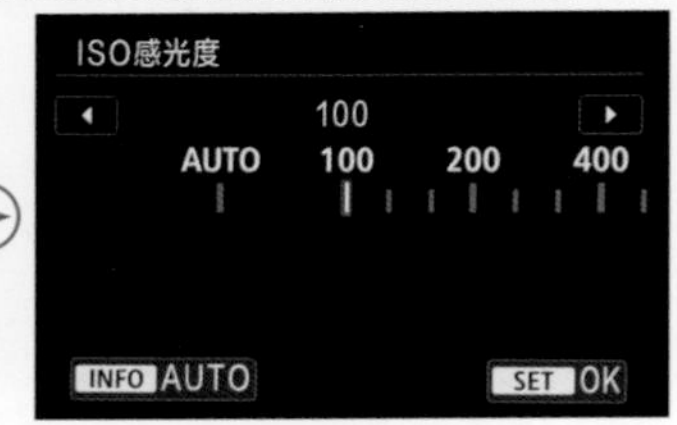


❸ 点击◀或▶图标选择不同的 ISO 感光度数值，然后点击 SET OK 图标确定

在拍摄静止图像时，画质的好坏对于画面十分重要。鉴于每个摄影师能够接受的画质优劣程度不一致，因此 Canon EOS R5/R6 提供了“ISO 感光度范围”选项。

在“ISO 感光度范围”选项中，摄影师可以对常用感光度的范围进行设置。比如最大程度能够接受 ISO3200 拍摄的效果，那么就可以将最小感光度设置为 ISO100，最大感光度设置为 ISO3200。

当 ISO 感光度选择“自动”选项时，可以利用“自动范围”选项，Canon EOS R5 相机可以在 ISO50 ~ ISO51200 范围内设定感光度的下限，在 ISO100 ~ ISO102400 的范围内设定感光度的上限。

当使用自动感光度时，可以指定一个快门速度的最低数值，当快门速度低于此数值时，由相机自动提高感光度数值；反之，则使用“自动范围”中设置的最小感光度数值进行拍摄。

❹ 如果在步骤❷中选择 ISO **感光度范围**选项

❺ 选择**最小**或**最大**选项，然后点击▲或▼图标选择 ISO 感光度的数值，完成后点击选择**确定**选项

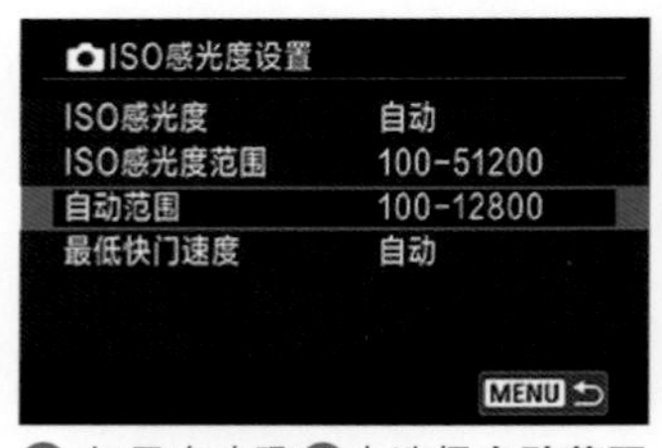


❻ 如果在步骤❷中选择**自动范围**选项

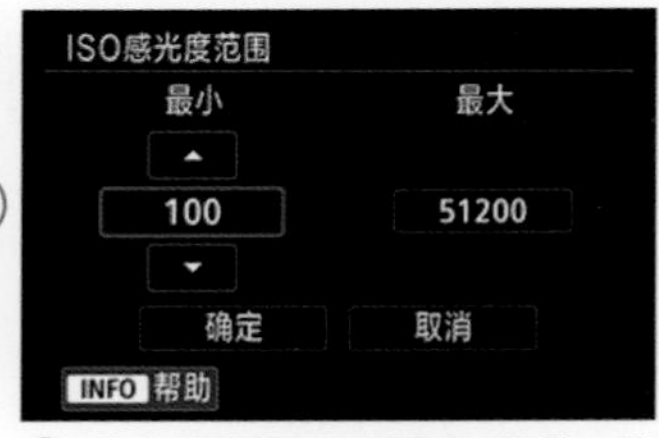


❼ 点击选择**最小**或**最大**选项，然后点击▲或▼图标选择 ISO 感光度的数值，完成后点击选择**确定**选项

❽ 如果在步骤❷中选择**最低快门速度**选项

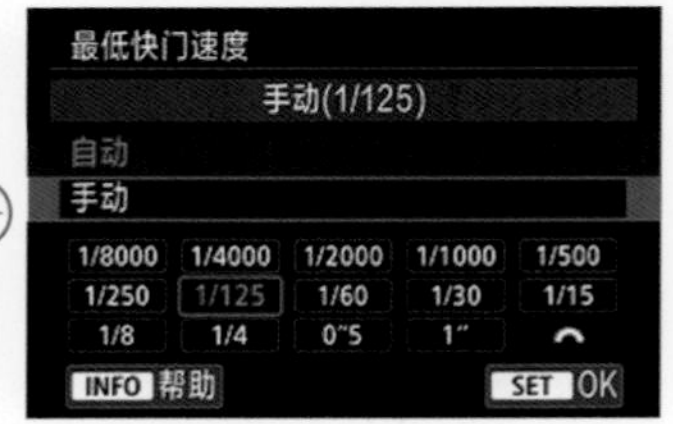


❾ 选择**自动**选项时可以选择自动最低快门速度的快与慢，选择**手动**选项时可以选择一个快门速度值。完成后点击 SET OK 图标保存

## 高 ISO 感光度降噪功能

利用高 ISO 感光度降噪功能能够有效地降低图像的噪点，在使用高 ISO 感光度拍摄时的效果尤其明显，而且即使使用较低的 ISO 感光度，也会使图像阴影区域的噪点有所减少。

在“高 ISO 感光度降噪功能”菜单中共有 3 个选项，可以根据噪点的多少来改变其设置。需要特别指出的是，与应用“强”时相比，使用“多张拍摄降噪”能够在保持更高图像画质的情况下进行降噪，其原理是连续拍摄 4 张照片并将其自动合并成一幅JPEG格式的照片。

另外，当将“高 ISO 感光度降噪功能”设置为“强”时，将使相机的连拍数量减少。

- 弱：选择此选项，则降噪幅度较弱，适合直接用 JPEG 格式拍摄且对照片不做调整的情况。
- 标准：选择此选项，则执行标准降噪幅度，照片的画质会略受影响，适合用 JPEG 格式保存照片的情况。
- 强：选择此选项，则降噪幅度较大，适合弱光拍摄的情况。

**设定步骤**

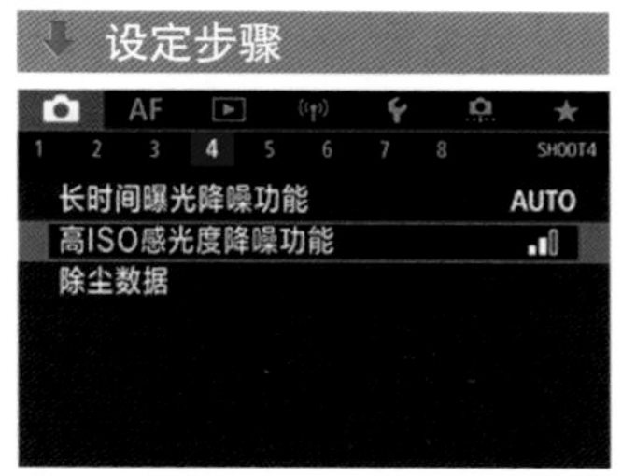


❶ 在**拍摄菜单** 4 中选择**高 ISO 感光度降噪功能**选项

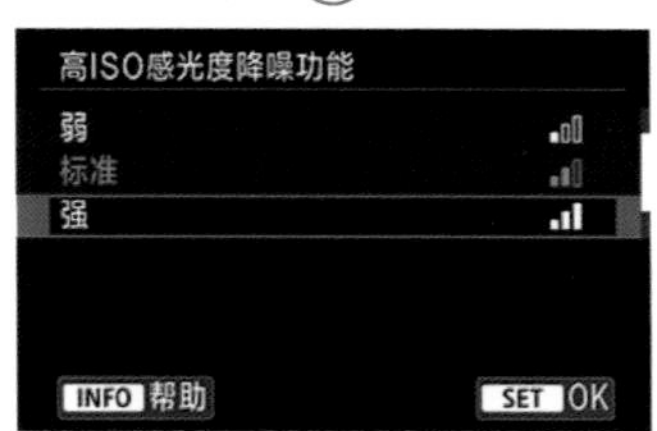


❷ 点击选择不同的选项，然后点击 SET OK 图标确定

**高手点拨：**当图像画质被设为RAW或RAW+JPEG时，“多张拍摄降噪”选项不可选。

▲ 上小图是未启用“高 ISO 感光度降噪”功能时拍摄的画面，下小图为启用此功能后拍摄的画面，对比两张图可以看出，降噪后的照片噪点明显减少，但同时也损失了一定的细节

# 曝光四因素之间的关系

影响曝光的因素有 4 个：①照明的亮度（Light Value），简称 LV，大部分照片是以阳光为光源进行拍摄的，但无法控制阳光的亮度；②感光度，即 ISO 值，该值越高，相机所需的曝光量越少；③光圈，更大的光圈能让更多的光线通过；④曝光时间，也就是所谓的快门速度。下图为 4 个因素之间的联系。

影响曝光的这 4 个因素是一个互相牵引的四角关系，改变任何一个因素，均会对另外 3 个造成影响。例如，最直接的对应关系是“亮度 - 感光度”，当在较暗的环境中（亮度较低）拍摄时，就要使用较高的感光度值，以增加相机感光元件对光线的敏感度，来得到曝光正常的画面。

另一个直接的影响是“光圈 - 快门速度”，当用大光圈拍摄时，进入相机镜头的光量变多，因而快门速度便要提高，以避免照片过曝；反之，当缩小光圈时，进入相机镜头的光量变少，快门速度就要相应地变低，以避免照片欠曝。

下面进一步解释这四者之间的关系。

当光线较为明亮时，相机感光充分，因而可以使用较低的感光度、较高的快门速度或小光圈拍摄。

当使用高感光度拍摄时，相机对光线的敏感度增加，因此也可以使用较高的快门速度、较小光圈拍摄。

当降低快门速度做长时间曝光时，则可以通过缩小光圈、使用较低的感光度，或者加中灰镜来得到正确的曝光。

当然，在现场光环境中拍摄时，画面的亮度很难做出改变，虽然可以用中灰镜降低亮度，或提高感光度来增加亮度，但是仍然会带来一定的画质影响。因此，摄影师通常会先考虑调整光圈和快门速度，当调整光圈和快门速度都无法得到满意的效果时，才会调整感光度数值，最后考虑安装中灰镜或增加灯光为画面补光。

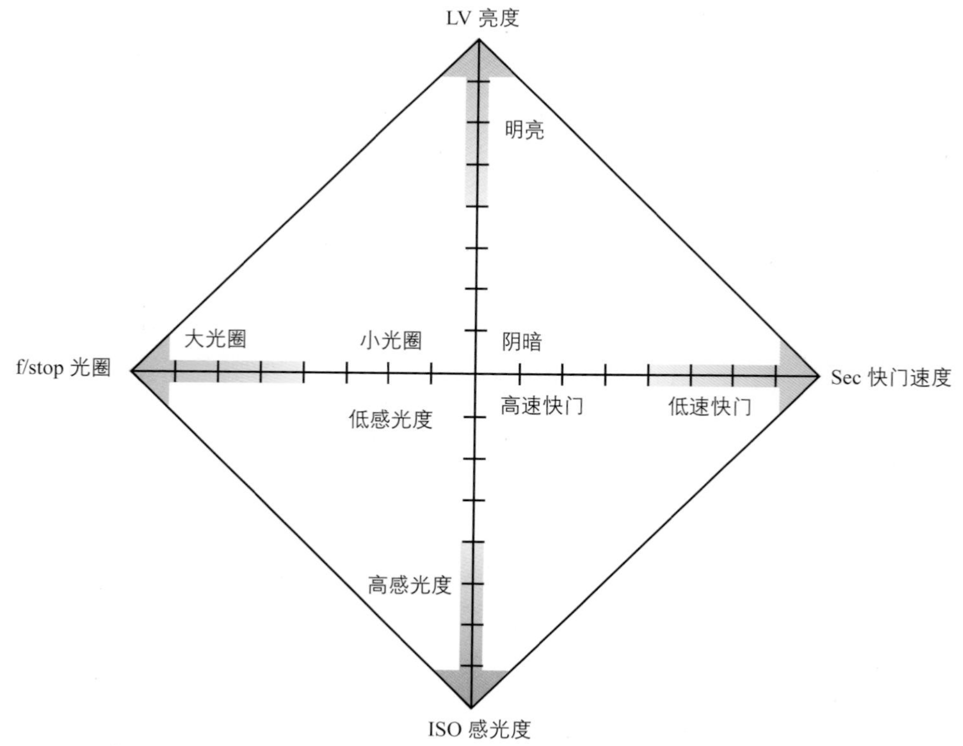

# 设置白平衡控制画面色彩

## 理解白平衡存在的重要性

无论是在室外的阳光下，还是在室内的白炽灯光下，人眼都将白色视为白色，将红色视为红色。之所以产生这种感觉是因为人的肉眼能够修正光源变化造成的着色差异。实际上，当光源改变时，作为这些光源的反射而被捕获的颜色也会发生变化，相机会精确地将这些变化记录在照片中，这样的照片在纠正之前看上去是偏色的。

相机具有的白平衡功能，可以纠正不同光源下色彩的变化，就像人眼的功能一样，使偏色的照片得到纠正。

值得一提的是，在实际应用时，也可以尝试使用“错误”的白平衡设置，从而获得特殊的画面色彩。例如，在拍摄夕阳时，如果使用白色荧光灯或阴影白平衡，则可以得到冷暖对比或带有强烈暖调色彩的画面，这也是白平衡的一种特殊应用方式。

Canon EOS R5/R6 相机共提供了 3 类白平衡设置，即预设白平衡、手调色温及自定义白平衡，下面分别讲解它们的作用。

## 预设白平衡

除了自动白平衡外，Canon EOS R5/R6 相机还提供了日光、阴影、阴天、钨丝灯、白色荧光灯及闪光灯 6 种预设白平衡，它们分别针对一些常见的典型环境，选择这些预设的白平衡可以快速获得需要的设置。

以下是使用不同预设白平衡拍摄同一场景时得到的结果。

设定方法

按 M-Fn 按钮，然后转动速控转盘 1 选择白平衡选项，再转动主拨盘选择白平衡模式选项

▲ 日光白平衡

▲ 阴影白平衡

▲ 阴天白平衡

▲ 钨丝灯白平衡

▲ 白色荧光灯白平衡

▲ 闪光灯白平衡

## 灵活运用两种自动白平衡

Canon EOS R5/R6 相机提供了两种自动白平衡模式，其中“自动：氛围优先”自动白平衡模式能够较好地表现出钨丝灯下拍摄的效果，即在照片中保留灯光下的红色色调，从而拍出具有温暖氛围的照片；而“自动：白色优先”自动白平衡模式可以抑制灯光中的红色色调，准确地再现白色。

**高手点拨：**“自动：氛围优先”与“自动：白色优先”自动白平衡模式的不同只有在色温较低的场景中才能表现出来，在其他条件下，使用两种自动白平衡模式拍摄出来的照片效果是一样的。

▲ 选择“自动：白色优先”自动白平衡模式可以抑制灯光中的红色，拍摄出来的照片中模特的皮肤会显得更白皙、好看一些『焦距：85mm ┊ 光圈：F3.2 ┊ 快门速度：1/40s ┊ 感光度：ISO400』

◀ 使用“自动：氛围优先”自动白平衡模式拍摄出来的照片暖色调更明显一些『焦距：85mm ┊ 光圈：F2.8 ┊ 快门速度：1/50s ┊ 感光度：ISO400』

**设定步骤**

❶ 在**拍摄菜单** 3 中点击选择**白平衡**选项

❷ 点击选择自动白平衡选项，然后点击INFO. AWB⇄AWBW图标

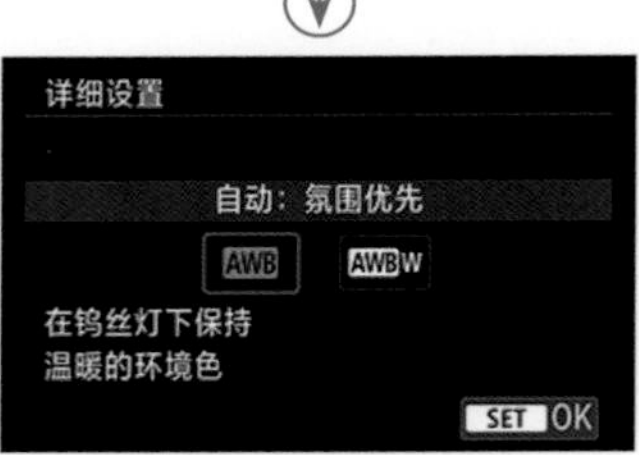


❸ 点击选择**自动：氛围优先**或**自动：白色优先**选项，然后点击SET OK图标确定

## 什么是色温

在摄影领域，色温通常用于说明光源的成分，单位为“K”。例如，日出日落时光的颜色为橙红色，这时色温较低，大约为3200K；太阳升高后，光的颜色为白色，这时色温较高，大约为5400K；阴天的色温还要高一些，大约为6000K。色温值越大，光源中所含的蓝色光越多；反之，当色温值越小，则光源中所含的红色光越多。下图为常见场景的色温值。

低色温的光趋于红、黄色调，其能量分布中红色调较多，因此又通常被称为“暖光”；高色温的光趋于蓝色调，其能量分布较集中，也被称为“冷光”。通常在日落时，光线的色温较低，因此拍摄出来的画面偏暖，适合表现夕阳静谧、温馨的感觉，为了增强这样的画面效果，可以叠加使用暖色滤镜，或是将白平衡设置成阴天模式。晴天、中午时分的光线色温较高，拍摄出来的画面偏冷，通常此时空气的能见度也较高，可以很好地表现大景深的场景。另外，冷色调的画面还可以很好地表现出冷清的感觉，在视觉上给人以开阔的感觉。

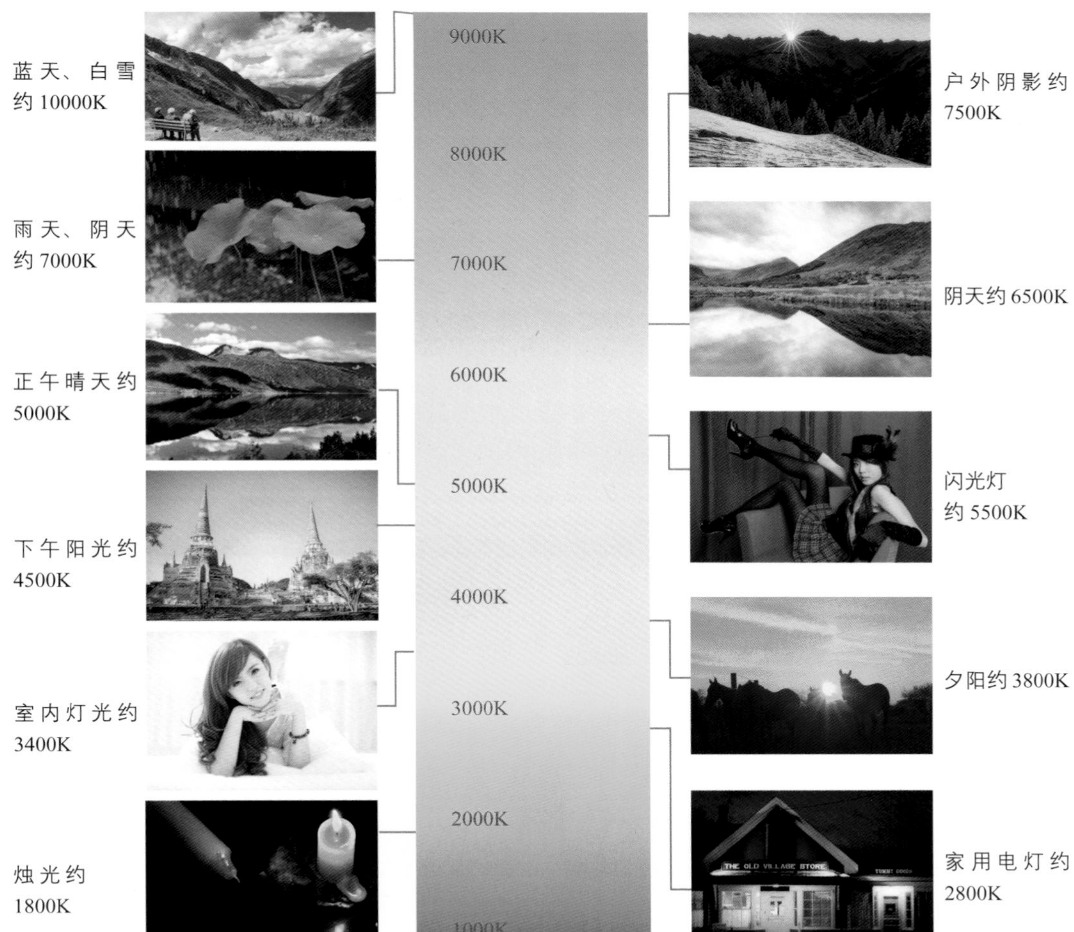

## 手调色温

为了应对复杂光线环境下的拍摄需要，Canon EOS R5/R6 相机在色温调整白平衡模式下提供了 2500 ~ 10000K 的色温调整范围，最小的调整幅度为 100K。用户可根据实际色温进行精确调整。

预设白平衡模式涵盖的色温范围比手调色温白平衡可调整的范围要小一些，因此当需要一些比较极端的效果时，预设白平衡模式就显得有些力不从心，此时可以进行手动调整。

在通常情况下，使用自动白平衡模式就可以获得不错的色彩效果。但在特殊光线条件下，使用自动白平衡模式有时可能无法得到准确的色彩还原，此时，应根据光线条件选择合适的白平衡模式。实际上，每一种预设白平衡都对应着一个色温值，以下是不同预设白平衡模式所对应的色温值。

| 显　示 | 白平衡模式 | 色　温（K） |
|---|---|---|
| AWB | 自动（氛围优先） | 3000 ~ 7000 |
| AWB w | 自动（白色优先） | |
| | 日光 | 5200 |
| | 阴影 | 7000 |
| | 阴天（黎明、黄昏） | 6000 |
| | 钨丝灯 | 3200 |
| | 白色荧光灯 | 4000 |
| | 使用闪光灯 | 6000 |
| | 用户自定义 | 2000~10000 |
| K | 色温 | 2500~10000 |

设定步骤

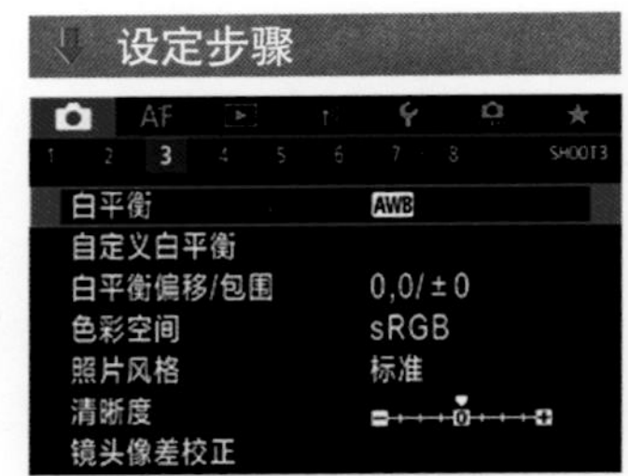


❶ 在**拍摄菜单** 3 中点击选择**白平衡**选项

❷ 点击选择**色温**选项，然后点击、图标选择色温值，选择完成后点击SET OK图标确定

▲ 即使使用了色温值最高的阴影预设白平衡（色温约为 7000K），得到的暖调效果还是不够纯粹

▲ 通过手动调整色温至最高的 10000K，可以看出得到的暖调效果更加强烈

## 自定义白平衡

自定义白平衡模式是各种白平衡模式中最精准的一种，是指在现场光照条件下拍摄纯白的物体，相机会认为这张照片是标准的“白色”，从而以此为依据对现场色彩进行调整，最终实现精准的色彩还原。

在 Canon EOS R5/R6 相机中自定义白平衡的操作步骤如下。

❶ 在镜头上将对焦方式切换至 MF（手动对焦）方式。

❷ 在被拍摄对象的周围找到一个白色物体，然后半按快门对白色物体进行测光（此时无须顾虑是否对焦的问题），且要保证白色物体应充满画面，然后按下快门拍摄一张照片。

❸ 在“拍摄菜单 3”中选择“自定义白平衡”选项。

❹ 此时将要求选择一幅图像作为自定义的依据，选择前面拍摄的照片并确定即可。

❺ 要使用自定义的白平衡，在白平衡菜单中选择“用户自定义”选项即可。

例如在室内使用恒亮光源拍摄人像或静物时，由于光源本身都会带有一定的色温倾向，因此，为了保证拍出的照片能够准确地还原色彩，此时就可以通过自定义白平衡的方法进行拍摄。

**高手点拨：**在实际拍摄时灵活运用自定义白平衡功能，可以使拍摄效果更自然，这要比使用滤色镜获得的效果更自然，操作也更方便。值得注意的是，当曝光不足或曝光过度时，使用自定义白平衡可能无法获得正确的白平衡。在实际拍摄时可以使用18%灰度卡（市面有售）取代白色物体，这样可以更精确地设置白平衡。

▲ 采用自定义白平衡拍摄室内人像，画面中人物的肤色得到了准确还原

『焦距：50mm ┆ 光圈：F5 ┆ 快门速度：1/160s ┆ 感光度：ISO100』

### 设定步骤

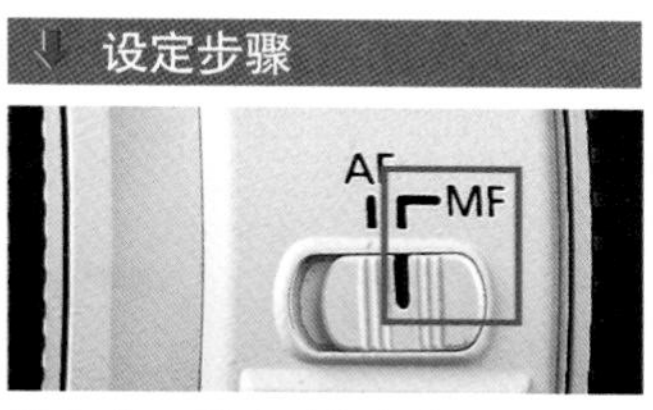


❶ 切换至手动对焦方式

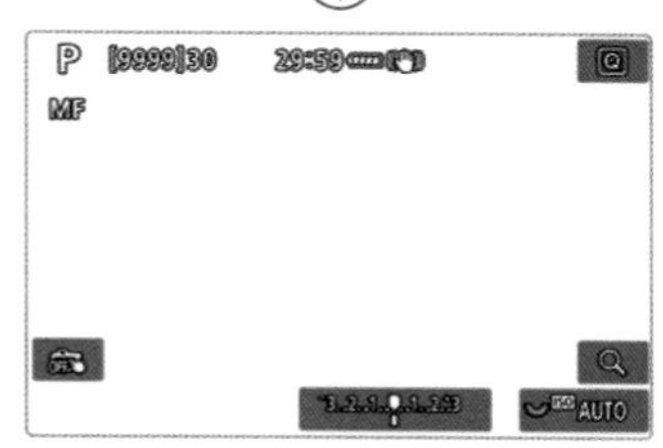


❷ 对白色对象进行测光并拍摄

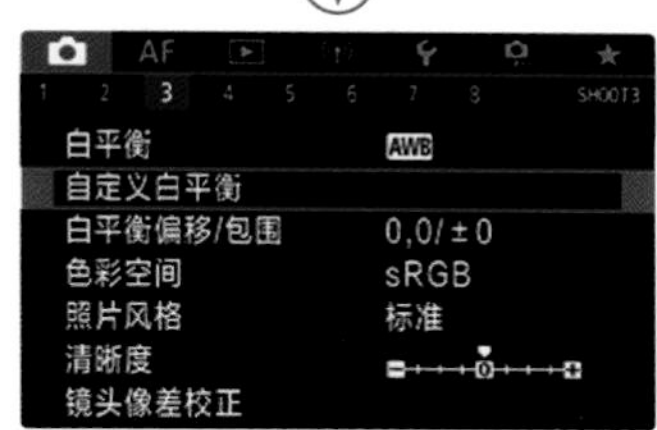


❸ 选择**自定义白平衡**选项

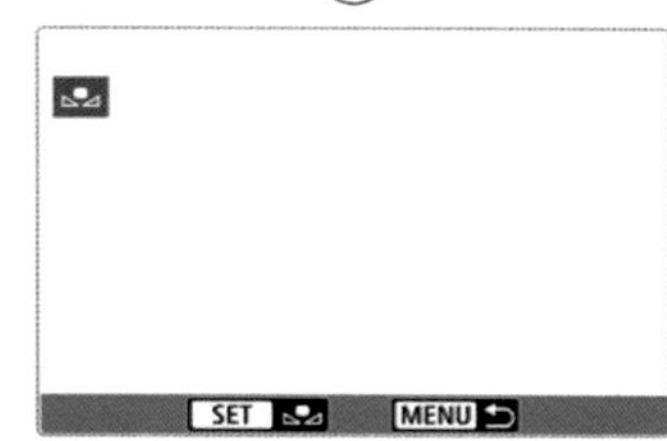


❹ 选择所拍摄的照片作为自定义的依据，然后点击屏幕上的 SET 图标确定

❺ 若要使用自定义的白平衡，选择**用户自定义**选项即可

# 白平衡偏移/包围

“白平衡偏移/包围”菜单实际上包含了两个功能，即白平衡偏移和白平衡包围，下面分别讲解它们的功能。

## 白平衡偏移

白平衡偏移是指通过设置对白平衡进行微调矫正，以获得与使用色温转换滤镜同等的效果。“白平衡偏移”功能可用于纠正镜头的偏色，例如，如果某一款镜头成像时会偏一点红色，此时利用此功能可以使照片稍偏蓝一点，从而得到颜色相对准确的照片。

每种色彩都有 1 ~ 9 级矫正。其中 B 代表蓝色，A 代表琥珀色，M 代表洋红色，G 代表绿色。

设置白平衡偏移时，点击屏幕上的▲、▼、◀、▶图标将“■”移至所需位置，即可让拍出的照片偏向所选择的色彩。

### 设定步骤

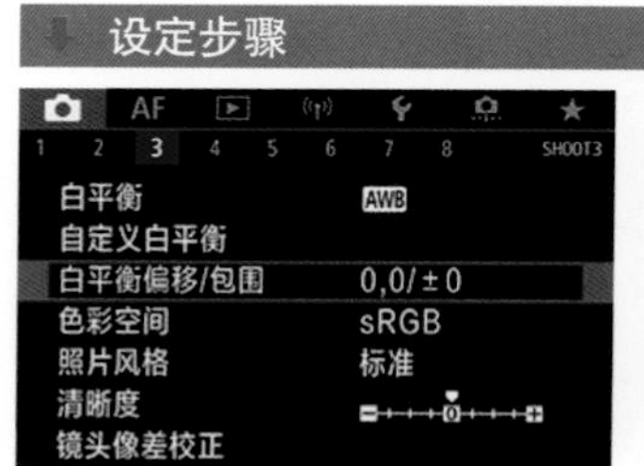


❶ 在**拍摄菜单** 3 中点击选择**白平衡偏移/包围**选项

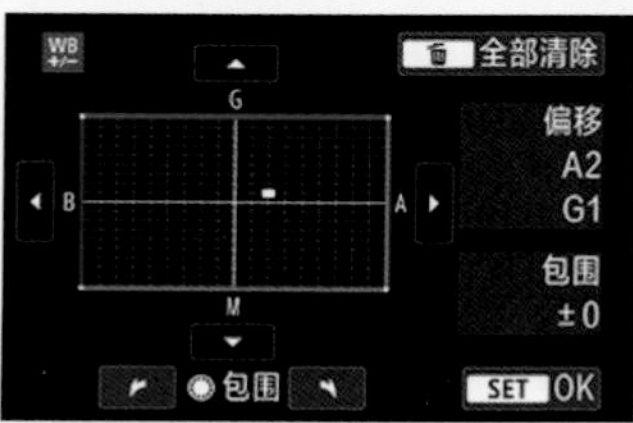


❷ 点击屏幕上的▲、▼、◀、▶图标选择不同的白平衡偏移方向

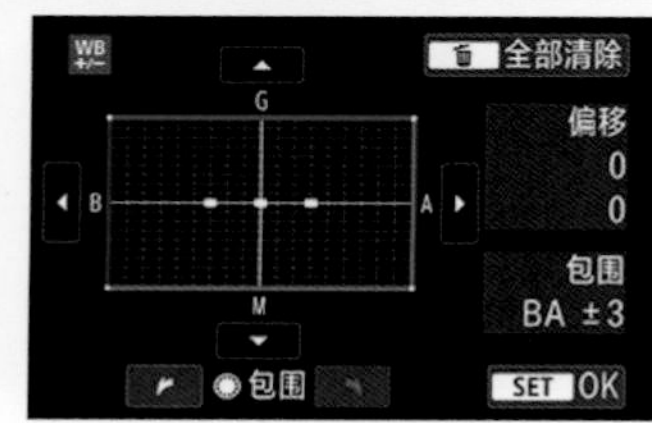


❸ 如果设置白平衡包围，只需点击◤或◥图标，使屏幕上出现“■■■”标记即可

## 白平衡包围

使用“白平衡包围”功能拍摄时，一次拍摄可同时得到3 张不同白平衡偏移效果的图像。在当前白平衡设置的色温基础上，图像将进行蓝色/琥珀色偏移或洋红色/绿色偏移。

操作时首先要通过点击确定白平衡包围的基础色调，其操作步骤与前面所述的设置白平衡偏移的步骤相同，在此基础上点击◤或◥图标或旋转速控转盘 1 ◎使屏幕上的■标记变成 ■ ■ ■ 。操作时可以尝试多次点击◤或◥图标或旋转速控转盘 1 ◎，以改变白平衡包围的范围。

▲ 拍摄雪地日出照片时，由于太阳跳出地平线的速度较快，无法慢慢地调整白平衡模式，因而使用“白平衡包围”功能，设置蓝色/琥珀色方向的偏移，以便拍摄完成后挑选色彩效果较好的照片

# 设置自动对焦模式以获得清晰锐利的画面

对焦是成功拍摄的重要前提之一，准确对焦可以让画面要表现的主体得以清晰呈现，反之则容易出现画面模糊的问题，也就是所谓的“失焦”。

Canon EOS R5/R6 相机提供了 AF 自动对焦与 MF 手动对焦两种模式，而 AF 自动对焦又可以分为单次自动对焦和伺服自动对焦两类，使用这两种自动对焦模式一般都能够实现准确对焦，下面分别讲解它们的使用方法。

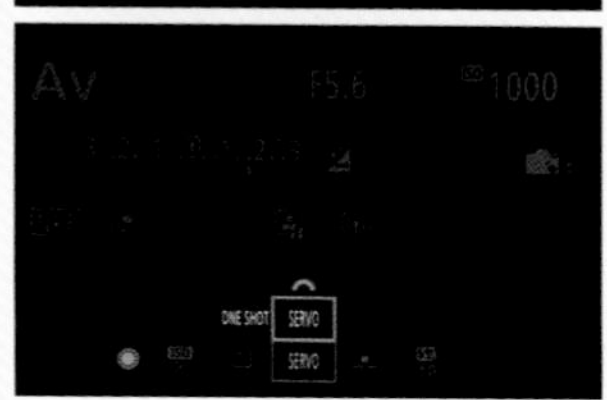


设定方法

先将镜头的对焦模式开关置于 AF 端，按 M-Fn 按钮，转动速控转盘 1 ◎选择自动对焦操作选项，然后转动主拨盘选择所需的自动对焦模式

## 单次自动对焦（ONE SHOT ）

单次自动对焦在合焦（半按快门时对焦成功）之后即停止自动对焦，此时可以保持半按快门状态重新调整构图，这种对焦模式是风光摄影中最常用的自动对焦模式之一，特别适合拍摄静止的对象，如山峦、树木、湖泊、建筑等。当然，在拍摄人像和动物时，如果被摄对象处于静止状态，也可以使用这种自动对焦模式。

▲ 单次自动对焦模式非常适合拍摄静止的对象

Q&A EOS R5/R6

Q：AF（自动对焦）不工作了怎么办？

A：检查镜头上的对焦模式开关，如果将镜头上的对焦模式开关设置为“MF”，将不能自动对焦，应将镜头上的对焦模式开关设置为“AF”；另外，还要确保稳妥地安装了镜头，如果没有稳妥地安装镜头，则有可能无法正确对焦。

## 伺服自动对焦（SERVO）

选择伺服自动对焦模式后，当摄影师半按快门合焦后，保持快门的半按状态，相机会在对焦点中自动切换以保持对运动对象的准确合焦状态。如果在此过程中，被摄对象的位置发生了较大变化，相机会自动做出调整，以确保主体清晰。这种对焦模式较适合拍摄运动中的鸟、昆虫、人等对象。

▲ 拍摄类似上图这样正在运动的人物与鸟儿时，使用伺服自动对焦模式可以获得焦点清晰的画面『焦距：200mm ┊ 光圈：F5.6 ┊ 快门速度：1/1000s ┊ 感光度：ISO400』

Q：如何拍摄自动对焦困难的主体？

A：在主体与背景反差较小、主体在弱光环境中、主体处于强烈逆光环境中、主体本身有强烈的反光、主体的大部分被一个自动对焦点覆盖的景物覆盖或主体是重复的图案等情况下，Canon EOS R5/R6 相机可能无法进行自动对焦。此时，可以按照下面的步骤使用对焦锁定功能进行拍摄。

1. 设置对焦模式为单次自动对焦，将自动对焦点移至另一个与希望对焦的主体距离相等的物体上，然后半按快门按钮。

2. 因为半按快门按钮时对焦已被锁定，因此可以在半按快门按钮的状态下，平移相机使自动对焦点覆盖到希望对焦的主体上，重新构图后再完全按下快门拍摄即可。

# 灵活设置自动对焦辅助功能

## 利用自动对焦辅助光辅助对焦

利用“自动对焦辅助光发光”菜单可以控制是否开启相机外置闪光灯的自动对焦辅助光。

在弱光环境下，由于对焦很困难，因此开启对焦辅助光照亮被摄对象，可以起到辅助对焦的作用。

需要注意的是，当外接闪光灯的“自动对焦辅助光发光”被设置为“关闭”时，无论如何设置此菜单，闪光灯都不会发出自动对焦辅助光。

- 启用：选择此选项，闪光灯将会发射自动对焦辅助光。
- 关闭：选择此选项，闪光灯将不发射自动对焦辅助光。
- 只发射 LED 自动对焦辅助光：由搭载 LED 的外接闪光灯发射 LED 自动对焦辅助光。如果外接闪光灯未搭载 LED，则发射相机的自动对焦辅助光。

**高手点拨：**如果拍摄的是会议或体育比赛等不能被打扰的拍摄对象，应该关闭此功能。在不能使用自动对焦辅助光照明时，如果难于对焦，应选择明暗反差较大的位置进行对焦。

设定步骤

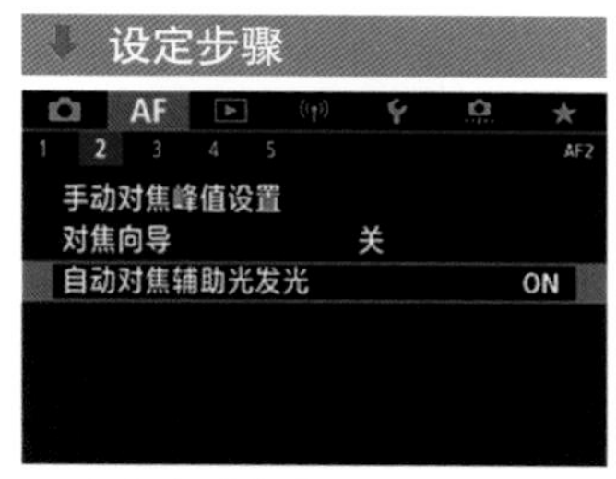


❶ 在**自动对焦菜单** 2 中选择**自动对焦辅助光发光**选项

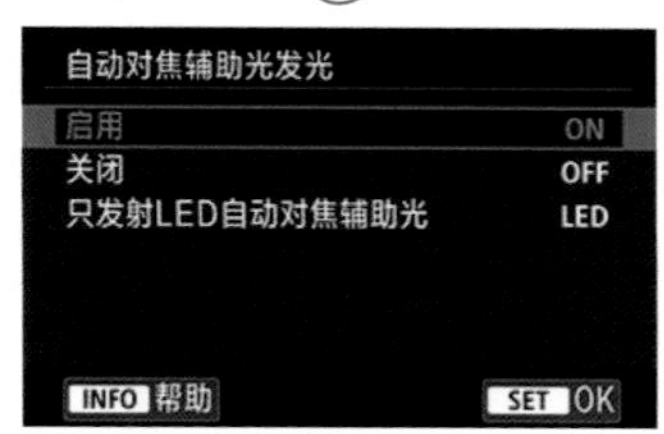


❷ 点击选择所需的选项，然后点击SET OK图标确定

## 提示音

提示音最常见的作用就是在对焦成功时发出清脆的声音，以便于确认是否对焦成功。

除此之外，提示音在自拍时还用于自拍倒计时提示。

- 启用：开启提示音后，在合焦或自拍时，相机会发出提示音提醒。
- 触摸𝄽：选择此选项，将关闭在触控屏幕上操控时发出的声音。
- 关闭：关闭提示音后，在合焦或自拍时，将不会发出提示音。

**高手点拨：**提示音对确认合焦而言很有帮助，同时在自拍时还能起到很好的提示作用，所以建议将其设置为“启用”。

设定步骤

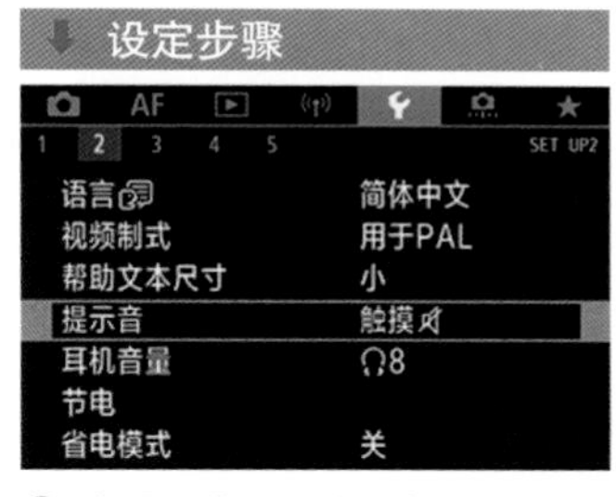


❶ 在**设置菜单** 2 中选择**提示音**选项

❷ 点击选择**启用**、**触摸**或**关闭**选项

# 自动对焦控制工具

Canon EOS R5/R6 相机提供了 5 种对焦场合控制，以满足拍摄对象以不同方式运动时对焦控制参数的选择与设置要求。

场合 1 ~ 4 及场合 A 中所包含的参数及其代表的功能是相同的，其中包括“追踪灵敏度”和“加速/减速追踪”两个参数。在下面的讲解中，仅在场合 1 中讲解这两个参数的作用。

## 场合 1 通用多用途设置

此场合适用于拍摄一般运动场面，例如拍摄运动特征不明显或运动幅度较小的对象时，此功能较为适用。此场合中包括两个对焦控制参数，下面分别讲解其作用。

### 设定步骤

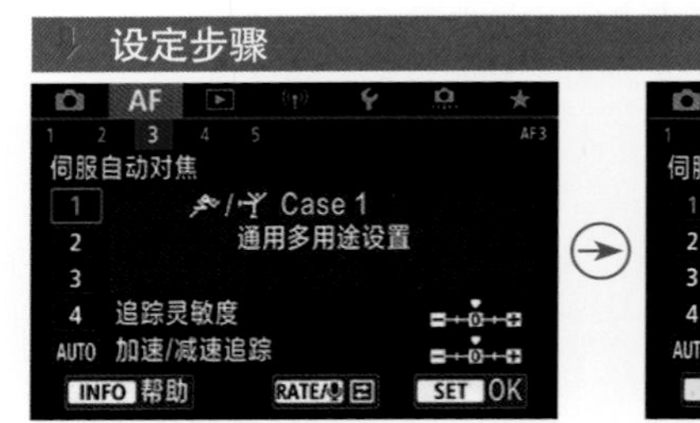


❶ 在**自动对焦菜单** 3 中选择 Case1 选项，然后点击RATE图标进入其详细参数设置界面

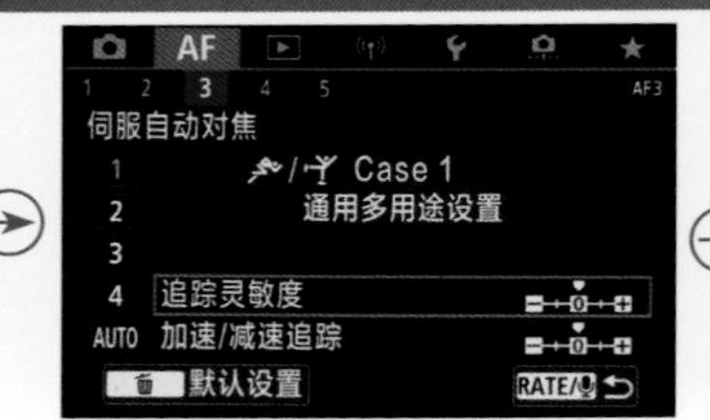


❷ 点击选择**追踪灵敏度**选项

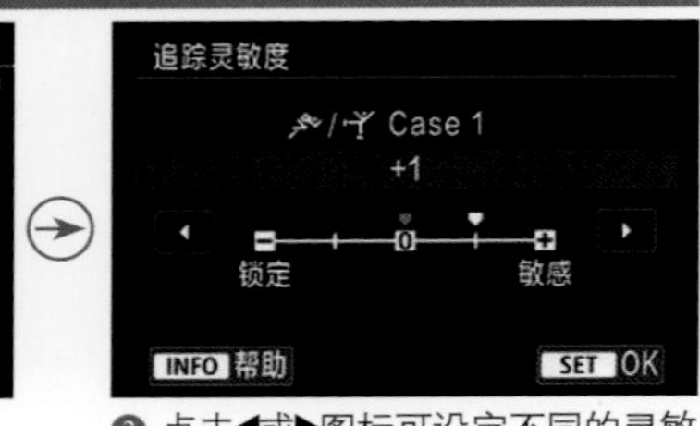


❸ 点击◀或▶图标可设定不同的灵敏度数值，设定完成后点击SET OK图标确定

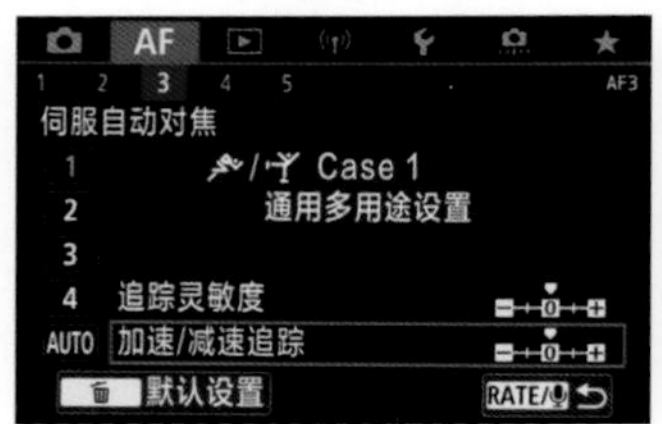


❹ 若在步骤❷中选择了**加速/减速追踪**选项

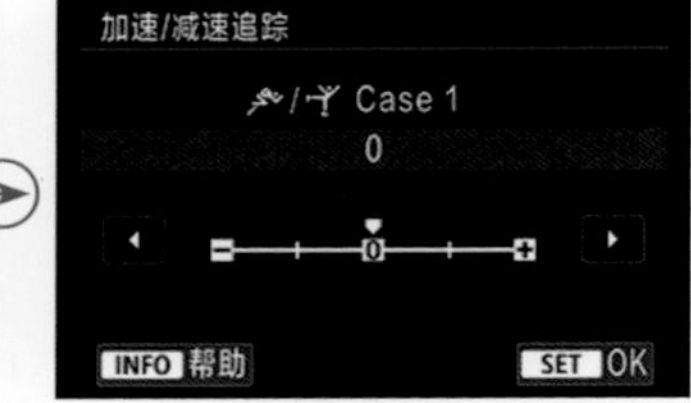


❺ 点击◀或▶图标可设定不同的灵敏度数值，设定完成后点击SET OK图标确定

- 追踪灵敏度：设置此参数的意义在于，当被摄对象前方出现障碍对象时，通过此参数使相机“明白”，是忽略障碍对象继续跟踪对焦被摄对象，还是切换至对新被摄体（即障碍对象）进行对焦拍摄。选择此选项后，可以向左边的“锁定”或右边的“敏感”拖动滑块进行参数设置。当滑块位置偏向于“锁定”时，即使有障碍物进入自动对焦点，或被摄对象偏移了对焦点，相机仍然会继续保持原来的对焦位置；反之，若滑块位置偏向于“敏感”方向，当障碍对象出现后，相机的对焦点就会从原被摄对象上脱开，马上对焦在新的障碍对象上。
- 加速/减速追踪：此参数用于设置当被摄对象突然加速或突然减速时的对焦灵敏度，数值越大，则当被摄对象突然加速或减速时，相机对其进行跟踪对焦的灵敏度越高。此参数的默认设置为 0，适用于被摄体移动速度基本稳定或变化不大的拍摄情况。

## 场合 2 忽略可能的障碍物，连续追踪被摄体

选择此场合时，若主体脱离了对焦范围，或对焦范围内有其他物体出现，相机将优先针对之前对焦的主体进行跟踪，从而避免主体移动或出现障碍时相机的对焦系统受到干扰。此场合适用于拍摄网球选手、蝶泳选手、自由式滑雪选手等运动对象。

**设定步骤**

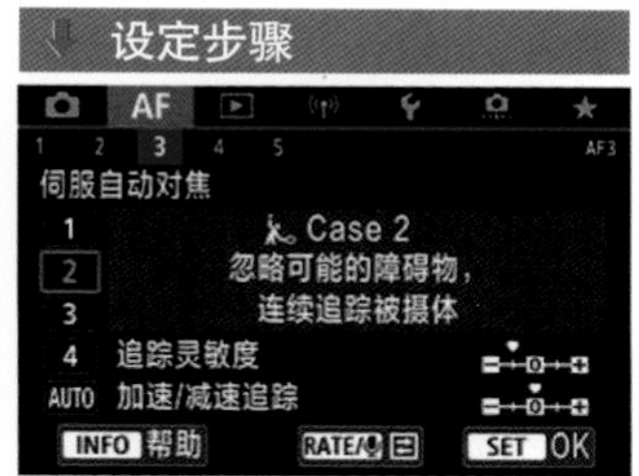


❶在**自动对焦菜单**3中选择Case2选项，然后点击RATE/图标进入其详细参数设置界面

## 场合 3 对突然进入自动对焦点的被摄体立刻对焦

选择此场合时，若对焦点范围内出现新的物体，则相机会自动切换对焦主体，即针对新出现的物体进行对焦；当主体脱离对焦点范围时，则可能会针对背景进行重新对焦。此场合适用于拍摄赛车的起点/转弯、高山滑雪选手下坡等运动对象。

**设定步骤**

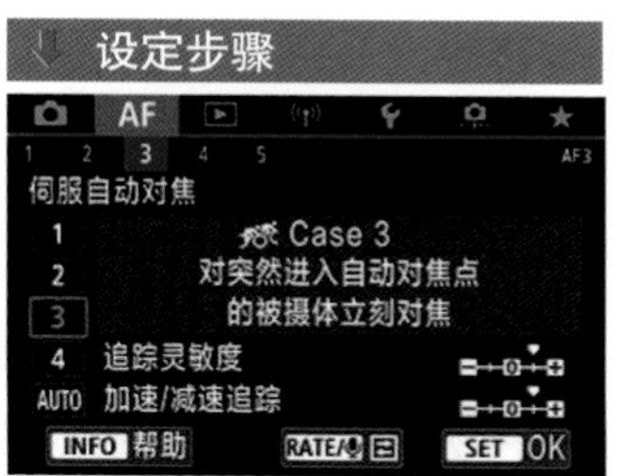


❶在**自动对焦菜单**3中选择Case3选项，然后点击RATE/图标进入其详细参数设置界面

## 场合 4 对于快速加速或减速的被摄体

选择此场合时，若拍摄对象出现突然加速或减速运动，则相机会倾向于随着对象运动速度的改变而自动进行追踪。此场合适用于拍摄足球、赛车、篮球等题材。

**设定步骤**

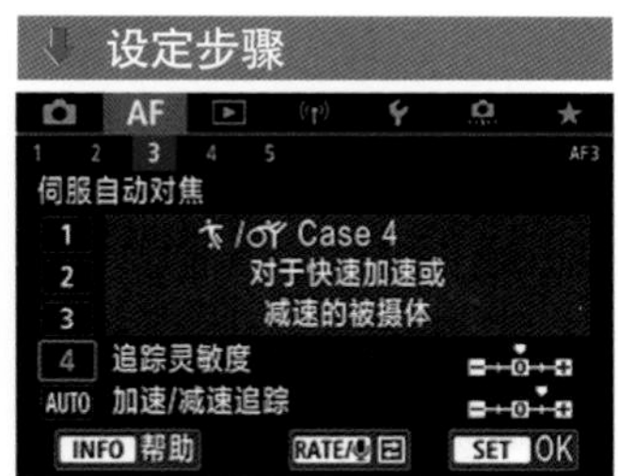


❶在**自动对焦菜单**3中选择Case4选项，然后点击RATE/图标进入其详细参数设置界面

## 场合 A 追踪自动适应被摄体的移动自动追踪

此场合适用于拍摄不确定运动方向的题材。在此场合模式下，相机会根据被摄体的运动变化而自动设定追踪灵敏度和加速/减速追踪选项。

**设定步骤**

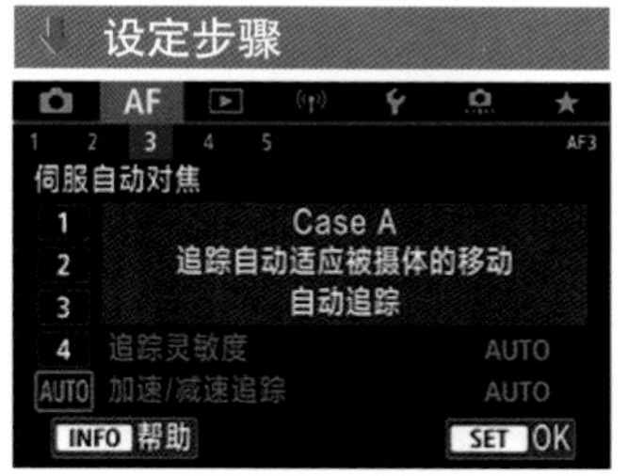


❶在**自动对焦菜单**3中选择Case A选项，然后点击SET OK图标确定

## 设置切换被追踪被摄体

“切换被追踪被摄体”菜单用于控制当对焦的对象进行大幅度上、下、左、右运动时，相机对其进行跟踪对焦的灵敏度。数值越大，跟踪得越紧密，相机会根据被摄对象的运动情况快速地切换自动对焦点，以保持对焦的准确性。

此功能在自动对焦方式设置为“面部＋追踪”“区域自动对焦”和“大区域自动对焦(垂直或水平)”时生效。

设定步骤

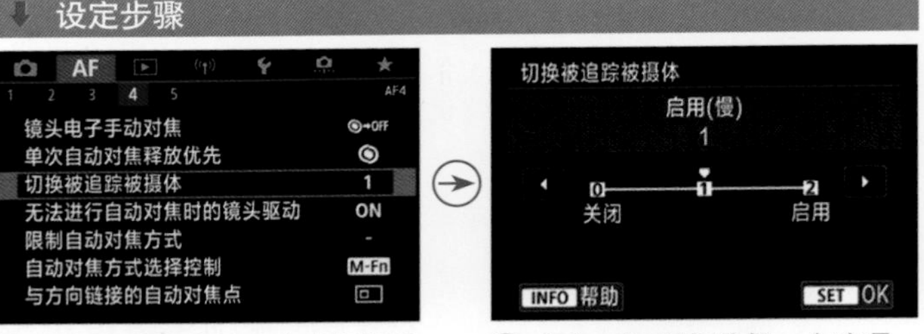


❶ 在**自动对焦菜单** 4 中选择**切换被追踪被摄体**选项

❷ 点击◀或▶图标选择一个选项，然后点击SET OK图标确定

**高手点拨：**此功能在拍摄有剧烈运动的体育赛事或混乱的市场时比较有用。

---

## 单次自动对焦释放优先

在 Canon EOS R5/R6 相机中，为单次自动对焦模式提供了对焦或释放优先设置选项，以满足用户多样化的拍摄需求。

例如，在一些弱光或不易对焦的情况下，使用单次自动对焦模式拍摄时，也可能会出现无法对焦而导致错失拍摄时机的问题，此时就可以在此菜单中进行设置。

设定步骤

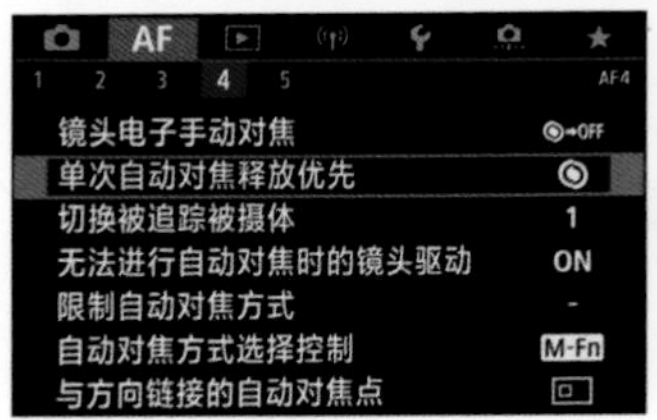


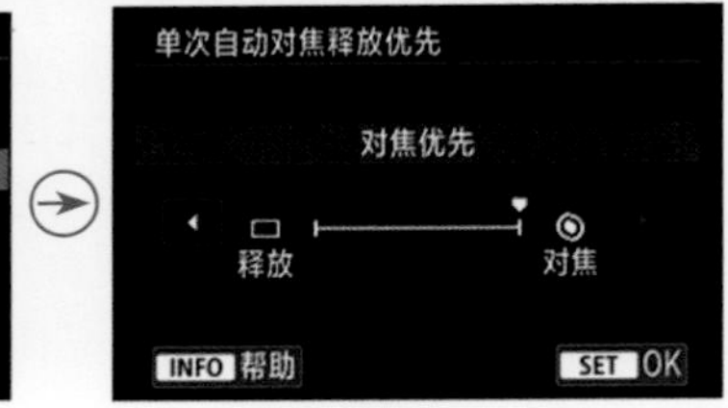


❶ 在**自动对焦菜单** 4 中选择**单次自动对焦释放优先**选项

❷ 点击◀或▶图标可以选择**对焦**或**释放**选项，然后点击SET OK图标确定

- 对焦优先：选择此选项，相机将优先进行对焦，直至对焦完成后才会释放快门，因而可以清晰、准确地捕捉到瞬间影像。选择此选项的缺点是，可能会由于对焦时间过长而错失精彩的瞬间。
- 释放优先：选择此选项，将在拍摄时优先释放快门，以保证抓取到瞬间影像，但此时可能会出现尚未精确对焦即释放快门的情况，而导致照片脱焦变虚。

**高手点拨：**此功能可以解决困扰摄影师的“先拍到还是先拍好”的问题。对于纪实摄影建议“先拍到”，因此应该设置为“对焦”；对于其他类型建议选择“释放”。

◀一张精彩的纪实照往往以成功对焦作为标准之一『焦距：50mm ┆ 光圈：F5.6 ┆ 快门速度：1/200s ┆ 感光度：ISO100』

# 手动对焦实现准确对焦

如果在摄影中遇到下面的情况，相机的自动对焦系统往往无法准确对焦，此时应该使用手动对焦功能。但由于不同摄影师的拍摄经验不同，拍摄的成功率也有极大的差别。

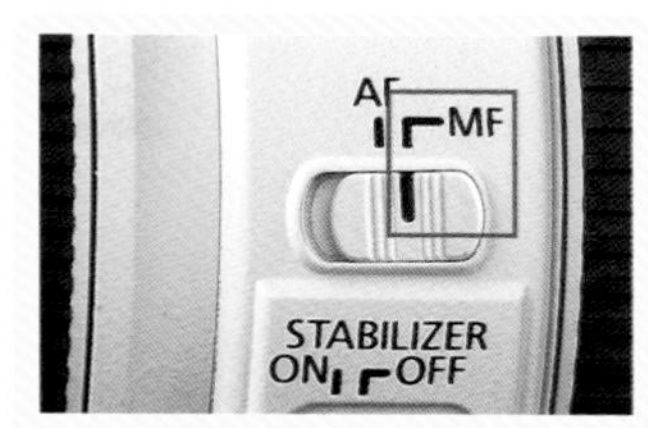


▲设定方法

将镜头上的对焦模式切换为MF，即可切换至手动对焦模式

- 画面主体处于杂乱的环境中，如拍摄杂草后面的花朵等。
- 画面属于高对比、低反差的画面，如拍摄日出、日落等。
- 在弱光环境下进行拍摄，如拍摄夜景、星空等。
- 拍摄距离太近的题材，如微距拍摄昆虫、花卉等。
- 主体被其他景物覆盖，如拍摄动物园笼子里面的动物、鸟笼中的鸟等。
- 对比度很低的景物，如拍摄蓝天、墙壁等。
- 距离较近且相似程度又很高的题材，如旧照片翻拍等。

▲ 在拍摄微距题材时，通常使用手动对焦模式以保证画面中的主体能够清晰对焦『焦距：180mm ┆ 光圈：F8 ┆ 快门速度：1/320s ┆ 感光度：ISO400』

Q&A

Q：图像模糊不聚焦或锐度较低应如何处理？

A：出现这种情况时，可以从以下 3 个方面进行检查。

1. 按快门按钮时相机是否产生了移动？按快门按钮时要确保相机稳定，尤其是拍摄夜景或在黑暗的环境中拍摄时，快门速度应高于正常拍摄条件下的快门速度。应尽量使用三脚架或遥控器，以确保拍摄时相机保持稳定。

2. 镜头和主体之间的距离是否超出了相机的对焦范围？如果超出了相机的对焦范围，应该调整主体和镜头之间的距离。

3. 取景器的自动对焦点是否覆盖了主体？相机会自动对焦取景器中被对焦点覆盖的主体，如果因为主体所处位置致使自动对焦点无法覆盖，可以利用对焦锁定功能来解决。

EOS R5/R6

# 辅助手动对焦的菜单设置

## 手动对焦峰值设置

峰值是一种独特的用于辅助对焦的显示功能，开启此功能后，在使用手动对焦模式进行拍摄时，如果被摄对象对焦清晰，则其边缘会出现标示色彩（通过“颜色”进行设定）轮廓，以方便拍摄者辨识。

在“级别”选项中可以设置峰值显示的强弱程度，包含“高”和“低”两个选项，分别代表不同的强度，等级越高，颜色标示就越明显。

通过“颜色”选项可以设置在开启手动对焦峰值功能时，在被摄对象边缘显示标示峰值的色彩，有“红色”“黄色”和“蓝色”3 种颜色选项。在拍摄时，需要根据被摄对象的颜色，选择与主体反差较大的色彩。

▲ 拍摄静物时通常使用手动对焦模式，此时可以启用峰值功能辅助对焦『焦距：85mm ┆ 光圈：F4 ┆ 快门速度：1/125s ┆ 感光度：ISO100』

**设定步骤**

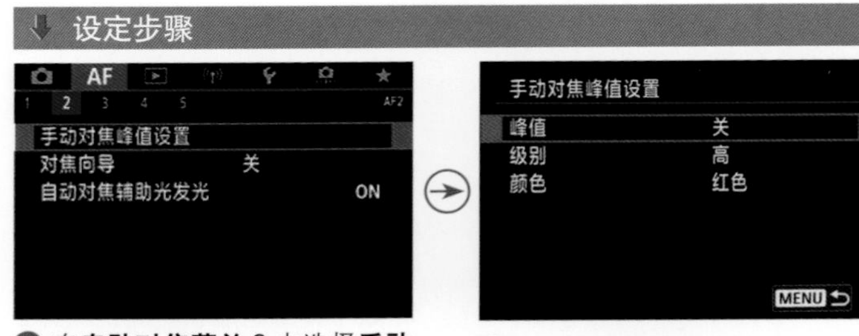


❶ 在**自动对焦菜单** 2 中选择**手动对焦峰值设置**选项

❷ 点击选择**峰值**选项

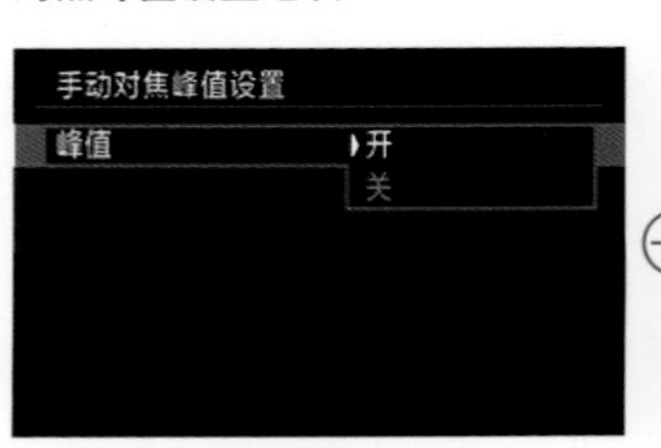


❸ 点击选择**开**或**关**选项

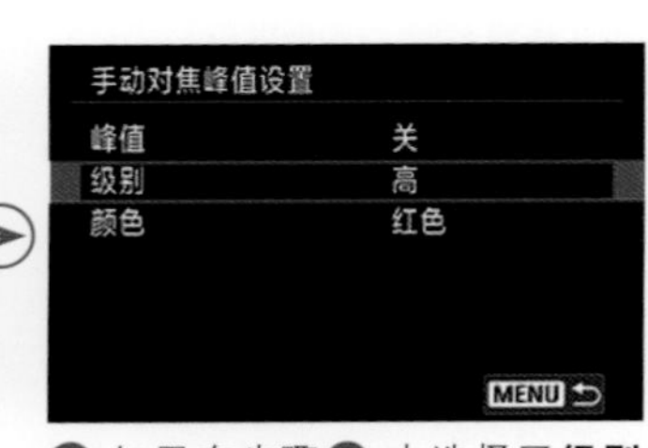


❹ 如果在步骤❷ 中选择了**级别**选项

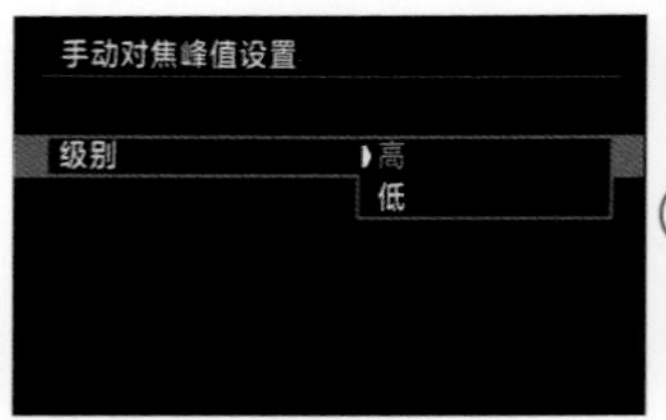


❺ 点击选择**高**或**低**选项

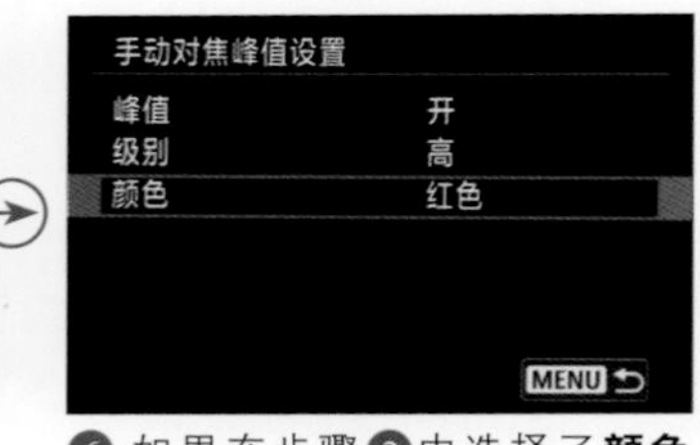


❻ 如果在步骤❷中选择了**颜色**选项

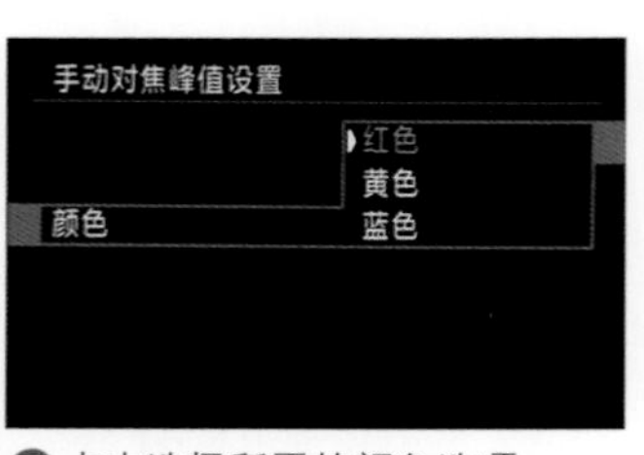


❼ 点击选择所需的颜色选项

▲ 开启手动对焦峰值功能后，相机会用指定的颜色将准确合焦的主体边缘轮廓标示出来，如上方示例图所示为黄色显示的效果

**高手点拨：** 使用此功能时，不可以按放大按钮在屏幕上放大观察被拍摄对象，否则峰值颜色将消失。

# 对焦向导

“对焦向导”是指示调整手动对焦的一种功能。开启该功能后，可以在屏幕上显示调整对焦的方向和所需调整量的向导框（此时不会显示对焦点）。

如果将自动对焦方式设置成了“+追踪”模式，并且开启了“眼睛检测”功能，向导框会显示在检测到的主被摄对象的眼睛周围。

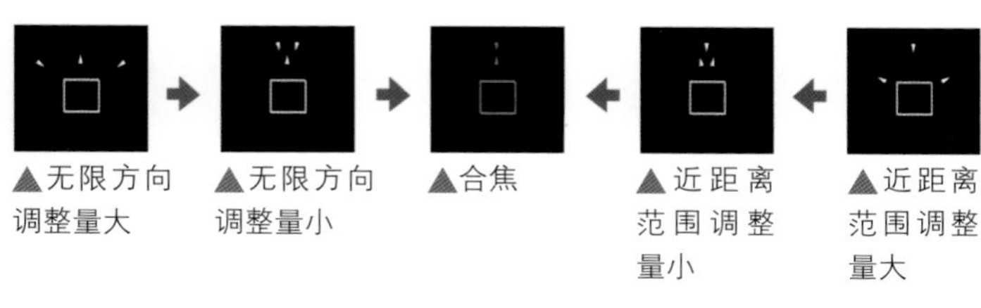

▲无限方向调整量大　▲无限方向调整量小　▲合焦　▲近距离范围调整量小　▲近距离范围调整量大

**高手点拨：** 在下列情况下不会显示向导框：①将镜头的对焦模式形状设置“AF”时；②放大显示时；③在偏移或倾斜TS-E镜头后，不会正确显示向导框。

**设定步骤**

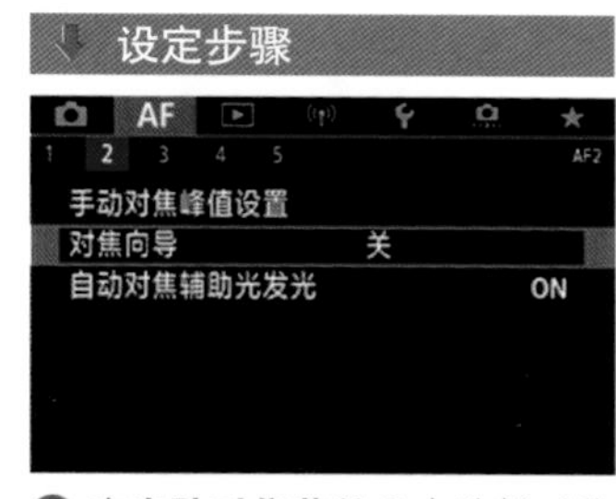


❶ 在**自动对焦菜单** 2 中选择**对焦向导** 选项

❷ 点击选择**开**或**关**选项

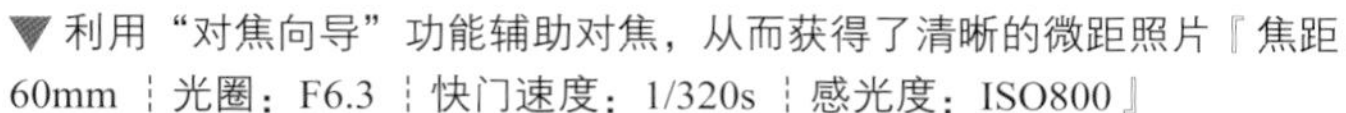

▼ 利用“对焦向导”功能辅助对焦，从而获得了清晰的微距照片『焦距：60mm ┆ 光圈：F6.3 ┆ 快门速度：1/320s ┆ 感光度：ISO800』

# 设置对焦点以满足不同的拍摄需求

## 自动对焦方式

Canon EOS R5 相机可以手动选择的对焦点共有 5940 个（Canon EOS R6 相机有 6072 个），相机自动选择对焦位置时，可以根据被摄体位置从 1053 个对焦框中自动选择。相机提供了 8 种自动对焦方式，对更好地进行准确对焦提供了强有力的保障。

虽然 Canon EOS R5/R6 相机提供了 8 种自动对焦方式，但是每个人的拍摄习惯和拍摄题材不同，这些模式并非都是常用的，甚至有些模式几乎不会用到，因此可以在“限制自动对焦方式”菜单中自定义选择自动对焦区域选择模式，以简化拍摄时的操作。

设定步骤

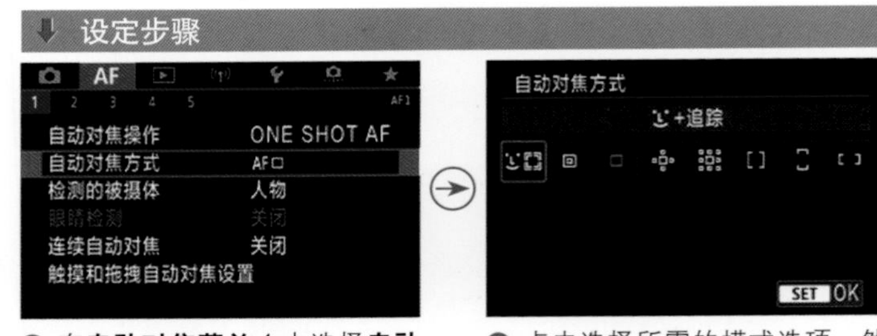


❶ 在**自动对焦菜单** 1 中选择**自动对焦方式**选项

❷ 点击选择所需的模式选项，然后点击 SET OK 图标确定

设定步骤

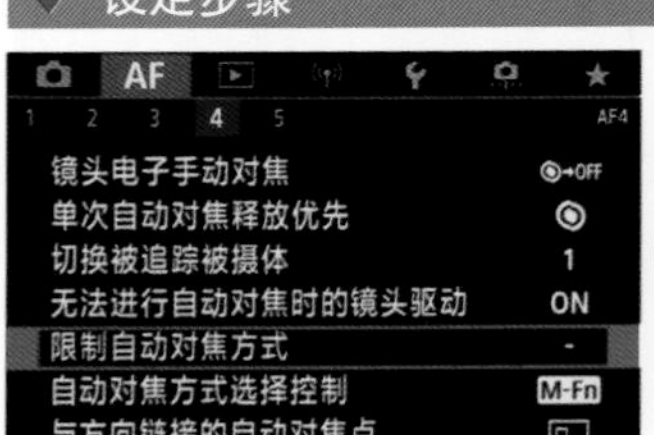


❶ 在**自动对焦菜单** 4 中选择**限制自动对焦方式**选项

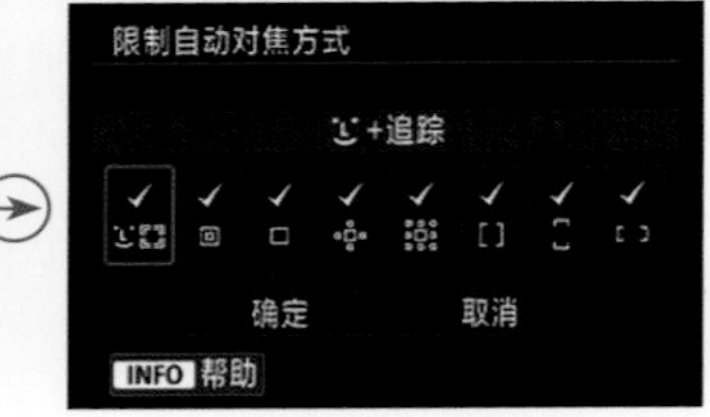


❷ 点击选择常用的自动对焦方式选项，添加勾选标志，选择完成后点击选择**确定**选项

### Ü + 追踪

在此模式下，相机优先对被摄人物的脸部进行对焦，但需要让被摄人物面对相机，即使在拍摄过程中被摄人物的面部发生了移动，自动对焦点也会移动以追踪面部。当相机检测到人或动物的面部时，会在要对焦的脸上出现[ ]自动对焦点。如果检测到多个面部，点击屏幕将自动对焦框移动到目标面部上即可。

▲ 使用“Ü + 追踪”模式，在拍摄人像时，可以确保模特脸部的清晰度『焦距：85mm ┆ 光圈：F9 ┆ 快门速度：1/250s ┆ 感光度：ISO400』

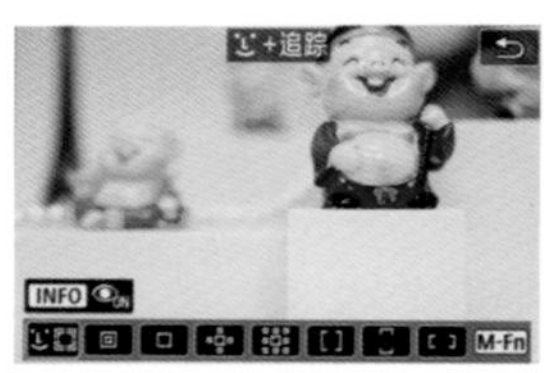


◀ 选择**Ü + 追踪**模式时的显示屏

## 定点自动对焦

在此模式下，摄影师可以手动选择自动对焦点，但此模式的对焦区域较小，因此适合进行更小范围的对焦。例如隔着笼子拍摄动物时，可能会需要更小的对焦点对笼子里面的动物进行对焦。但也正是由于对焦区域小，因此在手持拍摄或移动对焦时，可能会出现无法合焦的问题。

▲ 选择**定点自动对焦**模式时的显示屏

▲ 使用“手动选择：定点自动对焦”功能，在针对铁丝网后面的动物的眼睛进行对焦时，可以确保其精准度『焦距：400mm ┆ 光圈：F9 ┆ 快门速度：1/250s ┆ 感光度：ISO400』

## 单点自动对焦

在此模式下，摄影师可以手动选择对焦点的位置。除了场景智能自动曝光模式外，使用其他曝光模式拍摄时都可以手选对焦点。Canon EOS R5 相机共有5655 个对焦点可供选择。

▲ 选择**单点自动对焦**模式时的显示屏

▲ 在拍摄人像时，常常使用单点自动对焦模式对人物眼睛对焦，从而得到人物清晰、背景虚化的效果『焦距：85mm ┆ 光圈：F2.5 ┆ 快门速度：1/320s ┆ 感光度：ISO100』

## 扩展自动对焦区域（·⁛·/周围）

这两种模式也可以理解为“单点自动对焦”模式的一个升级版，即仍然以手选单个对焦点的方式进行对焦，并且在当前所选的对焦点周围会有多个辅助对焦点（即右侧示例图蓝色框内的自动对焦点）进行辅助对焦，从而得到更精确的对焦结果。这两种模式的不同之处在于，“扩展自动对焦区域：·⁛·”模式是在当前对焦点的上、下、左、右扩展出几个辅助对焦点；而“扩展自动对焦区域（周围）”模式则是在当前对焦点周围扩展出几个辅助对焦点。

▲ 选择**扩展自动对焦区域**：·⁛·模式时的显示屏

▲ 选择**扩展自动对焦区域**：**周围**模式时的显示屏

▲ 拍摄正在游泳池中扬水的模特时，模特的动作会有一个小幅度的运动范围，此时就可以使用“扩展自动对焦区域：周围”模式进行拍摄『焦距：70mm ┆ 光圈：F4 ┆ 快门速度：1/500s ┆ 感光度：ISO200』

## 区域自动对焦

在此模式下，相机的自动对焦点被划分为多个区域，每个区域中包含了若干个对焦点。当选择某个区域进行对焦时，则此区域内的对焦点将自动进行对焦。

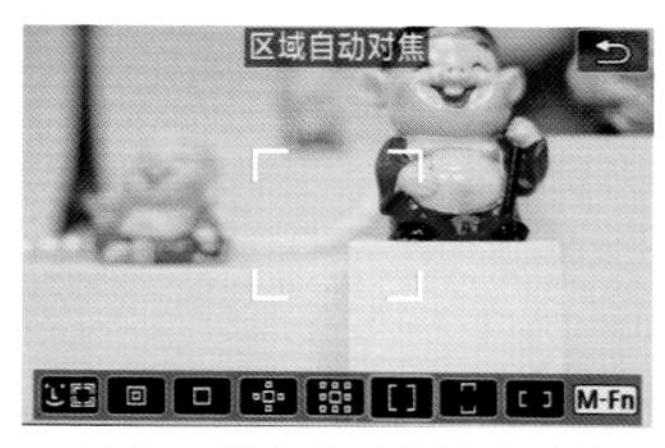


▲ 选择**区域自动对焦**模式时的速控屏幕

## 大区域自动对焦（垂直/水平）

在这两种模式下，每个区域覆盖的范围都比"区域自动对焦"更广，因此更易于捕捉运动的主体。"大区域自动对焦：垂直"模式的区域框是垂直覆盖的范围广，适用于拍摄在画面中是纵向运动的主体。"大区域自动对焦：水平"模式的区域框是水平覆盖的范围广，因此适用于拍摄在画面中是横向运动的主体。

但使用这两种对焦模式时，只会自动将焦点对焦于距离相机更近的被摄体区域上，因此无法精准指定对焦位置。

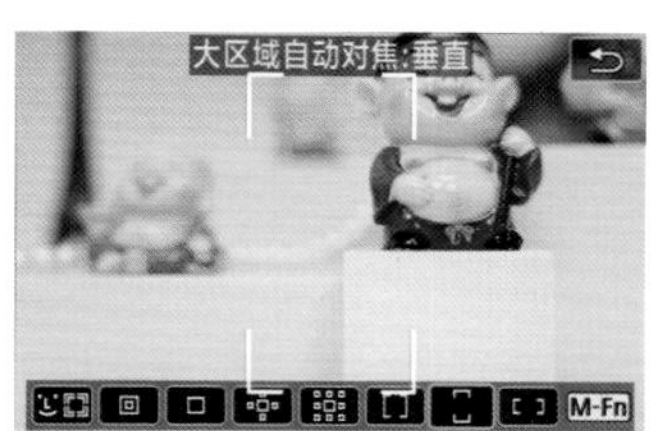


▲ 选择**大区域自动对焦**：**垂直**模式时的速控屏幕

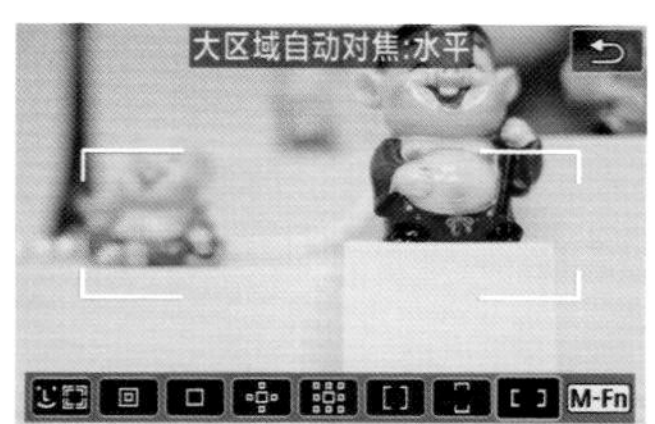


▲ 选择**大区域自动对焦**：**水平**模式时的速控屏幕

▲ 拍摄正在玩耍泡泡机的模特时，模特的动作会有一个小幅度的运动范围，此时就可以使用"大区域自动对焦"模式进行拍摄『焦距：70mm ┆ 光圈：F4 ┆ 快门速度：1/640s ┆ 感光度：ISO320』

## 手选对焦点/对焦区域的方法

在 P、Av、Tv、Fv 及 M 模式下，除“ᑌ+ 追踪”模式外，其他 7 种自动对焦方式都支持手动选择对焦点或对焦区域，以便根据对焦需要进行选择。

在选择对焦点/对焦区域时，先按下机身上的自动对焦点按钮⊞，然后使用多功能控制钮※将自动对焦点/对焦区域移动到想要对焦的位置，如果垂直按下多功能控制钮的中央，则可以选择中央对焦点/区域。

**设定方法**

按相机背面右上方的自动对焦点选择按钮⊞，然后按多功能控制钮※调整对焦点或对焦区域的位置。也可以点击屏幕来选择对焦点的位置

▲采用手选对焦点的方式拍摄，保证了对人物的灵魂——眼睛进行准确对焦『焦距：85mm ┆ 光圈：F1.4 ┆ 快门速度：1/160s ┆ 感光度：ISO160』

▲手选对焦点示意图

## 设置选择自动对焦点时的灵敏度

当使用多功能控制钮选择自动对焦点位置时，可以通过“※灵敏度 - 自动对焦点选择”菜单设定操作时的灵敏度。

**高手点拨：**不建议将此选项设置得太高，否则在操控多功能控制钮时，自动对焦点容易跑偏。

**设定步骤**

AF 1 2 3 4 5 AF5
ᑌ⊞的初始伺服自动对焦点 AUTO
对焦环旋转
RF镜头MF对焦环灵敏度
※灵敏度－自动对焦点选择 0

❶ 在**自动对焦菜单** 5 中选择**※灵敏度 - 自动对焦点选择**选项

❷ 点击◀或▶图标选择一个选项，然后点击 SET OK 图标确定

## 触摸和拖拽自动对焦设置

通过设置此选项，可以使摄影师观看取景器时，使用食指或大拇指在液晶屏幕上触摸或拖拽来移动自动对焦点。

- 触摸和拖拽自动对焦：选择“启用”选项，在使用取景器拍摄时，可以通过触摸屏幕来选择自动对焦点的位置。选择“关闭”选项，则不能通过触摸的方式来选择自动对焦点的位置，只能通过按键的方式进行操作。
- 定位方法：选择“绝对”选项，则在屏幕上触摸或拖拽到什么位置，自动对焦点便移动到该位置；选择“相对”选项，则自动对焦点沿拖拽方向移动，移动的距离与拖拽的距离相同，触摸屏幕上的位置对此没有影响。
- 有效触控区：可以指定用于触摸和拖拽操作的屏幕区域。在选定区域之外的其他区域，则对触摸或拖拽操作无效。

### 设定步骤

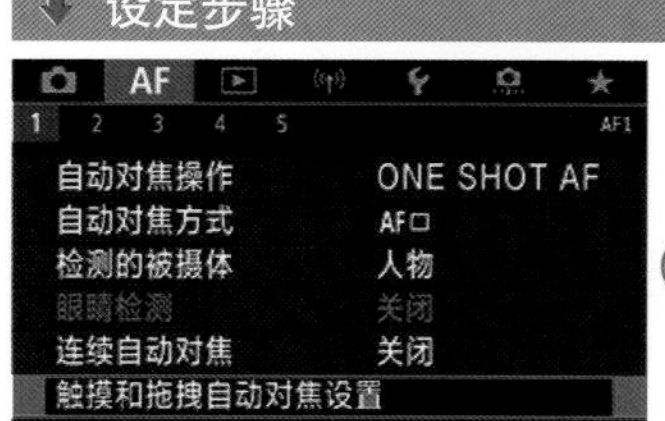


❶在**自动对焦菜单**1中选择**触摸和拖拽自动对焦设置**选项

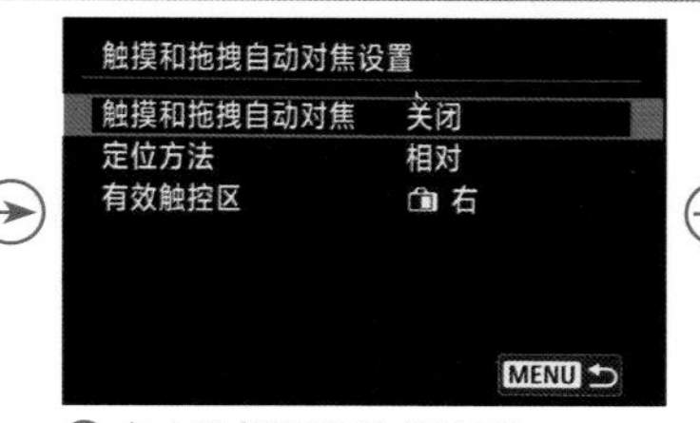


❷点击选择要修改的选项

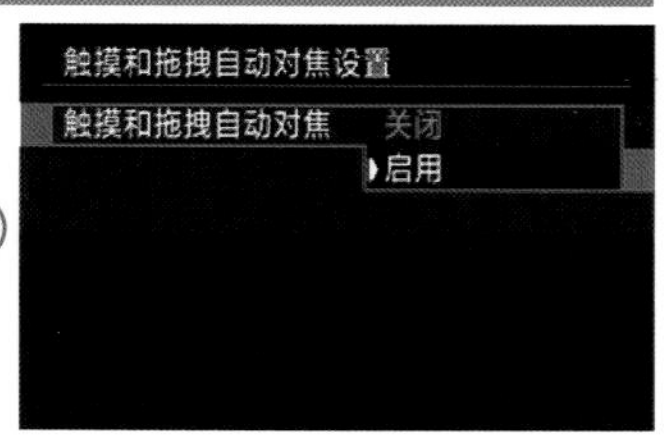


❸如果在步骤❷中选择了**触摸和拖拽自动对焦**选项，点击可选择**启用**或**关闭**选项

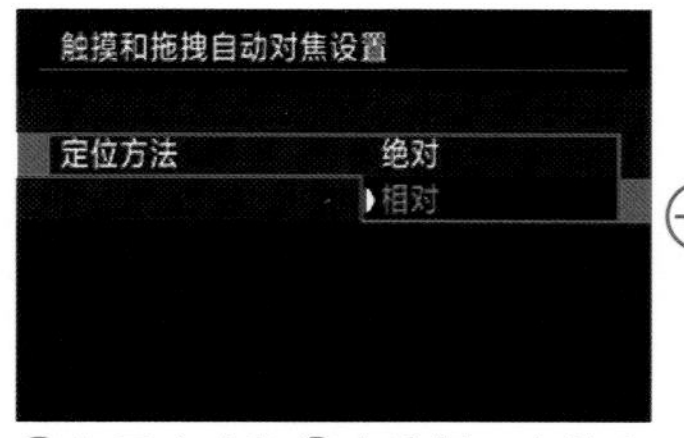


❹如果在步骤❷中选择了**定位方法**选项，点击可选择**绝对**或**相对**选项

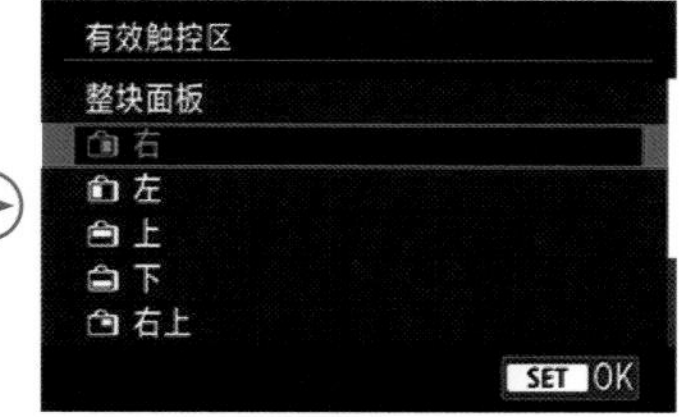


❺如果在步骤❷中选择了**有效触控区**选项，点击可选择一个区域选项，选择完成后点击SET OK图标确认

**高手点拨：**由于眼睛贴近取景器时，面部距离液晶屏幕较近，因此应该将“有效触控区”设置成为便于触摸的位置，如“右下”或“左下”。同理，由于此时手指不便在整个屏幕上进行触摸操作，因此建议将“定位方法”设置为“相对”。

◀在拍摄人像照片时，使用触摸方式来迅速改变自动对焦点的位置，可以减少模特等待的时间『焦距：50mm ┆ 光圈：F2.8 ┆ 快门速度：1/320s ┆ 感光度：ISO100』

## 与方向链接的自动对焦点

在水平或垂直方向切换拍摄时，经常遇到的一个问题就是，在切换至不同的方向时，会使用不同的自动对焦区域选择模式及对焦点/区域的位置。此时可以开启此菜单，以确保每次在拍摄时，即便使用不同的水平或垂直方向，对焦点也能够自动定位到上次使用此方向时的对焦点上。

- 水平/垂直方向相同：选择此选项，无论如何在横拍与竖拍之间进行切换，对焦点或区域都不会发生变化。
- 不同的自动对焦点（仅限点）：选择此选项，即为水平、垂直（相机手柄朝上）、垂直（相机手柄朝下）分别设定自动对焦点或区域。当改变相机方向时，相机会切换到设定好的自动对焦点或区域。

**设定步骤**

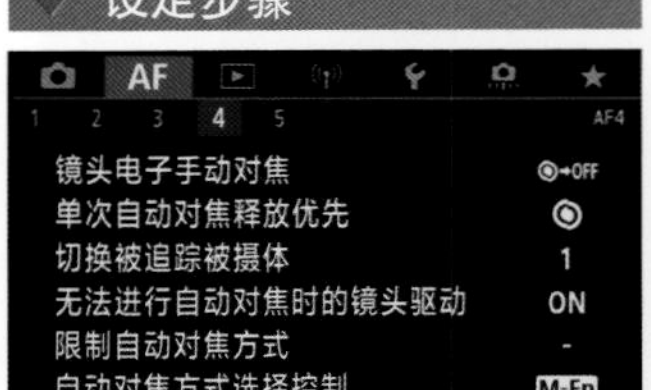


❶ 在**自动对焦菜单** 4 中选择**与方向链接的自动对焦点**选项

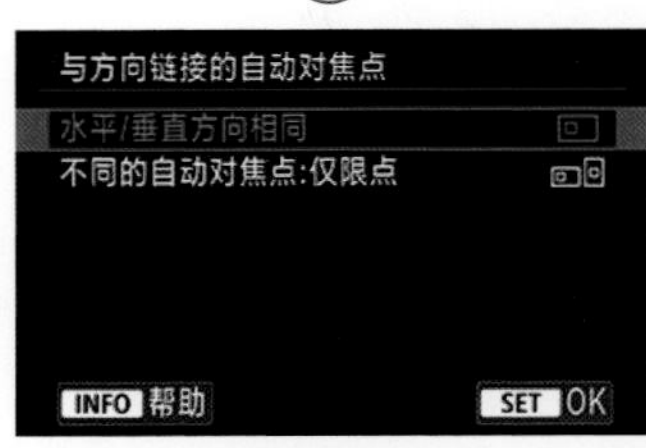


❷ 点击选择所需选项，然后点击 SET OK 图标确定

◀ 拍人像时经常切换拍摄方向，启用此功能非常实用『焦距：50mm ┆ 光圈：F3.2 ┆ 快门速度：1/200s ┆ 感光度：ISO100』

▲ 当选择“不同的自动对焦点：仅限点”选项时，每次水平握持相机时，相机会自动切换到上次以此方向握持相机拍摄时使用的自动对焦点上

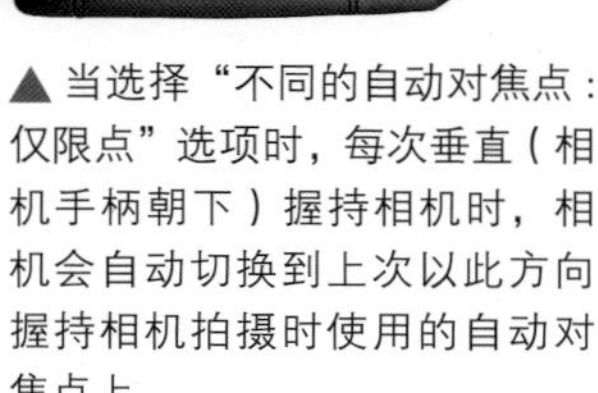

▲ 当选择“不同的自动对焦点：仅限点”选项时，每次垂直（相机手柄朝下）握持相机时，相机会自动切换到上次以此方向握持相机拍摄时使用的自动对焦点上

▲ 当选择“不同的自动对焦点：仅限点”选项时，每次垂直（相机手柄朝上）握持相机时，相机会自动切换到上次以此方向握持相机拍摄时使用的自动对焦点上

## 识别被拍摄对象

当自动对焦方式设置为“+追踪”、区域自动对焦、大区域自动对焦（垂直/水平）模式时，通过此菜单可以设置相机在自动对焦时，是否优先识别画面中的人物或动物拍摄对象。

**高手点拨：**如果拍摄的是宠物，建议选择“动物”选项，同时开启“眼睛检测”选项。

**设定步骤**

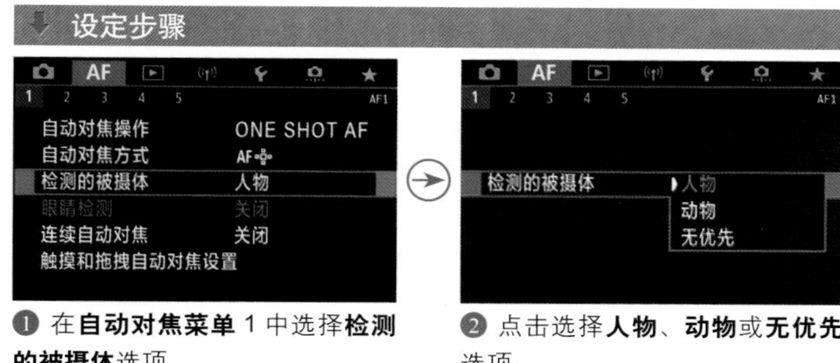


❶ 在**自动对焦菜单** 1 中选择**检测的被摄体**选项

❷ 点击选择**人物**、**动物**或**无优先**选项

- 人物：选择此选项，在拍摄时相机优先识别人物的面部或头部，作为主要追踪对焦的被摄对象。若相机无法检测到人物的面部或头部时，则可能会追踪身体的全部或部分部位。
- 动物：选择此选项，在拍摄时相机会检测动物（狗、猫或鸟）和人物，并且优先以动物的检测结果作为要追踪对焦的被摄对象。在检测动物时，相机会尝试检测面部或身体，且自动对焦点会显示在检测到的面部上。
- 无优先：选择此选项，相机将根据检测到的被摄体信息自动确定主要的被摄对象。

---

## 对人物的眼睛进行对焦

在拍摄人像或动物时，一般都针对眼睛进行对焦，以保证眼睛在画面中是最清晰。为此 Canon EOS R5/R6 相机提供了“眼睛检测”功能，其作用就是使用“+追踪”模式下，在拍摄人像或动物时，只要相机识别到画面中有面部或眼睛，相机便会对人物或动物的眼睛进行对焦。因此，使用“眼睛检测”功能拍摄人像或动物照片时非常方便，可以省去调节自动对焦点的操作。

**设定步骤**

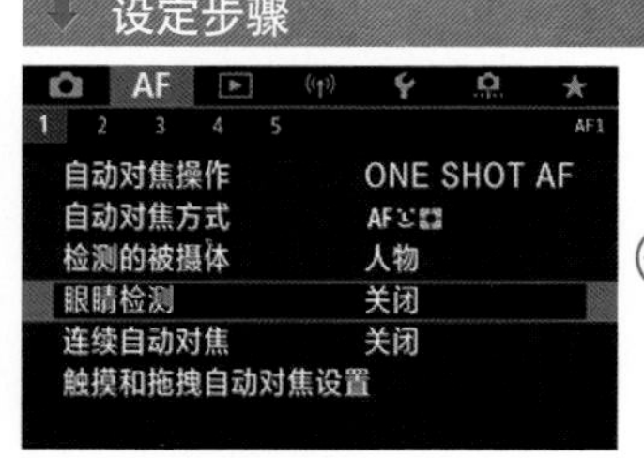


❶ 在**自动对焦菜单** 1 中选择**眼睛检测**选项

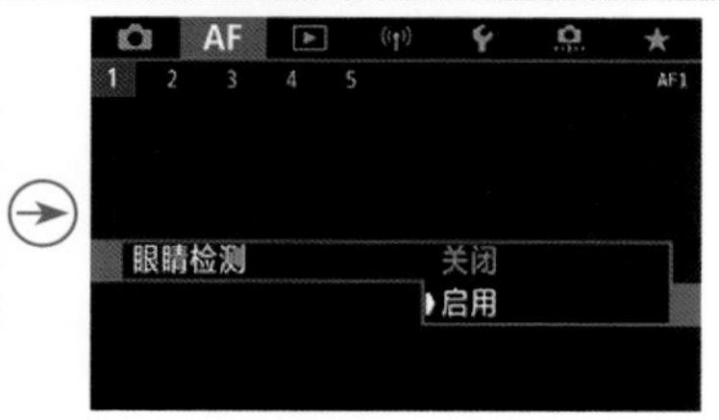


❷ 点击选择**启用**或**关闭**选项

▲ 拍摄时若相机识别到眼睛，便会在眼睛周围显示自动对焦点，此时用户还可以点击切换对焦的眼睛

# 设置驱动模式以拍摄运动或静止的对象

针对不同的拍摄任务，需要将快门设置为不同的驱动模式。例如，要抓拍高速移动的物体，为了保证成功率，通过设置可以使相机按下一次快门后，能够连续拍摄多张照片。

Canon EOS R5/R6 相机提供了单拍□、高速连拍＋□ᴴ⁺、高速连拍□ᴴ、低速连拍□、10 秒自拍/遥控◎、2 秒自拍/遥控◎2 等驱动模式，下面分别讲解它们的使用方法。

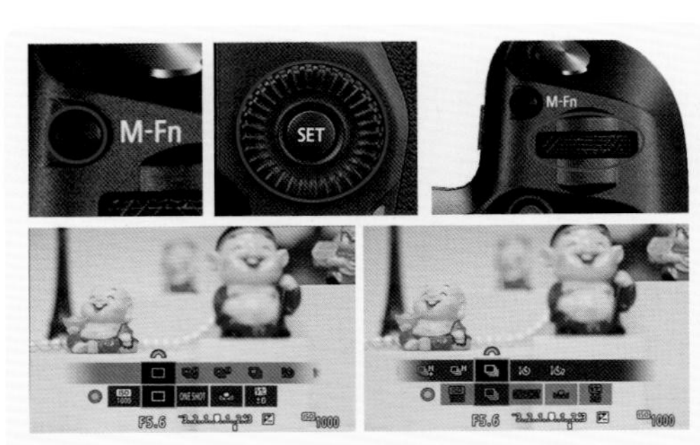


▶ 设定方法

按 M-Fn 按钮，然后转动速控转盘 1 ◎选择驱动模式选项，转动主拨盘可选择不同的驱动模式。也可以按速控按钮Q，在速控屏幕中设置驱动模式

## 单拍模式

在此模式下，每次按下快门时，都只拍摄一张照片。单拍模式适用于拍摄静态对象，如风光、建筑、静物等题材。

▲ 使用单拍驱动模式拍摄的各种题材

# 连拍模式

在连拍模式下，每次按下快门时将连续拍摄多张照片。Canon EOS R5/R6 提供了 3 种连拍模式，“高速连拍 +”模式（ ）的最高连拍速度可以达到约 12 张/秒；高速连拍模式（ H ）的最高连拍速度能够达到约 8 张/秒，当设定为机械快门拍摄时，连拍速度最快约为 6 张/秒；低速连拍模式（ ）的最高连拍速度能达到约 3 张/秒。

连拍模式适用于拍摄运动的对象，当将被摄对象的连续动作全部抓拍下来以后，可以从中挑选出比较满意的画面。

▲ 使用连拍驱动模式抓拍小鸟进食的精彩画面

Q&A

**Q：为什么相机能够连续拍摄?**

A：因为 Canon EOS R5/R6 有临时存储照片的内存缓冲区，因而在记录照片到存储卡的过程中可继续拍摄。受内存缓冲区大小的限制，最多可持续拍摄照片的数量是有限的。

**Q：弱光环境下，连拍速度是否会变慢?**

A：连拍速度在以下情况可能会变慢：当剩余电量较低时，连拍速度会下降；当开启了防闪烁拍摄、全像素双核 RAW 等功能时，连拍速度会下降；在伺服自动对焦模式下，因主体和使用的镜头不同，连拍速度可能会下降；在使用闪光灯拍摄时，连拍速度会下降；当选择了“高 ISO 感光度降噪功能”或在弱光环境下拍摄时，即使设置了较高的快门速度，连拍速度也可能变慢。

**Q：连拍时快门为什么会停止释放?**

A：在最大连拍数量少于正常值时，如果相机在中途停止连拍，可能是“高 ISO 感光度降噪功能”被设置为“强”导致的，此时应该选择“标准”“弱”或“关闭”选项。因为当启用“高 ISO 感光度降噪功能”时，相机将花费更多的时间进行降噪处理，因此将数据转存到存储空间的耗时会更长，相机在连拍时更容易被中断。

EOS R5/R6

## 自拍模式

Canon EOS R5/R6 相机提供了两种自拍模式，可满足不同的拍摄需求。

- 10 秒自拍/遥控：在此驱动模式下，可以在 10 秒后进行自动拍摄。此驱动模式支持与遥控器搭配使用。
- 2 秒自拍/遥控：在此驱动模式下，可以在 2 秒后进行自动拍摄。此驱动模式也支持与遥控器搭配使用。

值得一提的是，所谓的“自拍”驱动模式并非只能用于给自己拍照。例如，在需要使用较低的快门速度拍摄时，可以将相机置于一个稳定的位置，并进行变焦、构图、对焦等操作，然后通过设置自拍驱动模式的方式，避免手按快门产生振动，进而拍出满意的照片。

▶ 使用自拍模式能够为自己拍出漂亮的写真照片『焦距：35mm ┆ 光圈：F2.8 ┆ 快门速度：1/640s ┆ 感光度：ISO100』

使用自拍模式可以代替快门线，在长时间曝光拍摄水流时，可以避免手按快门导致画面模糊的情况出现『焦距：24mm ┆ 光圈：F22 ┆ 快门速度：1.6s ┆ 感光度：ISO100』

# 设置测光模式以获得准确的曝光

要想准确曝光，前提是要做到准确测光。在使用除手动及 B 门以外的所有曝光模式拍摄时，都需要根据测光模式确定曝光组合。例如，在光圈优先曝光模式下，在指定了光圈及 ISO 感光度数值后，可根据不同的测光模式确定快门速度值，以满足准确曝光的需求。因此，选择一个合适的测光模式是获得准确曝光的重要前提。

设定方法

按Q按钮显示速控屏幕，转动速控转盘 1 选择测光模式选项，然后转动速控转盘 2 或主拨盘选择所需的测光模式选项。也可以在速控屏幕上点击选择

## 评价测光

评价测光是最常用的测光模式，在场景智能自动曝光模式下，相机默认采用的就是评价测光模式。采用该模式测光时，相机会对画面进行平均测光，此模式最适合拍摄日常及风光题材的照片。

值得一提的是，该测光模式在手选单个对焦点的情况下，对焦点可以与测光点联动，即对焦点所在的位置为测光的位置，在拍摄时善于利用这一点，可以为拍摄带来更大的便利。

▼使用评价测光模式拍摄的风景照片，画面中没有明显的明暗对比，可以获得曝光正常的画面效果『焦距：24mm ┆ 光圈：F14 ┆ 快门速度：1/2s ┆ 感光度：ISO100』

## 中央重点平均测光[ ]

在中央重点平均测光模式下，测光会偏向取景器的中央部位，但也会同时兼顾其他部分的亮度。由于测光时能够兼顾其他区域的亮度，因此该模式既能实现画面中央区域的精准曝光，又能保留部分背景的细节。

这种测光模式适合拍摄主体位于画面中央位置的场景，如人像、建筑物或背景较亮的逆光对象等。

▲人物处于画面的中心位置，使用中央重点平均测光模式，可以使画面中的主体人物获得准确的曝光『焦距：50mm ┆ 光圈：F2.4 ┆ 快门速度：1/200s ┆ 感光度：ISO400』

---

## 局部测光

Canon EOS R5 局部测光的测光区域为覆盖屏幕中央约 6.1% 的区域。当主体占据画面面积较小，而又希望获得准确的曝光时，可以尝试使用该测光模式。

**提示**

Canon EOS R6相机的局部测光区域为屏幕中央约5.8%的区域。

▲ 使用局部测光模式，以较小的区域作为测光范围，从而获得精确的测光结果『焦距：100mm ┆ 光圈：F5 ┆ 快门速度：1/500s ┆ 感光度：ISO250』

## 点测光[•]

点测光也是一种高级测光模式，相机只对画面中央区域的很小一部分（也就是屏幕中央约 3.1% 的区域）进行测光，因此具有相当高的准确性。当主体和背景的亮度差较大时，最适合使用点测光模式拍摄。

由于点测光的测光面积非常小，因此在实际使用时，可以直接将对焦点设置为中央对焦点，这样就可以实现对焦与测光的同步工作了。

> **提示**
>
> Canon EOS R6相机的点测光区域为屏幕中央约2.9%的区域。

◀ 使用点测光模式对夕阳周围的天空进行测光，使用逆光将人物拍出剪影效果，增强了画面的形式美感『焦距：70mm ┆ 光圈：F8 ┆ 快门速度：1/2000s ┆ 感光度：ISO200』

## 对焦后自动锁定曝光的测光模式

在默认设置下，使用单次自动对焦模式半按快门对焦和测光成功后，在评价测光模式下保持半按快门可以锁定曝光，而在局部测光、中央重点平均测光和点测光3种模式下，半按快门并不会锁定曝光。这意味着，在半按快门的情况下，如果调整了构图，此时曝光参数将不再准确。

如果希望半按快门的情况下锁定曝光，以便执行调整构图甚至是拍摄场景的操作，则可以在“对焦后自动锁定曝光的测光模式”菜单中，设定每种测光模式在单次自动对焦模式下对焦成功后，半按快门按钮时是否锁定画面曝光（自动曝光锁）。在此菜单中选中某种测光模式，便可以在拍摄时半按快门锁定曝光，并且只要保持半按快门的动作就可以一直锁定曝光。

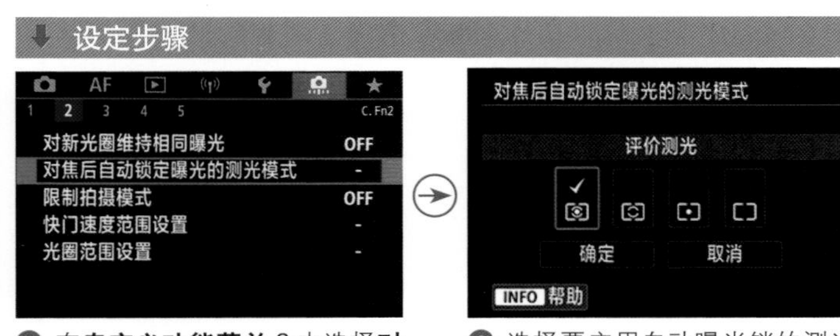


❶ 在**自定义功能菜单** 2 中选择**对焦后自动锁定曝光的测光模式**选项

❷ 选择要应用自动曝光锁的测光模式，然后选择**确定**选项

# 第 4 章
## 灵活运用曝光模式拍出好照片

# 场景智能自动曝光模式

场景智能自动曝光模式在 Canon EOS R5/R6 相机的屏幕上显示为 A+。在光线充足的情况下，使用该模式可以拍出效果非常好的照片。在场景智能自动曝光模式下，相机会自动进行对焦，如果拍摄静止对象，合焦时会显示绿色对焦点并发出提示音；如果拍摄运动对象，自动对焦点显示为蓝色并且会追踪移动的被摄对象，以便对主体进行持续对焦。

在场景智能自动曝光模式下，快门速度、光圈等参数全部由相机自动设定，拍摄者无法主动控制成像效果。

**提示**

在Canon EOS R6相机中，直接转动模式拨盘使 A+ 图标对齐左侧白色标志，即为场景智能自动模式。

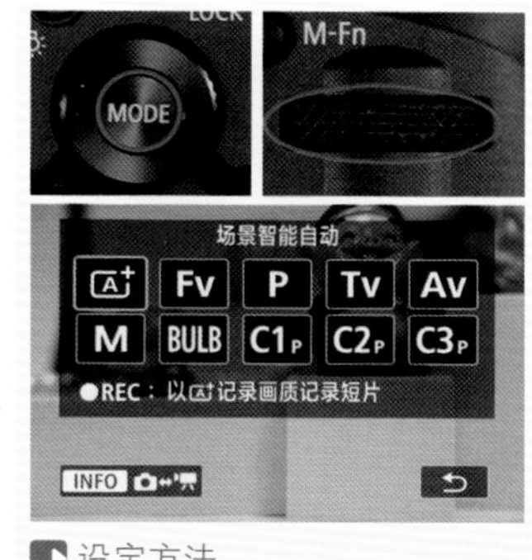


**设定方法**

按 MODE 按钮，然后转动主拨盘选择 A+ 图标，即为场景智能自动模式

**高手点拨：**这种曝光模式虽然就是许多摄影高手眼中的“傻瓜”模式，但对于摄影初学者来说却具有一定的价值，因此在这种模式下，可以进行题材选择与构图，而无须对曝光参数过多关注。

▲ 在光线条件不错的情况下，使用场景智能自动曝光模式也能拍出不错的照片『焦距：24mm ┆ 光圈：F8 ┆ 快门速度：1/1000s ┆ 感光度：ISO100』

# 高级曝光模式

高级曝光模式允许摄影师根据拍摄题材和表现意图自定义大部分甚至全部拍摄参数，从而获得个性化的画面效果。下面分别讲解 Canon EOS R5/R6 高级曝光模式的功能及使用技巧。

## 程序自动曝光模式 P

在此拍摄模式下，相机基于一套算法来确定光圈与快门速度组合。通常，相机会自动选择一个适合手持拍摄并且不受相机抖动影响的快门速度，同时还会调整光圈以得到合适的景深，确保所有景物都能清晰呈现。

在此模式下，相机会自动获知镜头的焦距和光圈范围，并根据此信息确定最优曝光组合。使用程序自动曝光模式拍摄时，摄影师仍然可以设置 ISO 感光度、白平衡、曝光补偿等参数。此模式的最大优点是操作简单、快捷，适合拍摄快照或那些不用十分注重曝光控制的场景，如新闻、纪实摄影或进行偷拍、自拍等。

在实际拍摄中，相机自动选择的曝光设置未必是最佳组合。例如，摄影师可能认为按此快门速度手持拍摄不够稳定，或者希望选用更大的光圈，此时可以利用程序偏移功能进行调整。

在 P 模式下，半按快门按钮，然后转动主拨盘直到显示所需要的快门速度或光圈数值，虽然光圈与快门速度数值发生了变化，但这些数值组合在一起仍然能够获得同样的曝光量。在操作时，如果向右旋转主拨盘，可以获得模糊背景细节的大光圈（低 F 值）或“锁定”动作的高速快门曝光组合；如果向左旋转主拨盘，可以获得增加景深的小光圈（高 F 值）或模糊动作的低速快门曝光组合。

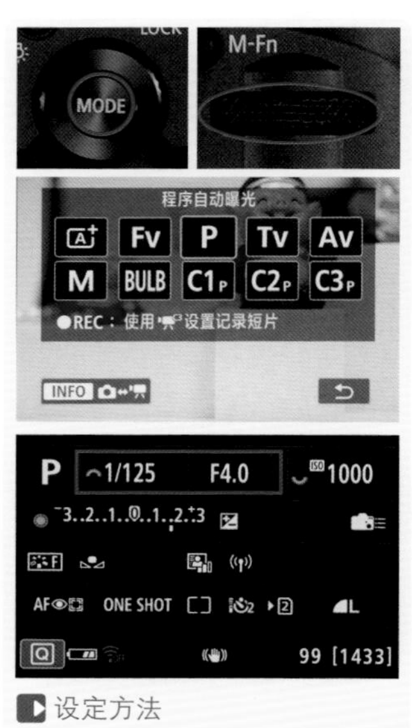


设定方法

按 MODE 按钮，然后转动主拨盘选择 P 图标，即为程序自动模式。在 P 模式下，用户可以通过转动主拨盘来选择快门速度和光圈的不同组合

◀ 使用程序自动曝光模式可以方便地进行抓拍『焦距：135mm ¦ 光圈：F5.6 ¦ 快门速度：1/400s ¦ 感光度：ISO200』

**高手点拨：** 如果是快门速度“30”和最大光圈闪烁组合，表示曝光不足，此时可以提高ISO感光度或使用闪光灯。

**高手点拨：** 如果是快门速度“1/8000”和最小光圈闪烁组合，表示曝光过度，此时可以降低ISO感光度或使用中灰（ND）滤镜，以减少镜头的进光量。

**提示**

在Canon EOS R6相机中，直接转动模式拨盘使P图标对齐左侧白色标志，即为程序自动模式。后面的操作与Canon EOS R5相机相同。

## 快门优先曝光模式 Tv

在此拍摄模式下，用户可以转动主拨盘从 30 秒至 1/8000 秒之间选择所需快门速度，然后相机会自动计算光圈的大小，以获得正确的曝光组合。

较高的快门速度可以凝固动作或者移动的主体；较慢的快门速度可以产生模糊效果，从而获得动感效果。

▲ 用快门优先曝光模式抓拍到飞鸟的精彩瞬间『焦距：400mm ¦ 光圈：F5.6 ¦ 快门速度：1/1600s ¦ 感光度：ISO500』

▲ 用快门优先曝光模式将流水拍出如丝般柔顺的效果『焦距：24mm ¦ 光圈：F16 ¦ 快门速度：2s ¦ 感光度：ISO50』

**高手点拨：**如果最小光圈值闪烁，表示曝光过度，需要转动主拨盘设置较高的快门速度，直到光圈值停止闪烁；也可以通过设置一个较低的ISO感光度数值来解决此问题。

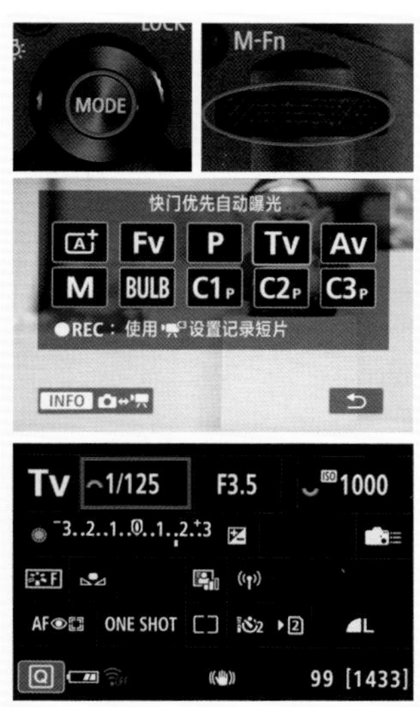


设定方法

按 MODE 按钮，然后转动主拨盘选择 Tv 图标，即为快门优先模式。在快门优先模式下，用户可以通过转动主拨盘来选择快门速度值

**提示**

在Canon EOS R6相机中，直接转动模式拨盘使Tv图标对齐左侧白色标志，即为快门优先模式。后面的操作与Canon EOS R5相机相同。

**高手点拨：**如果最大光圈值闪烁，表示曝光不足，需要转动主拨盘设置较低的快门速度，直到光圈值停止闪烁；也可以通过设置一个较高的ISO感光度数值来解决此问题。

## 光圈优先曝光模式 Av

在光圈优先曝光模式下，相机会根据当前设置的光圈大小自动计算出合适的快门速度。使用光圈优先曝光模式可以控制画面的景深，在同样的拍摄距离下，光圈越大，则景深越小，画面中的前景、背景的虚化效果就越好；反之，光圈越小，则景深越大，画面中的前景、背景的清晰度就越高。

▲ 使用光圈优先曝光模式并配合大光圈的运用，可以得到非常漂亮的背景虚化效果，这也是人像摄影中很常见的一种表现形式『焦距：85mm ┆ 光圈：F2 ┆ 快门速度：1/640s ┆ 感光度：ISO100』

▲ 使用小光圈拍摄的夜景风光，使画面获得足够大的景深『焦距：17mm ┆ 光圈：F16 ┆ 快门速度：6s ┆ 感光度：ISO100』

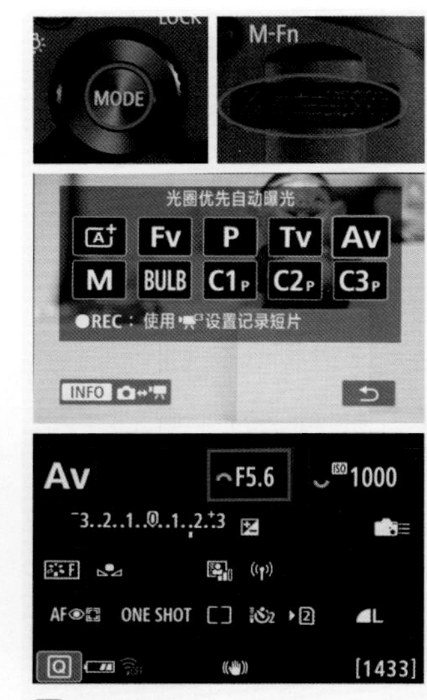


设定方法

按 MODE 按钮，然后转动主拨盘选择 Av 图标，即为光圈优先模式。在光圈优先模式下，用户可以通过转动主拨盘来选择光圈值

**提示**

在Canon EOS R6相机中，直接转动模式拨盘使Av图标对齐左侧白色标志，即为光圈优先模式。后面的操作与Canon EOS R5相机相同。

**高手点拨：**当光圈过大而导致快门速度超出了相机的极限时，如果仍然希望保持该光圈，可以尝试降低ISO感光度的数值，或使用中灰滤镜降低光线的进入量，从而保证画面曝光准确。

## 手动曝光模式 M

在手动曝光模式下，所有拍摄参数都需要摄影师手动进行设置。使用此模式拍摄有以下几个优点。

首先，使用M挡手动曝光模式拍摄时，当摄影师设置好恰当的光圈和快门速度数值后，即使移动镜头进行再次构图，光圈与快门速度的数值也不会发生变化。

其次，使用其他曝光模式拍摄时，往往需要根据场景的亮度，在测光后进行曝光补偿操作；而在M挡手动曝光模式下，由于光圈与快门速度的数值都是由摄影师设定的，因此在设定的同时就可以将曝光补偿考虑在内，从而省略了曝光补偿的设置过程。因此，在手动曝光模式下，摄影师可以按照自己的想法使影像曝光不足，以使照片显得较暗，给人以忧伤的感觉；或者使影像稍微过曝，从而拍摄出明快的高调照片。

另外，当在摄影棚拍摄并使用了频闪灯或外置非专用闪光灯时，由于无法使用相机的测光系统，需要使用测光表或通过手动计算来确定正确的曝光值，此时就需要手动设置光圈和快门速度，从而实现正确的曝光。

**设定方法**

按MODE按钮，然后转动主拨盘选择M图标，即为手动模式。在手动曝光模式下，转动主拨盘可以调节快门速度值，转动速控转盘1可以调节光圈值，转动速控转盘2可以调节感光度值

**提示**

在Canon EOS R6相机中，直接转动模式拨盘使M图标对齐左侧白色标志，即为手动曝光模式。后面的操作与Canon EOS R5相机相同。

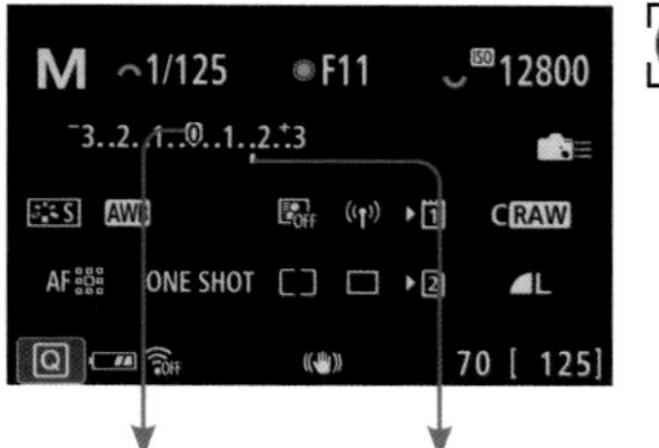


标准曝光量标志 当前曝光量标志

**高手点拨：** 在改变光圈、快门速度或感光度时，曝光量标志会左右移动，当曝光量标志位于标准曝光量标志的位置时，能获得相对准确的曝光。

▶ 在影楼中拍摄人像时经常使用全手动曝光模式，由于光线稳定，基本上不需要调整光圈和快门速度，只需改变焦距和构图即可

## 灵活优先曝光模式 Fv

在灵活优先曝光模式下，快门速度、光圈值和 ISO 感光度既可以设置为由相机自动计算，也可以由用户根据当前拍摄需求灵活地手动调节，并且可以与曝光补偿组合搭配。通过分别控制这些参数，相当于在此模式下，可以执行与 P、Tv、Av、M 模式一样的拍摄操作，非常灵活、方便，适用于多样性的拍摄场景中。

下表为灵活优先曝光模式中的功能组合。

| 快门速度 | 光圈值 | ISO 感光度 | 曝光补偿 | 曝光模式 |
|---|---|---|---|---|
| AUTO | AUTO | AUTO | 可用 | 相当于P模式 |
| | | 手动选择 | | |
| 手动选择 | AUTO | AUTO | 可用 | 相当于Tv模式 |
| | | 手动选择 | | |
| AUTO | 手动选择 | AUTO | 可用 | 相当于Av模式 |
| | | 手动选择 | | |
| 手动选择 | 手动选择 | AUTO | 可用 | 相当于M模式 |
| | | 手动选择 | — | |

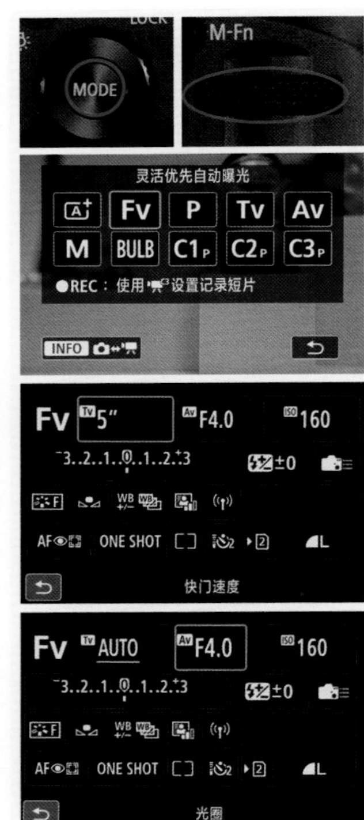


**设定方法**

按 MODE 按钮，然后转动主拨盘选择 Fv 图标，即为灵活优先曝光模式。在灵活优先曝光模式下，用户可以通过转动速控转盘 2 来选择快门速度、光圈、ISO 感光度或曝光补偿 4 个项目，然后转动主拨盘选择所需的数值。若要将所选项目设置为 AUTO 或曝光补偿为 ±0，则按删除按钮

▲ 在旅拍时，可以切换到灵活优先曝光模式，以便随时根据拍摄场景而更改设置『焦距：35mm ┆ 光圈：F8 ┆ 快门速度：1/20s ┆ 感光度：ISO100』

**提示**

在Canon EOS R6相机中，直接转动模式拨盘使Fv图标对齐左侧白色标志，即为灵活优先曝光模式。后面的操作与Canon EOS R5相机相同。

# B门曝光模式

B门曝光模式在Canon EOS R5/R6相机的屏幕上显示为“BULB”。将模式设置为BULB后，注视屏幕的同时转动主拨盘设置所需的光圈值，持续地完全按下快门按钮将使快门一直处于打开状态，直到松开快门按钮后才关闭，即完成整个曝光过程，因此曝光时间取决于快门按钮被按下与被释放的过程。

由于使用这种曝光模式拍摄时，可以持续地长时间曝光，因此特别适合拍摄天体、焰火等需要长时间曝光并手动控制曝光时间的题材。

需要注意的是，使用B门模式拍摄时，为了避免所拍摄的照片模糊，应该使用三脚架及遥控快门线辅助拍摄。若不具备条件，至少也要将相机放置在平稳的水平面上。

在使用Canon EOS R5/R6相机的B门模式拍摄时，可以在“B门定时器”菜单中预设B门曝光的曝光时间。使用此菜单的优点是可以省去一根普通的快门线，预设好拍摄所需的曝光时间后，按下快门按钮将开始曝光，在曝光期间可以松开手而不需要按住快门，当曝光达到所设定的时间后，则结束拍摄。

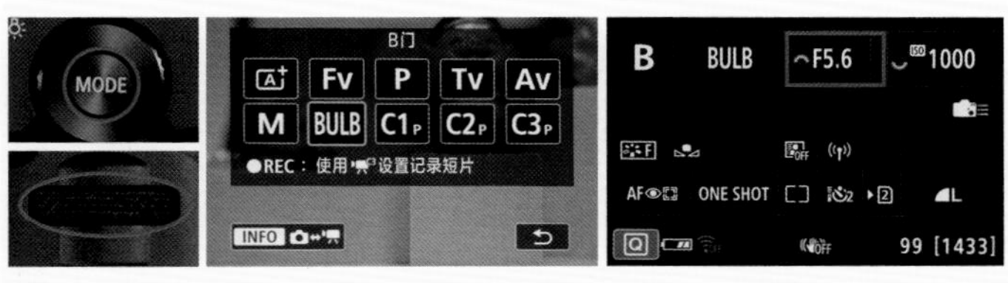


设定方法

按MODE按钮，然后转动主拨盘选择BULB图标，即为B门曝光模式。在B门模式下，用户可以转动主拨盘选择光圈值

**提示**

在Canon EOS R6相机中，直接转动模式拨盘使B图标对齐左侧白色标志，即为B门曝光模式。后面的操作与Canon EOS R5相机相同。

**高手点拨：**使用触摸快门进行B门拍摄时，需要点击屏幕两次，第一次点击屏幕将开始B门曝光，再次点击屏幕将结束B门曝光。点击屏幕时需要小心操作，以防相机抖动。

设定步骤

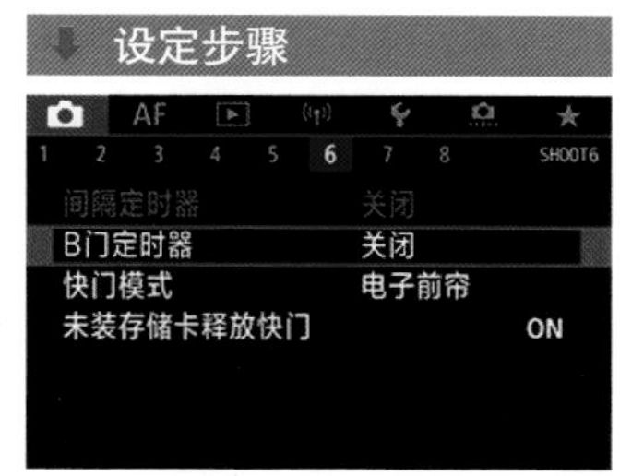


❶ 在**拍摄菜单6**中选择**B门定时器**选项

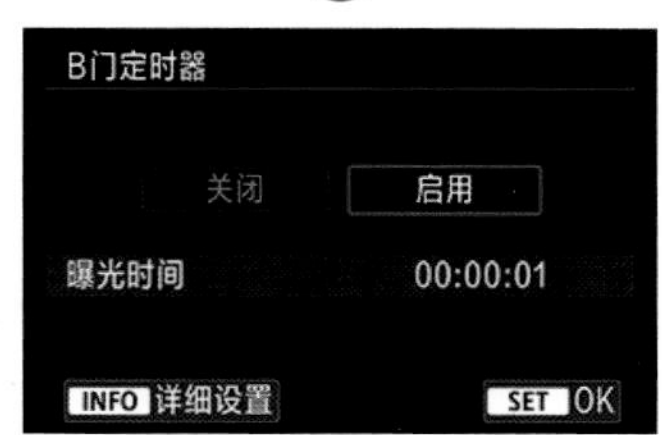


❷ 点击选择**启用**选项，然后点击INFO详细设置图标进入调节曝光时间界面

❸ 点击选择所需的数字框，然后点击▲或▼图标选择数值

❹ 设定完成后点击选择**确定**选项

## 自定义拍摄模式（C）

Canon EOS R5/R6 相机提供了 3 个自定义拍摄模式，即 C1、C2 和 C3。在这种模式下，相机会使用用户自定义的拍摄参数进行拍摄，可自定义的拍摄参数包括拍摄模式、ISO 感光度、自动对焦模式、自动对焦点、测光模式、图像画质和白平衡等。

可以事先将这些拍摄参数设置好，以应对某一特定的拍摄题材。例如，若经常需要拍摄夜景，则可以将拍摄模式设置为 B 门、开启长时间曝光降噪功能、将色温调整至 2800K，这样就能够轻松地拍摄出画面纯净、灯光璀璨的蓝调夜景，并将这些参数定义给 C1。下次再拍摄同样的场景时，只需要切换至 C1 曝光模式，即可调出这一组参数。

**提示**

在Canon EOS R6相机中，直接转动模式拨盘使C1～C3图标对齐左侧白色标志，即为自定义拍摄模式。

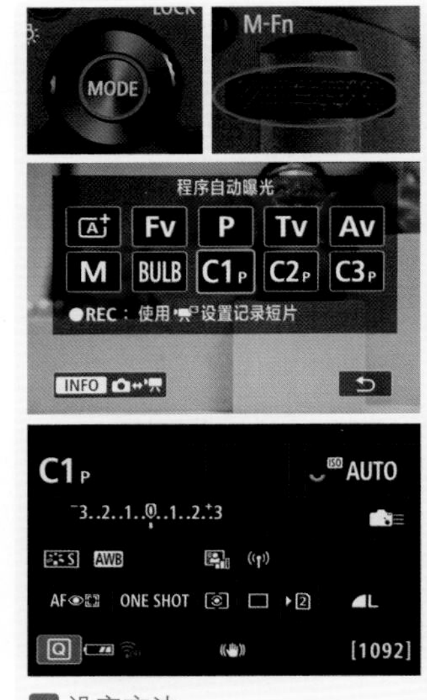


设定方法

按 MODE 按钮，然后转动主拨盘选择 C1 ～ C3 图标，即为自定义拍摄模式

▼ 将拍摄夜景需要的参数定义到 C1 模式上，以便于下一次快速调用相同的参数进行拍摄『焦距：24mm ¦ 光圈：F14 ¦ 快门速度：2s ¦ 感光度：ISO100』

## 注册自定义拍摄模式

在注册时，先在相机中设定要注册到 C 模式中的各种拍摄参数，如拍摄模式、曝光组合、自动对焦模式、自动对焦点、测光模式、驱动模式、曝光补偿量和闪光补偿量等。然后按右图所示的操作步骤进行操作即可。

**设定步骤**

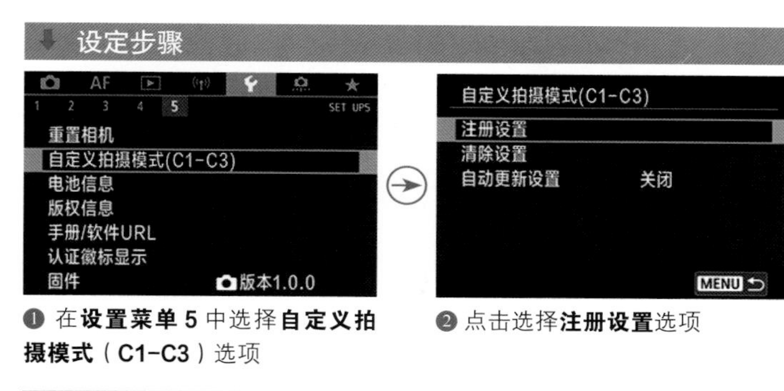


❶ 在**设置菜单 5** 中选择**自定义拍摄模式（C1-C3）**选项

❷ 点击选择**注册设置**选项

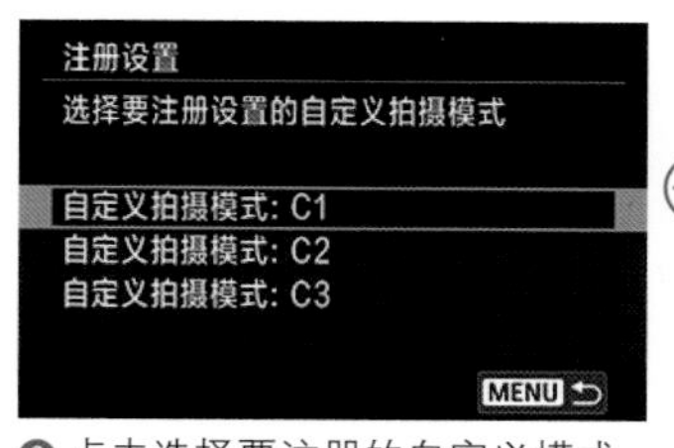


❸ 点击选择要注册的自定义模式

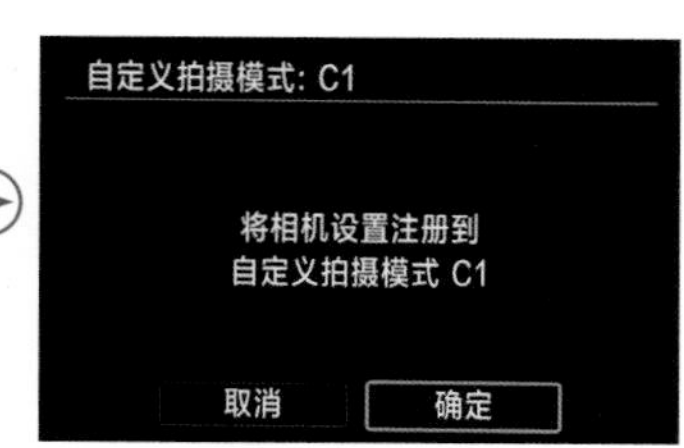


❹ 点击选择**确定**选项

## 清除设置

如果要重新设置 C 模式注册的参数，可以先将其清除，其操作方法如右图所示。

**设定步骤**

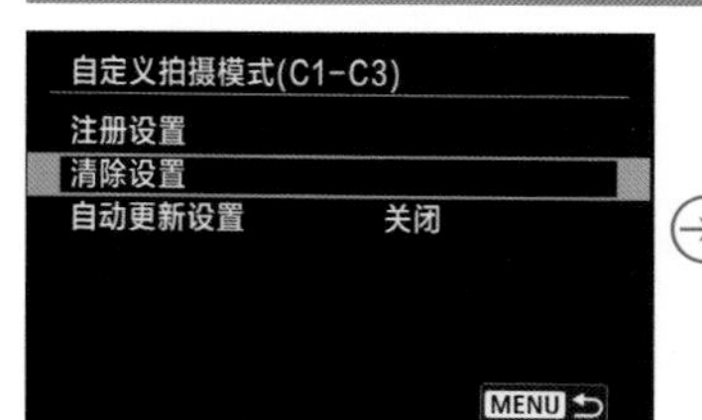


❶ 在**设置菜单 5** 中，在**自定义拍摄模式（C1-C3）**中点击选择**清除设置**选项

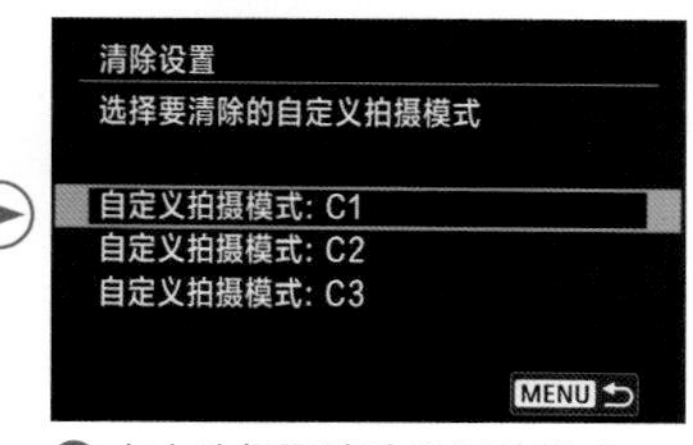


❷ 点击选择要清除设置的模式

## 自动更新设置

若将“自动更新设置”选项设置为“启用”，则在使用自定义拍摄模式时，用户所修改的拍摄参数将自动保存至当前的自定义拍摄模式中。

**设定步骤**

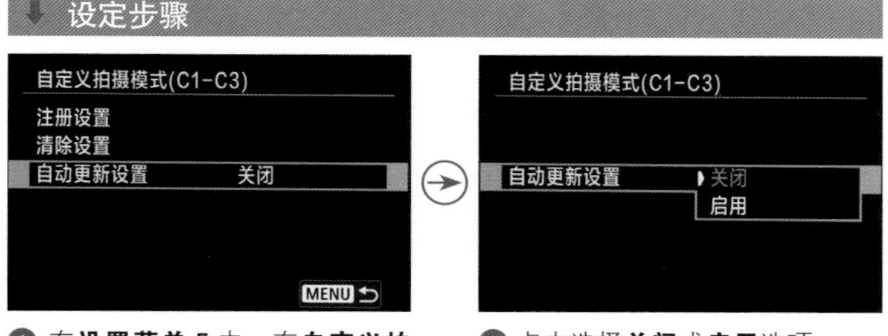


❶ 在**设置菜单 5** 中，在**自定义拍摄模式（C1-C3）**中点击选择**自动更新设置**选项

❷ 点击选择**关闭**或**启用**选项

**高手点拨：**对于拍摄固定题材的摄影工作室来说，建议将此选项设置为“关闭”。

# 第 5 章

## 拍出佳片必须掌握的高级曝光技巧

# 通过直方图判断曝光是否准确

## 直方图的作用

直方图是相机曝光时所捕获的影像色彩或影调的信息，是一种能够反映照片曝光情况的图示。通过查看直方图所呈现的信息，可以帮助拍摄者判断曝光情况，并以此做出相应调整，从而得到最佳曝光效果。另外，采用即时取景模式拍摄时，查看直方图可以检测画面的成像效果，给拍摄者提供重要的曝光信息。

很多摄影师都会陷入这样一个误区，在显示屏上看到的影像很棒，便以为真正的曝光结果也会不错，但事实并非如此。这是由于很多相机的显示屏处于出厂时的默认状态，显示屏的对比度和亮度都比较高，使摄影师误以为拍摄到的影像很漂亮，倘若不看直方图，往往会感觉画面的曝光刚好合适。但在计算机屏幕上观看时，却发现在相机上查看时感觉还不错的画面，暗部层次却丢失了，即使使用后期处理软件挽回了部分细节，效果也不是太好。

因此，在拍摄时要随时查看照片的直方图，这是唯一一个值得信赖的判断照片曝光是否正确的依据。

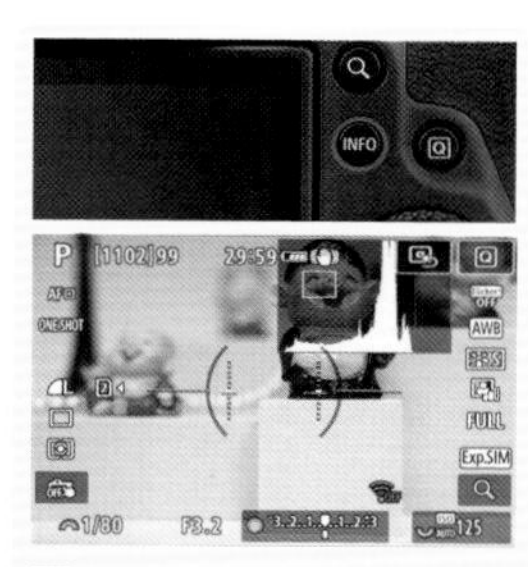

▶ 设定方法

在拍摄时若要显示直方图，通过连续按 INFO 按钮直至切换到直方图显示界面

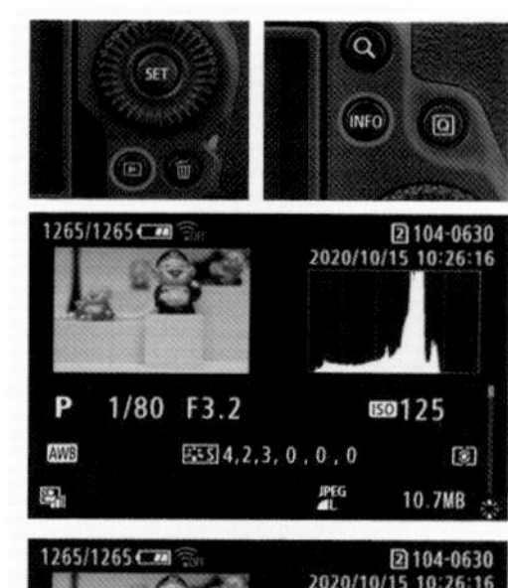

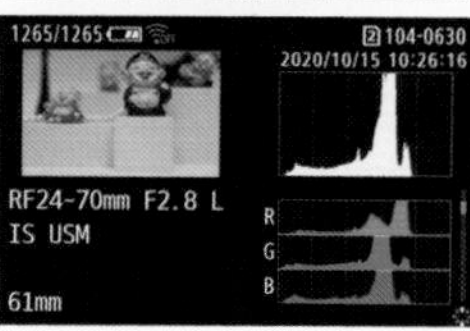


▶ 设定方法

按播放按钮并转动速控转盘选择照片，然后按 INFO 按钮切换至拍摄信息显示界面，即可查看照片的直方图，按▼多功能控制钮可以查看 RGB 直方图

直方图呈现出山峰一样的形态，主峰位于中间，且不存在死黑或死白的区域，说明此照片为曝光正常的图像『焦距：50mm ┆ 光圈：F11 ┆ 快门速度：1s ┆ 感光度：ISO100』

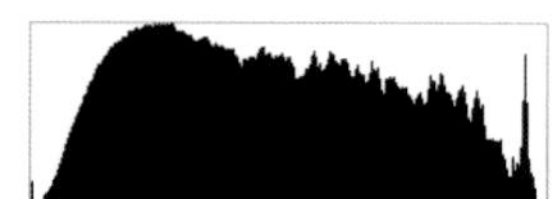

**高手点拨：**直方图只是评价照片曝光是否准确的重要依据，而不是评价好照片的依据。在特殊的表现形式下，曝光过度或曝光不足都可以呈现出独特的视觉效果，因此不能以此作为评价照片优劣的标准。

## 利用直方图分区判断曝光情况

下面这张图标示出了直方图的每个分区和图像亮度之间的关系，像素堆积在直方图左侧或者右侧的边缘则意味着部分图像超出了直方图范围。其中右侧边缘出现黑色线条表示照片中有部分像素曝光过度，摄影师需要根据情况调整曝光参数，以避免照片中出现大面积曝光过度的区域。如果第 8 分区或者更高的分区有大量黑色线条，代表图像有部分较亮的高光区域，而且这些区域是有细节的。

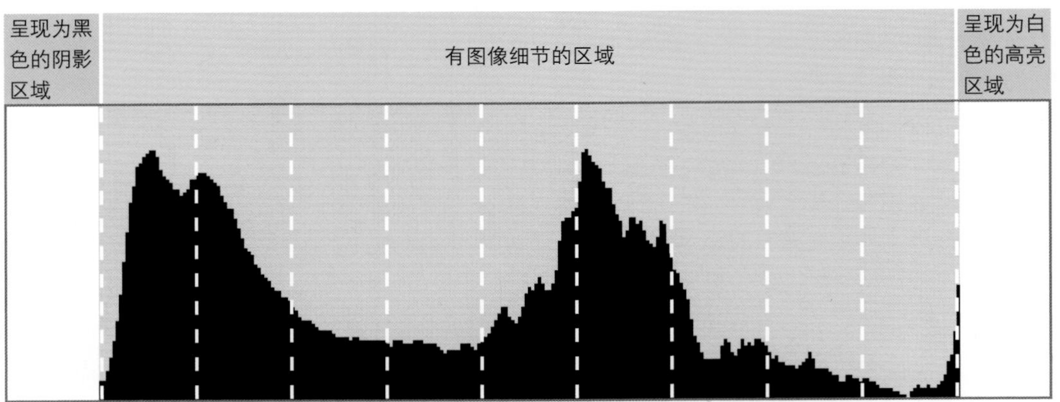

▲ 数码相机的区域系统

| 分区序号 | 说明 | 分区序号 | 说明 |
|---|---|---|---|
| 0分区 | 黑色 | 第6分区 | 色调较亮、色彩柔和 |
| 第1分区 | 接近黑色 | 第7分区 | 明亮、有质感，但是色彩有些苍白 |
| 第2分区 | 有些许细节 | 第8分区 | 有少许细节，但基本上呈模糊、苍白的状态 |
| 第3分区 | 灰暗、细节呈现效果不错，但是色彩比较模糊 | 第9分区 | 接近白色 |
| 第4分区 | 色调和色彩都比较暗 | 第10分区 | 纯白色 |
| 第5分区 | 中间色调、中间色彩 | | |

▲ 直方图分区说明表

需要注意的是，0 分区和第 10 分区分别代表黑色和白色，虽然在直方图中的区域大小与第 1~9 区相同，但实际上它只是代表直方图最左边（黑色）和最右边（白色），没有限定的边界。

# 认识 3 种典型的直方图

直方图的横轴表示亮度等级（从左至右对应从黑到白）；纵轴表示图像中各种亮度像素数量的多少，峰值越高，表示这个亮度的像素数量越多。

所以，拍摄者可以通过观看直方图的显示状态来判断照片的曝光情况。若出现曝光不足或曝光过度，调整曝光参数后再进行拍摄，即可获得一张曝光准确的照片。

▲ 曝光过度

## 曝光过度的直方图

当照片曝光过度时，画面中会出现大片白色的区域，很多细节都已丢失，反映在直方图上就是像素主要集中于横轴的右端（最亮处），并出现像素溢出现象，即高光溢出；而左侧较暗的区域则没有像素分布，因而该照片在后期无法补救。

▲ 曝光准确

## 曝光准确的直方图

当照片曝光准确时，画面的影调较为均匀，且高光、暗部和阴影处均没有细节丢失，反映在直方图上就是在整个横轴上从左端（最暗处）到右端（最亮处）都有像素分布，后期可调整的余地较大。

▲ 曝光不足

## 曝光不足的直方图

当照片曝光不足时，画面中会出现没有细节的黑色区域，丢失了过多的暗部细节，反映在直方图上就是像素主要集中于横轴的左端（最暗处），并出现像素溢出现象，即暗部溢出，而右侧较亮区域少有像素分布，故该照片在后期也无法补救。

## 辩证地分析直方图

在使用直方图判断照片的曝光情况时，不能生搬硬套前面所讲述的理论。因为高调或低调照片的直方图看上去与曝光过度或曝光不足的直方图十分类似，但照片并非曝光过度或曝光不足，这一点从右边及下面展示的两张照片及其相应的直方图中就可以看出来。

因此，检查直方图后，要根据具体拍摄题材和想要表现的画面效果，灵活调整曝光参数。

▲ 直方图中的线条主要分布在右侧，但这幅作品是典型的高调人像照片，所以应与其他曝光过度照片的直方图区别看待『焦距：50mm ┆ 光圈：F3.5 ┆ 快门速度：1/1000s ┆ 感光度：ISO200』

▲ 这是一幅典型的低调效果照片，画面中的暗调面积较大，直方图中的线条主要分布在左侧，但这是摄影师刻意追求的效果，与曝光不足有本质上的不同『焦距：35mm ┆ 光圈：F8 ┆ 快门速度：10s ┆ 感光度：ISO100』

# 设置曝光补偿让曝光更准确

## 曝光补偿的含义

相机的测光是基于 18% 中性灰建立的。由于单反相机的测光主要是由景物的平均反光率确定的，而除了反光率比较高的场景（如雪景、云景等）及反光率比较低的场景（如煤矿、夜景等），其他大部分场景的平均反光率都在 18% 左右，这一数值正是灰度为 18% 的物体的反光率。因此，可以简单地将相机的测光原理理解为：当所拍摄场景中被摄物体的反光率接近于 18% 时，相机就会做出正确的测光。

所以，在拍摄一些极端环境，如较亮的白雪场景或较暗的弱光环境时，相机的测光结果就是错误的，此时就需要摄影师通过调整曝光补偿来得到想要的拍摄结果，如下图所示。

通过调整曝光补偿数值，可以改变照片的曝光效果，从而使拍摄出来的照片正确地传达出摄影师的表现意图。例如，通过增加曝光补偿，使照片轻微曝光过度以得到柔和的色彩与浅淡的阴影，赋予照片轻快、明亮的效果；或者通过减少曝光补偿，使照片变得阴暗。

在拍摄时，是否能够主动运用曝光补偿技术，是判断一位摄影师是否真正理解摄影的光影奥秘的依据之一。

设定方法

在P、Tv、Fv、Av、M 模式下，半按快门按钮并查看曝光量指示标尺，然后转动速控转盘 1 即可调节曝光补偿值

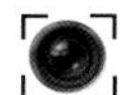

**高手点拨**：在M手动曝光模式下，只有当感光度设置为“AUTO（自动感光度）”时，才需调整曝光补偿值。

曝光补偿通常用类似“±*n*EV”的方式来表示。“EV”是指曝光值，“+1EV”是指在自动曝光的基础上增加 1 挡曝光；“－1EV”是指在自动曝光的基础上减少 1 挡曝光，以此类推。Canon EOS R5/R6 的曝光补偿范围为－3.0 ～ +3.0EV，并以 1/2 或 1/3 级为单位进行调节。

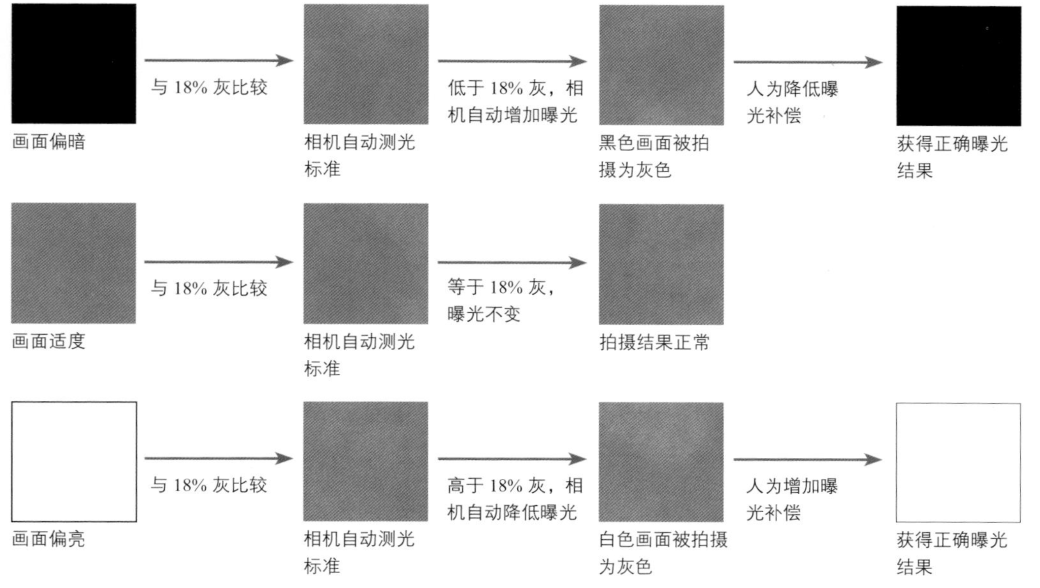

## 增加曝光补偿还原白色雪景

很多摄影初学者在拍摄雪景时，往往会把白色拍摄成灰色，主要原因就是在拍摄时没有设置曝光补偿。

由于雪对光线的反射十分强烈，因此会导致相机的测光结果出现较大的偏差。而如果能在拍摄前增加一挡左右的曝光补偿（具体曝光补偿的数值要视雪景的面积而定，雪景面积越大，曝光补偿的数值也应越大），就可以拍摄出美丽、洁白的雪景。

▲ 在拍摄时增加 1 挡曝光补偿，使雪的颜色显得更加洁白无瑕『焦距：40mm ┆ 光圈：F7.1 ┆ 快门速度：1/200s ┆ 感光度：ISO200』

## 降低曝光补偿还原纯黑

当拍摄主体位于黑色背景前时，按相机默认的测光结果拍摄，黑色的背景往往会显得有些灰旧。为了得到纯黑的背景，需要使用曝光补偿功能来适当降低曝光量，以此得到想要的效果（具体曝光补偿的数值要视暗调背景的面积而定，面积越大，负向曝光补偿的数值也应越大）。

在拍摄时减少了 0.3 挡曝光补偿，从而获得了纯色的背景，使花朵在画面中显得更加突出『焦距：200mm ┆ 光圈：F5.6 ┆ 快门速度：1/160s ┆ 感光度：ISO100』

## 正确理解曝光补偿

许多摄影初学者在刚接触曝光补偿时，以为使用曝光补偿就可以在曝光参数不变的情况下，提亮或加暗画面，这个想法是错误的。

实际上，曝光补偿是通过改变光圈或快门速度来提亮或加暗画面的，即在光圈优先曝光模式下，如果想要增加曝光补偿，相机实际上是通过降低快门速度来实现的；想要减少曝光补偿，则通过提高快门速度来实现。在快门优先曝光模式下，如果想要增加曝光补偿，相机实际上是通过增大光圈来实现的（当光圈达到镜头所标示的最大光圈时，曝光补偿就不再起作用）；想要减少曝光补偿，则通过缩小光圈来实现。

下面通过展示两组照片及其拍摄参数来佐证这一点。

▲ 焦距：50mm 光圈：F3.2 快门速度：1/8s 感光度：ISO100 曝光补偿：－0.3

▲ 焦距：50mm 光圈：F3.2 快门速度：1/6s 感光度：ISO100 曝光补偿：0

▲ 焦距：50mm 光圈：F3.2 快门速度：1/4s 感光度：ISO100 曝光补偿：+0.3

▲ 焦距：50mm 光圈：F3.2 快门速度：1/2s 感光度：ISO100 曝光补偿：+0.7

从上面展示的4张照片中可以看出，在光圈优先曝光模式下，调整曝光补偿实际上是改变了快门速度。

▲ 焦距：50mm 光圈：F4 快门速度：1/4s 感光度：ISO100 曝光补偿：－0.3

▲ 焦距：50mm 光圈：F3.5 快门速度：1/4s 感光度：ISO100 曝光补偿：0

▲ 焦距：50mm 光圈：F3.2 快门速度：1/4s 感光度：ISO100 曝光补偿：+0.3

▲ 焦距：50mm 光圈：F2.5 快门速度：1/4s 感光度：ISO100 曝光补偿：+0.7

从上面展示的4张照片中可以看出，在快门优先曝光模式下，调整曝光补偿实际上是改变了光圈大小。

Q：为什么有时即使不断增加曝光补偿，所拍摄出来的画面仍然没有变化？

A：发生这种情况，通常是由于曝光组合中的光圈值已经达到了镜头的最大光圈限制。

# 使用包围曝光拍摄光线复杂的场景

包围曝光是指通过设置一定的曝光变化范围，然后分别拍摄曝光不足、曝光正常与曝光过度 3 张照片的拍摄技法。例如将其设置为 ±1EV 时，即代表分别拍摄减少 1 挡曝光、正常曝光和增加 1 挡曝光的照片，从而兼顾画面的高光、中间调及暗部区域的细节。Canon EOS R5/R6 相机支持在 ±3EV 之间以 1/3 级为单位调节包围曝光。

## 什么情况下应该使用包围曝光

如果拍摄现场的光线很难把握，或者拍摄的时间很短暂，为了避免曝光不准确而失去这次难得的拍摄机会，可以使用包围曝光功能确保万无一失。此时可以设置包围曝光，使相机针对同一场景连续拍摄出 3 张曝光量略有差异的照片。每一张照片曝光量具体相差多少，可由摄影师自己确定。在具体拍摄过程中，摄影师无须调整曝光量，相机将根据设置自动在第一张照片的基础上增加、减少一定的曝光量拍摄出另外两张照片。

按此方法拍摄出来的 3 张照片中，总会有一张是曝光相对准确的照片，因此使用包围曝光功能可以提高拍摄的成功率。

## 自动包围曝光设置

默认情况下，使用包围曝光功能可以（按 3 次快门或使用连拍功能）拍摄 3 张照片，得到增加曝光量、正常曝光量和减少曝光量 3 种不同曝光结果的照片。

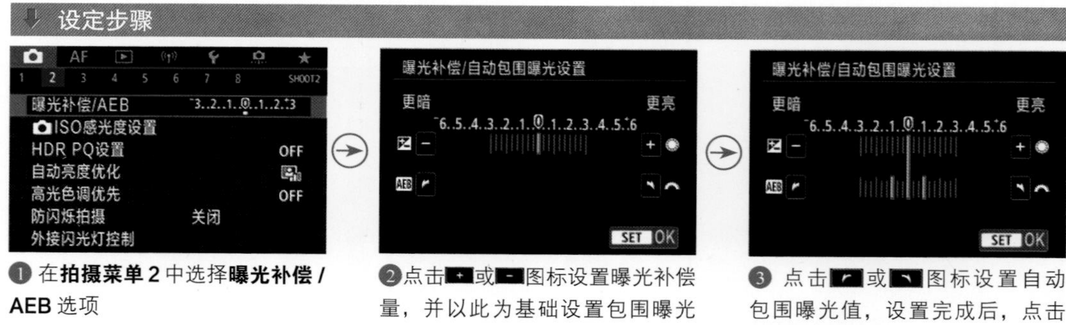


❶ 在**拍摄菜单 2** 中选择**曝光补偿 / AEB** 选项

❷ 点击 + 或 - 图标设置曝光补偿量，并以此为基础设置包围曝光的曝光量

❸ 点击或图标设置自动包围曝光值，设置完成后，点击 SET OK 图标确定

## 为合成 HDR 照片拍摄素材

对于风光、建筑等题材而言，可以使用包围曝光功能拍摄出不同曝光结果的照片，并进行后期的 HDR 合成，从而得到高光、中间调及暗部都具有丰富细节的照片。

## 使用 CameraRaw 合成 HDR 照片

在本例中，拍摄了 3 张不同曝光的 RAW 格式照片，以分别显示出高光、中间调及暗部的细节，这是合成 HDR 照片的必要前提，它们的质量会对合成结果产生很大影响，而且 RAW 格式的照片本身具有极高的宽容度，能够合成更好的 HDR 效果，然后只需要按照下述步骤在 Adobe CameraRAW 中进行合成并调整即可。

❶ 在 Photoshop 中打开要合成 HDR 的 3 幅照片，并启动 CameraRaw 软件。

❷ 在左侧列表框中选中任意一张照片，按【Ctrl+A】组合键选中所有的照片。按【Alt+M】组合键，或单击列表左上角的菜单按钮≡，在打开的菜单中选择“合并到 HDR”命令。

❸ 经过一定的处理过程后，将弹出“HDR 合并预览”对话框，通常情况下，以默认参数进行处理即可。

❹ 单击“合并”按钮，在弹出的对话框中选择文件保存的位置，并以默认的 DNG 格式进行保存，保存后的文件会与之前的素材在一起，显示在左侧的列表框中。

❺ 至此，完成 HDR 照片的合成，摄影师可根据需要，在其中适当调整曝光及色彩等属性，直至满意为止。

▲ 选择“合并到 HDR”命令

▲ “HDR 合并预览”对话框

▲ 最终合成效果

**高手点拨：** 虽然Canon EOS R5/R6 相机具有在机身内部直接合成HDR照片的功能，但与专业的图像处理软件相比，该功能仍显得过于简单。因此，如果希望合成出效果更优秀的HDR照片，首选专业的图像处理软件。

## 设置自动包围曝光拍摄顺序

“包围曝光顺序”菜单用于设置自动包围曝光和白平衡包围曝光的顺序。

选择一种顺序后，拍摄时将按照这一顺序进行拍摄。在实际拍摄中，更改包围曝光顺序并不会对拍摄结果产生影响，用户可以根据自己的习惯进行设置。

- 0，-，+：选择此选项，相机就会按照第一张标准曝光量、第二张减少曝光量、第三张增加曝光量的顺序进行拍摄。
- -，0，+：选择此选项，相机就会按照第一张减少曝光量、第二张标准曝光量、第三张增加曝光量的顺序进行拍摄。

设定步骤

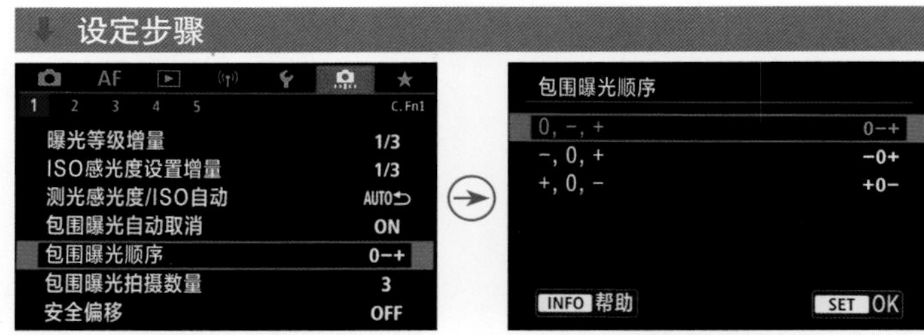


❶ 在**自定义功能菜单 1** 中选择**包围曝光顺序**选项

❷ 点击选择包围曝光的顺序，然后点击SET OK图标确定

- +，0，-：选择此选项，相机就会按照第一张增加曝光量、第二张标准曝光量、第三张减少曝光量的顺序进行拍摄。

如果开启了白平衡包围功能，则选择不同拍摄顺序选项时所拍出的照片效果如下表所示。

| 自动包围曝光 | 白平衡包围曝光 | |
|---|---|---|
| | B/A 方向 | M/G 方向 |
| 0：标准曝光量 | 0：标准白平衡 | 0：标准白平衡 |
| -：减少曝光量 | -：蓝色偏移 | -：洋红色偏移 |
| +：增加曝光量 | +：琥珀色偏移 | +：绿色偏移 |

## 设置包围曝光拍摄数量

在 Canon EOS R5/R6 相机中，进行自动包围曝光及白平衡包围曝光拍摄时，可以在“包围曝光拍摄数量”菜单中指定要拍摄的数量。

在下面的表格中，以选择“0，-，+”包围曝光顺序且包围曝光等级增量为 1EV 为例，列出了选择不同拍摄张数时各照片的曝光差异。

设定步骤

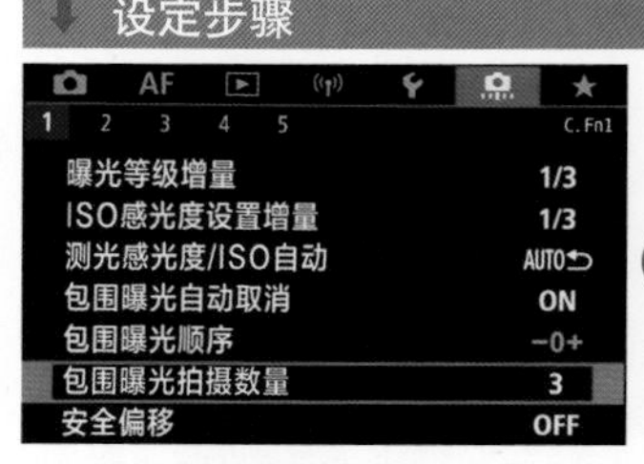


❶ 在**自定义功能菜单 1** 中选择**包围曝光拍摄数量**选项

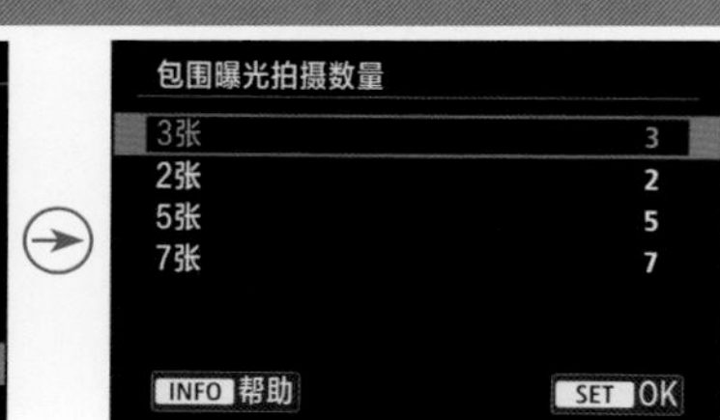


❷ 点击选择所需的拍摄数量，然后点击SET OK图标确定

| | 第 1 张 | 第 2 张 | 第 3 张 | 第 4 张 | 第 5 张 | 第 6 张 | 第 7 张 |
|---|---|---|---|---|---|---|---|
| 3 张 | 标准（0） | -1 | +1 | - | - | - | - |
| 2 张 | 标准（0） | ±1 | - | - | - | - | - |
| 5 张 | 标准（0） | -2 | -1 | +1 | +2 | - | - |
| 7 张 | 标准（0） | -3 | -2 | -1 | +1 | +2 | +3 |

# 利用 HDR 模式直接拍出 HDR 照片

HDR 模式的原理是通过连续拍摄 3 张正常曝光量、增加曝光量及减少曝光量的影像，然后由相机进行高动态影像合成，从而获得暗调、中间调与高光区域都具有丰富细节的照片，甚至还可以获得类似油画、浮雕画等特殊的影像效果。

## 调整动态范围

此菜单用于控制是否启用 HDR 模式，以及在开启此功能后的动态范围。

- 关闭 HDR：选择此选项，将禁用 HDR 模式。
- 自动：选择此选项，将由相机自动判断合适的动态范围，然后以适当的曝光增减量进行拍摄并合成。
- ±1 ~ ±3EV：选择 ±1、±2 或 ±3 选项，可以指定合成时的动态范围，即分别拍摄正常、增加和减少 1/2/3 挡曝光的图像，并进行合成。

**高手点拨：** 当启用了曝光补偿/AEB功能时，HDR模式不可用。

设定步骤

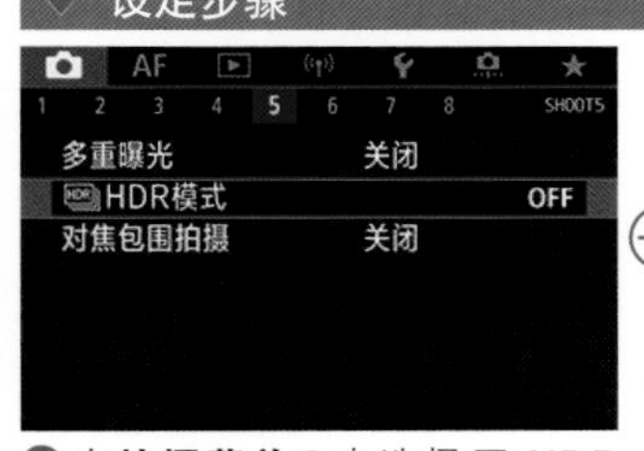


❶ 在**拍摄菜单 5** 中选择 **HDR 模式**选项

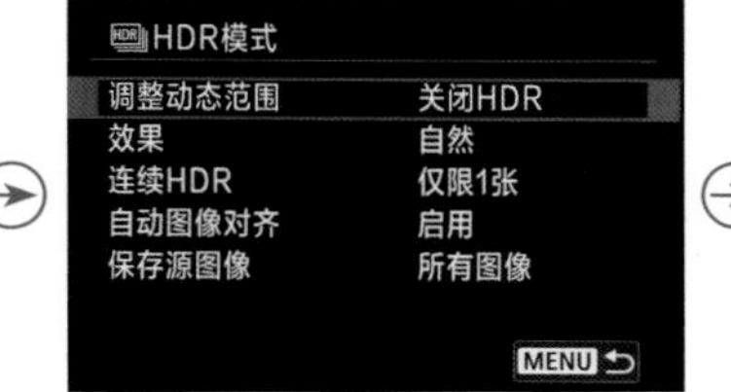


❷ 点击选择**调整动态范围**选项

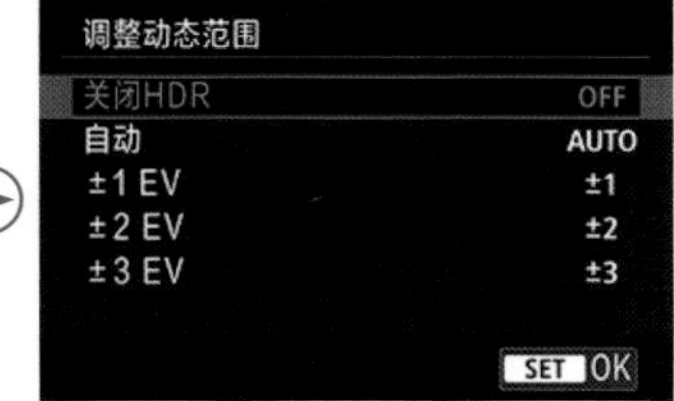


❸ 点击选择 HDR 的动态范围

## 效果

在此菜单中可以选择合成 HDR 图像时的影像效果，其中包括以下 5 个选项。

设定步骤

❶ 在**拍摄菜单 5** 中，选择 **HDR 模式**中的**效果**选项

❷ 点击选择不同的合成效果，然后点击 SET OK 图标确定

- 自然：选择此选项，可以在均匀显示画面暗调、中间调及高光区域图像的同时，保持画面为类似人眼观察到的视觉效果。
- 标准绘画风格：选择此选项，画面中的反差更大，色彩的饱和度也会比较真实场景高一些。
- 浓艳绘画风格：选择此选项，画面中的反差和饱和度都很高，尤其在色彩上显得更为鲜艳。
- 油画风格：选择此选项，画面的色彩比浓艳绘画风格更强烈。
- 浮雕画风格：选择此选项，画面的反差极大，在图像边缘的位置会产生明显的亮线，因而具有一种物体发出轮廓光的效果。

## 连续 HDR

在此选项中可以设置是否连续多次使用 HDR 模式。

- 仅限 1 张：选择此选项，将在拍摄完成一张 HDR 照片后，自动关闭此功能。
- 每张：选择此选项，将一直保持 HDR 模式的开启状态，直至摄影师手动将其关闭为止。

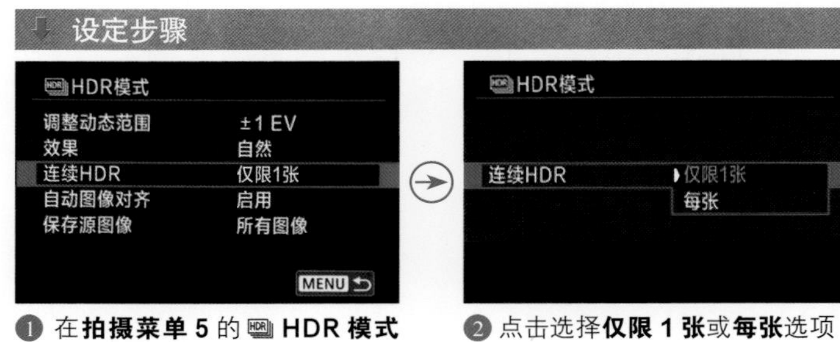


❶ 在**拍摄菜单 5** 的 **HDR 模式**中，选择**连续 HDR** 选项

❷ 点击选择**仅限 1 张**或**每张**选项

## 自动图像对齐

在拍摄 HDR 照片时，即使使用连拍模式，也不能确保每张照片都是完全对齐的，手持相机拍摄时更容易出现图像之间错位的现象，此时可以在此选项中进行设置。

- 启用：选择此选项，在合成 HDR 图像时，相机会自动对齐各个图像，因此在拍摄 HDR 图像时，建议启用“自动图像对齐”功能。

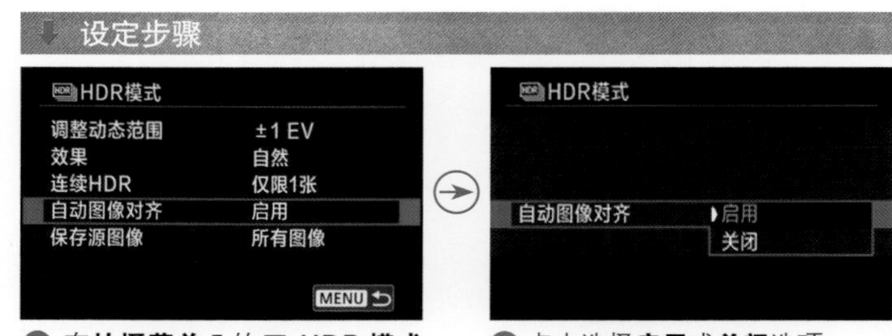


❶ 在**拍摄菜单 5** 的 **HDR 模式**中，选择**自动图像对齐**选项

❷ 点击选择**启用**或**关闭**选项

- 关闭：选择此选项，将关闭“自动图像对齐”功能，若拍摄的 3 张照片中有位置偏差，则合成后的照片可能会出现重影现象。

## 保存源图像

在此菜单中可以设置是否将拍摄的多张不同曝光程度的单张照片也保存至存储卡中。

- 所有图像：选择此选项，相机会将所有的单张曝光照片及最终的合成结果全部保存到存储卡中。
- 仅限 HDR 图像：选择此选项，将不保存单张曝光的照片，仅保存 HDR 合成图像。

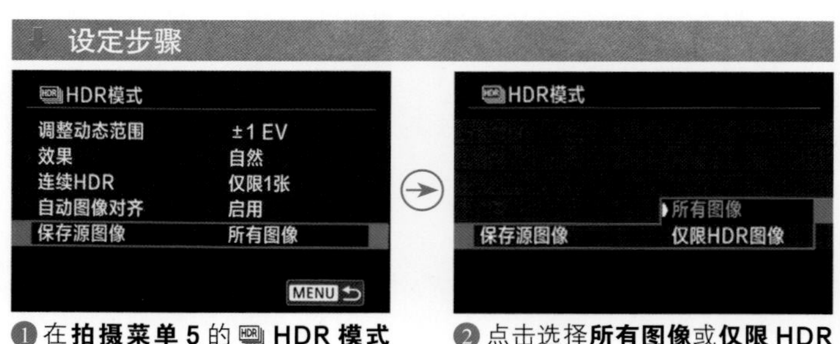


❶ 在**拍摄菜单 5** 的 **HDR 模式**中，选择**保存源图像**选项

❷ 点击选择**所有图像**或**仅限 HDR 图像**选项

# 利用曝光锁定功能锁定曝光值

利用曝光锁定功能可以在测光期间锁定曝光值。此功能的作用是，允许摄影师针对某一个特定区域进行对焦，而对另一个区域进行测光，从而拍摄出曝光正常的照片。

Canon EOS R5/R6 相机的曝光锁定按钮在机身上显示为“✱”。使用曝光锁定功能的方便之处在于，即使松开半按快门的手，重新进行对焦、构图，只要按住曝光锁定按钮，那么相机还是会以刚才锁定的曝光参数进行曝光。

进行曝光锁定的操作方法如下。

❶ 对准选定区域进行测光，如果该区域在画面中所占比例很小，则应靠近被摄物体，使其充满屏幕的中央区域。

❷ 半按快门，此时在屏幕中会显示一组光圈和快门速度组合数据。

❸ 按下曝光锁定按钮✱，释放快门，相机会记住刚刚得到的曝光值。

❹ 在保持按住曝光锁定按钮的状态下，重新取景构图，完全按下快门即可完成拍摄。

**高手点拨：** 默认设置下，只有保持按下✱按钮才锁定曝光，否则，8秒或16秒后（此时间由“测光定时器”确定），曝光锁定就会失效，在重新构图时有时显得不方便，此时可以在“自定义按钮”菜单中，将“自动曝光锁按钮”的功能指定为“自动曝光锁（保持）”选项，这样就可以按下✱按钮锁定曝光，当再次按下✱按钮时即解除锁定曝光，摄影师可以更灵活、方便地改变焦距构图或切换对焦点的位置。

▲ 先对人物的面部进行测光，锁定曝光并重新构图后再进行拍摄，从而保证面部获得正确的曝光『焦距：135mm ┆ 光圈：F4 ┆ 快门速度：1/400s ┆ 感光度：ISO100』

▲ Canon EOS R5/R6 相机的曝光锁定按钮

**设定步骤**

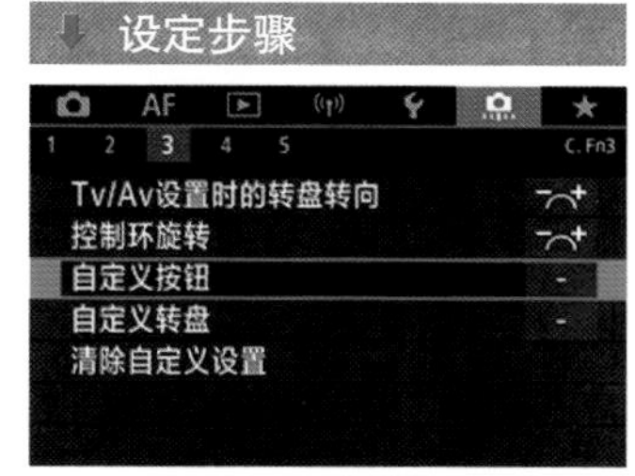


❶ 在**自定义功能菜单 3** 中选择**自定义按钮**选项

❷ 点击选择✱（自动曝光锁按钮）选项

❸ 点击选择 $✱_H$ **自动曝光锁（保持）**选项，然后点击 SET OK 图标确定

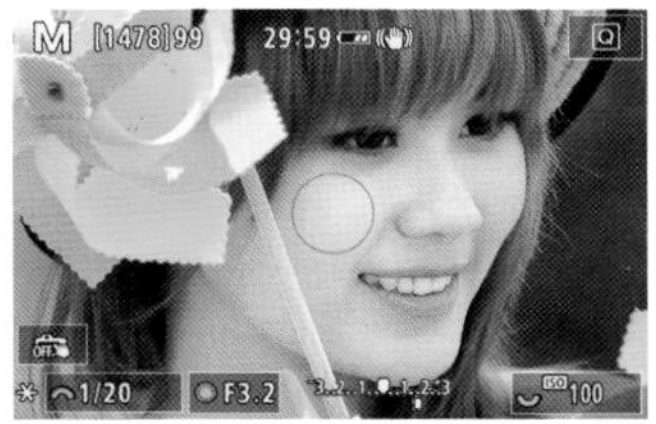


▲ 使用长焦镜头对人物面部进行测光示意图

# 利用自动亮度优化同时表现高光与阴影区域的细节

通常在拍摄光比较大的画面时容易丢失细节，最终画面中会出现亮部过亮、暗部过暗或明暗反差较大的情况，此时就可以启用“自动亮度优化”功能对其进行不同程度的校正。

例如，在直射明亮阳光下拍摄时，拍出的照片中容易出现较暗的阴影与较亮的高光区域，启用“自动亮度优化”功能，可以确保所拍出照片中的高光区域和阴影区域的细节不会丢失。因为此功能会使照片的曝光稍欠一些，有助于防止照片的高光区域完全变白而显示不出任何细节，同时还能够避免因为曝光不足而使阴影区域中的细节丢失。

在 Canon EOS R5/R6 相机中，可以通过“在 M 或 B 模式下关闭”选项，控制使用 M 挡全手动曝光模式和 B 门曝光模式拍摄时，是否禁用“自动亮度优化”功能。如果按下**INFO**按钮取消此选项前面的√号，则允许在 M 挡全手动曝光模式和 B 门曝光模式下设置不同的自动亮度优化选项。

除了使用右侧展示的菜单设置此功能外，还可以用右下方展示的速控屏幕对此功能进行设置。

▲启用“自动亮度优化”功能后，画面中的高光区域与阴影区域的细节表现较为丰富『焦距：24mm ┆ 光圈：F5.6 ┆ 快门速度：1/125s ┆ 感光度：ISO200』

设定步骤

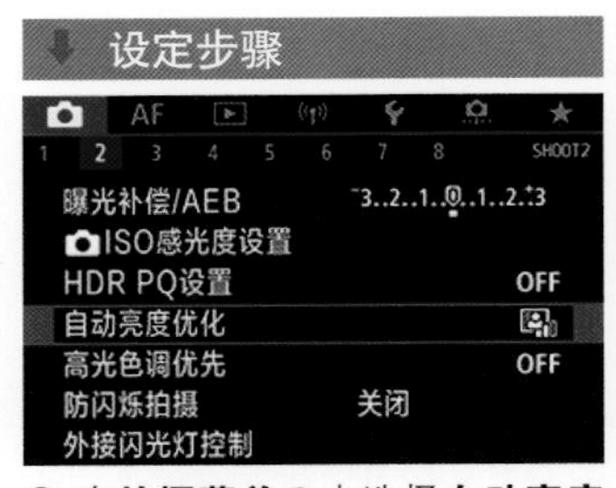


❶ 在**拍摄菜单 2** 中选择**自动亮度优化**选项

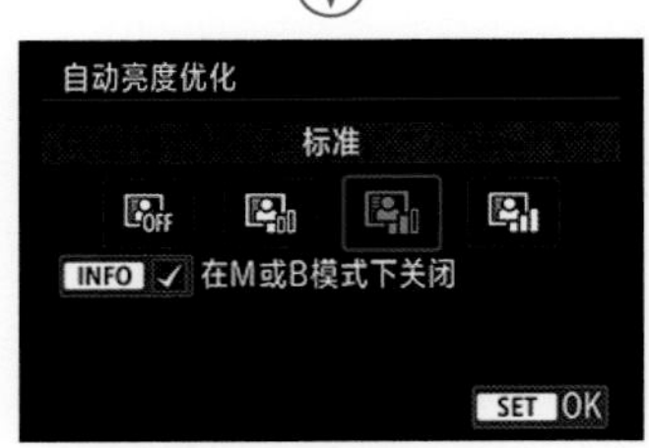


❷点击选择不同的优化强度，点击 INFO 图标可选中或取消选中**在 M 或 B 模式下关闭**选项，选择完成后点击SET OK图标确定

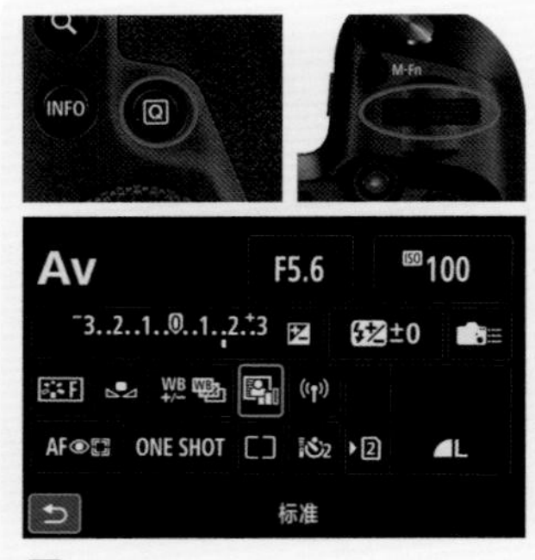


设定方法

按Q按钮显示速控屏幕，使用速控转盘 1 选择“自动亮度优化”选项，然后转动主拨盘或速控转盘 2 选择不同的优化强度。也可以在速控屏幕中，点击选择“自动亮度优化”选项进行设置

# 利用高光色调优先增加高光区域细节

“高光色调优先”功能可以有效增加高光区域的细节，使灰度与高光之间的过渡更加平滑。这是因为开启这一功能后，可以使拍摄时的动态范围从标准的 18% 灰度扩展到高光区域。

然而，使用该功能拍摄时，画面中的噪点可能会更加明显。相机可以设置的 ISO 感光度范围也变为 ISO200 ~ ISO51200。

**提示**

Canon EOS R6相机启用此功能后，可以设置的ISO感光度范围变为ISO200 ~ ISO102400。

▲ 使用“高光色调优先”功能可将画面的过渡表现得更加自然、平滑『焦距：85mm ┊ 光圈：F2.8 ┊ 快门速度：1/500s ┊ 感光度：ISO400』

**设定步骤**

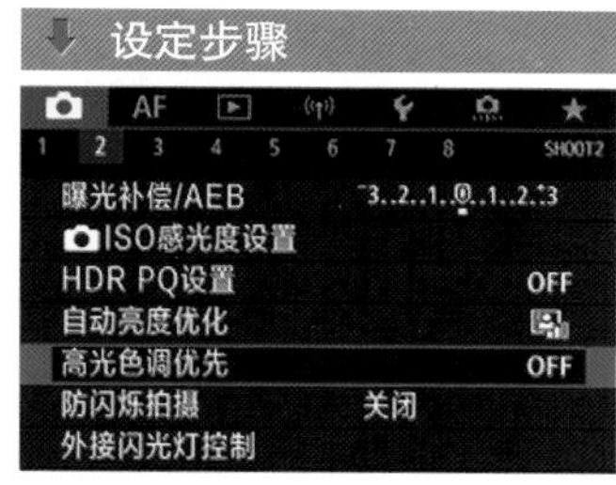


❶ 在**拍摄菜单 2** 中选择**高光色调优先**选项

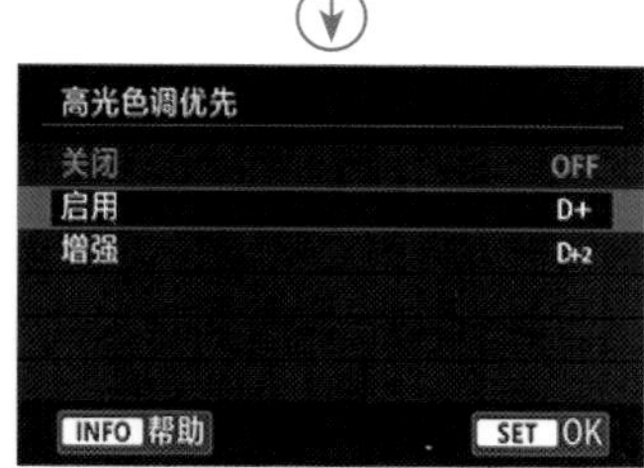


❷ 点击选择**关闭**、**启用**或**增强**选项，然后点击SET OK图标确定

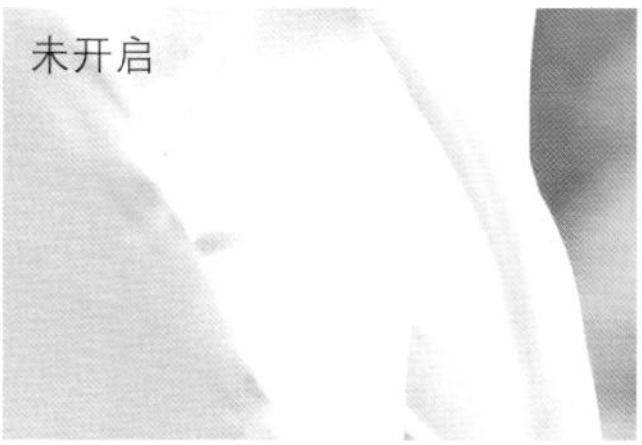

▲ 这两幅图是启用“高光色调优先”功能前后拍摄的局部画面对比。从中可以看出，启用此功能后，可以很好地表现出画面高光区域的细节

# 利用多重曝光获得蒙太奇画面

利用 Canon EOS R5/R6 相机的“多重曝光”功能，可以进行 2 至 9 次曝光拍摄，并将多次曝光拍摄的照片合并为一张图像。

**高手点拨：** 当启用了“HDR PQ设置”功能时，多重曝光模式不可用。

## 开启或关闭多重曝光

此菜单用于控制是否启用“多重曝光”功能，以及启用此功能后是否可以在拍摄过程中对相机进行操作等。

设定步骤

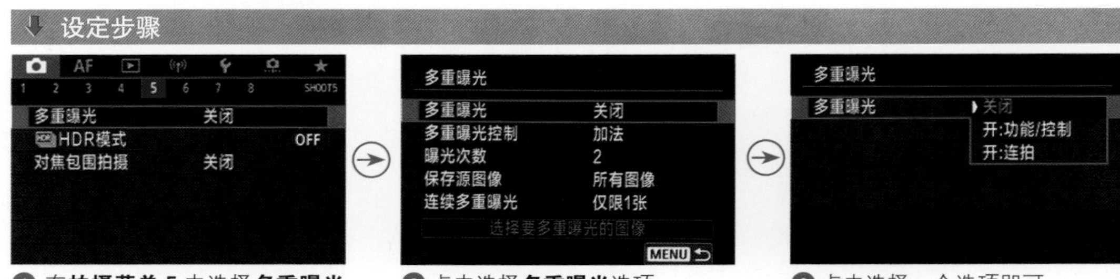


❶ 在**拍摄菜单 5** 中选择**多重曝光**选项

❷ 点击选择**多重曝光**选项

❸ 点击选择一个选项即可

- 关闭：选择此选项，则禁用“多重曝光”功能。
- 开（功能/控制）：选择此选项，将允许一边检查拍摄效果，一边逐步拍摄多重曝光。在连拍时比较方便，不过在连拍期间，连拍速度会显著下降。
- 开（连拍）：此选项较适合对动态对象进行多重曝光时使用，可以进行连拍。但无法执行观看菜单、拍摄后的图像确认、图像回放和取消最后一张图像等操作，并且拍摄的单张图像也会被弃用，而只保存多重曝光图像。

## 改变多重曝光照片的叠加合成方式

在此菜单中可以选择合成多重曝光照片时的算法，包括“加法”“平均”“明亮”“黑暗”4 个选项。

- 加法：选择此选项，每一次拍摄的单张曝光的照片会被叠加在一起。基于“曝光次数”设定负的曝光补偿，2 次曝光为－1级，3 次曝光为－1.5级，4 次曝光为－2 级。
- 平均：选择此选项，将在每次拍摄单张曝光的照片时，自动控制背景的曝光，以获得标准的曝光结果。

设定步骤

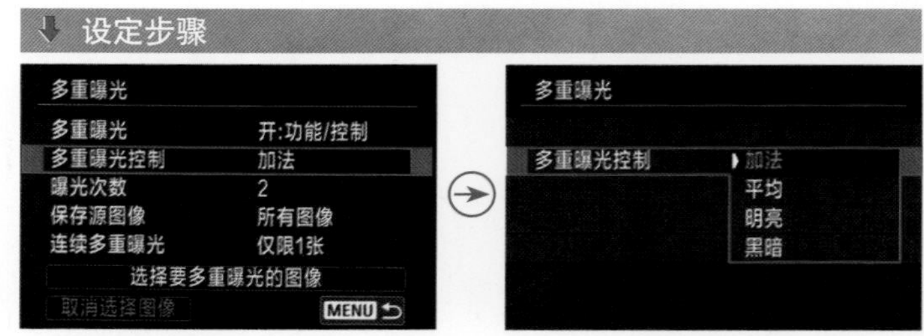


❶ 在**拍摄菜单 5** 中选择**多重曝光**选项，然后再选择**多重曝光控制**选项

❷ 点击可选择多重曝光的控制方式

- 明亮：选择此选项，会将多次曝光结果中明亮的图像保留在照片中。例如在拍摄月亮时，选择此选项可以获得明月高悬于夜幕上空的画面。
- 黑暗：此选项的功能与“明亮”选项刚好相反，可以在拍摄时将多次曝光结果中暗调的图像保留下来。

## 设置多重曝光次数

在此菜单中，可以设置多重曝光拍摄时的曝光次数，可以选择 2 ~ 9 张进行拍摄。通常情况下，2 ~ 3 次曝光就可以满足绝大部分的拍摄需求。

**高手点拨：**设置的张数越多，则合成的画面中产生的噪点也越多。

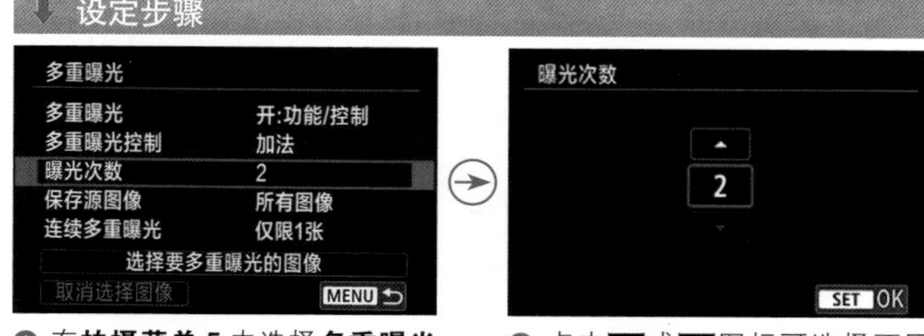


❶ 在**拍摄菜单 5** 中选择**多重曝光**选项，然后再选择**曝光次数**选项

❷ 点击或图标可选择不同的曝光次数，然后点击SET OK图标确定

---

## 保存源图像

在此菜单中可以设置是否将多次曝光时的单张照片也保存至存储卡中。

- 所有图像：选择此选项，相机会将所有的单张曝光照片及最终的合成结果全部保存到存储卡中。
- 仅限结果：选择此选项，将不保存单张的照片，而仅保存最终的合成结果。

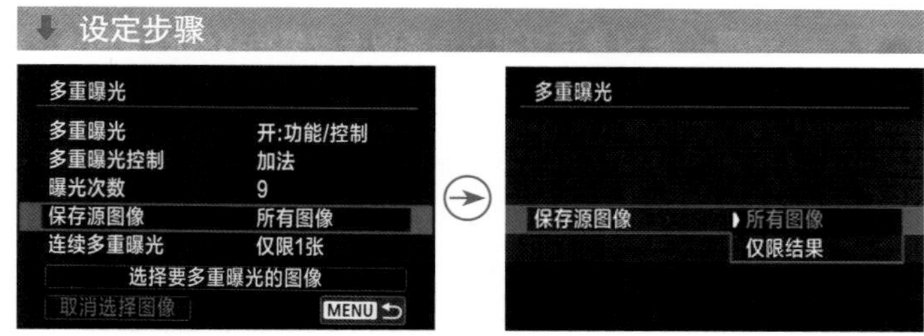


❶ 在**拍摄菜单 5** 中选择**多重曝光**选项，然后再选择**保存源图像**选项

❷ 点击选择**所有图像**或**仅限结果**选项

---

## 连续多重曝光

在此菜单中可以设置是否连续多次使用“多重曝光”功能。

- 仅限 1 张：选择此选项，将在完成一次多重曝光拍摄后，自动关闭此功能。
- 连续：选择此选项，将一直保持多重曝光功能的开启状态，直至摄影师手动将其关闭为止。

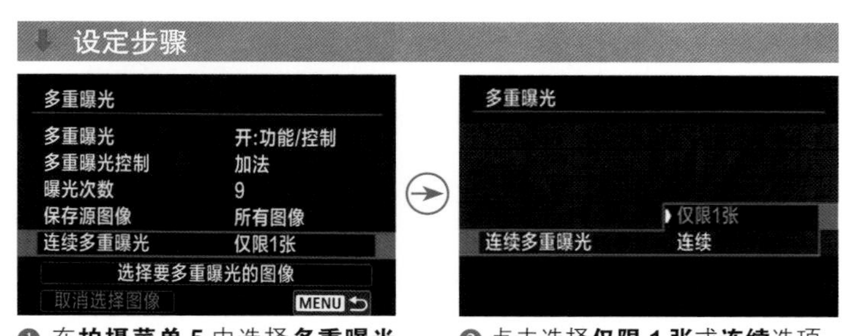


❶ 在**拍摄菜单 5** 中选择**多重曝光**选项，然后再选择**连续多重曝光**选项

❷ 点击选择**仅限 1 张**或**连续**选项

## 用存储卡中的照片进行多重曝光

Canon EOS R5/R6 允许摄影师从存储卡中选择一张照片，然后再通过拍摄的方式进行多重曝光，而选择的照片也会占用一次曝光次数。例如在设置曝光次数为 3 时，除了从存储卡中选择的照片外，还可以再拍摄两张照片用于多重曝光图像的合成。

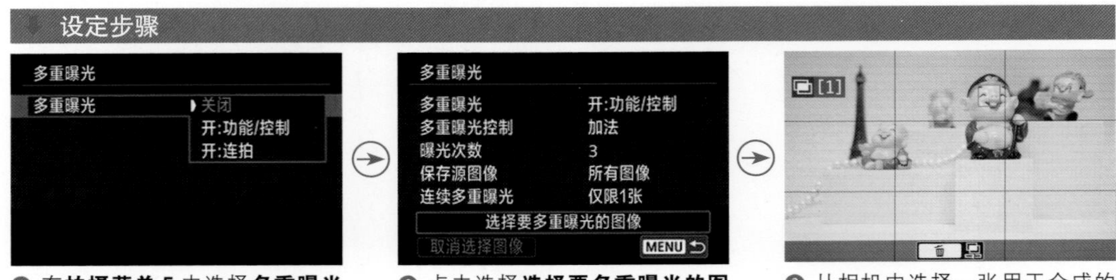


❶ 在**拍摄菜单 5** 中选择**多重曝光**选项，然后再选择**开：功能 / 控制**或**开：连拍**选项

❷ 点击选择**选择要多重曝光的图像**选项

❸ 从相机中选择一张用于合成的 RAW 照片

**高手点拨：** 此设置中只可以选择以全画幅拍摄的RAW图像、裁切拍摄或使用EF-S镜头拍摄的RAW图像，无法选择JPEG图像和HEIF图像。

---

## 多重曝光的六大创意玩法

多重曝光的操作并不复杂，因此使用这个功能的重点在于拍摄思路与创意，本节总结了 6 类创意玩法，希望能够帮助各位读者打开思路，拍出更多有创意的照片。

### 同类叠加

同类叠加是指拍摄同样一个对象的不同位置、不同角度的几张照片进行多重曝光融合的手法。比如第一张照片拍摄一朵花，第二张照片再拍一朵花，然后不断地拍花，让花与花之间形成一个叠加融合，从而得到个性化的创意效果。

又如对准花丛拍摄几张照片，每张照片的位置上、下、左、右各自错位一点，就能得到类似印象派的效果。

当然， 这种手法不局限于拍摄花卉，还可以尝试拍摄建筑、静物和人等题材。

▲ 同类叠加多重曝光效果示意

## 明暗叠加

明暗叠加是指先拍一张画面明亮的照片，再拍一张画面暗淡的照片，然后将它们叠加融合到一起。

在拍摄夜景时，就可以应用这种手法，前景拍一张人物照片，背景拍摄一张灯光光斑照片，将两者融合就能得到不错的画面。又如经常见到的城市夜景与大月亮的多重曝光效果，也是此类手法的典型应用。

除此之外，在婚纱摄影中的人物剪影与各类背景相融合、人物的多个分身效果等，其实都是使用明暗叠加的手法拍摄出来的。

▲ 明暗叠加多重曝光效果示意

## 动静叠加

动静叠加是指先拍摄一张静止的照片（或者是定格瞬间的照片），再拍摄一张长时间曝光形成的有拖尾效果的动感照片，将这两者融合在一起得到的照片。

需要强调的是，为了让清晰的画面与“拖尾”效果的画面完美衔接，这就需要在拍摄时先想好具体的效果和位置。

▲ 动静叠加多重曝光效果示意

## 虚实叠加

虚实叠加是指首先拍一张准确对焦、画面清晰的照片，第二次拍摄时将相机调整为手动对焦，并拧动对焦环，使景物略微虚焦，将两张照片相融合即可得到梦幻、唯美的画面效果。还可以在此基础上配合改变焦距和拍摄角度，组合成更多精彩、唯美的画面。这种表现手法经常用于拍摄花卉、人像等题材。

▲ 第一次曝光

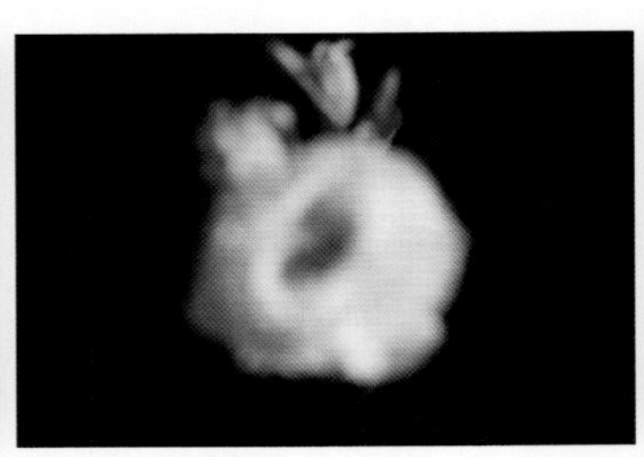

▲ 第二次曝光

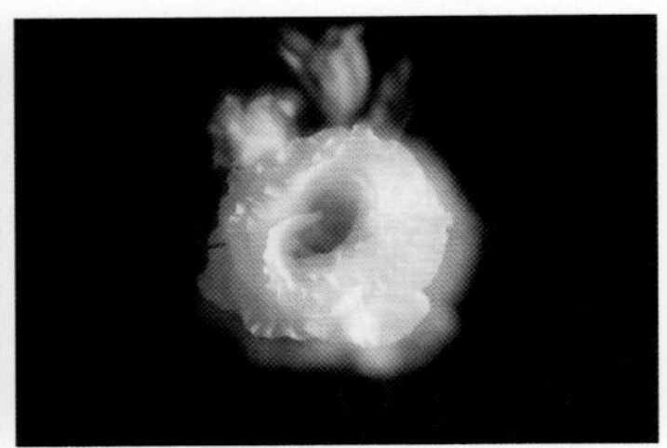

▲ 最终效果

## 焦段叠加

当在同一机位、使用不同焦距进行拍摄时，比如先用中焦拍摄一张照片，再变焦到广角端或长焦端拍摄一张照片，由于被拍摄对象所占画面比例不同，即可拍出“大对象包小对象”的重影效果。当然，也可以使用定焦镜头，通过改变拍摄距离实现类似的效果。

## 纹理叠加

纹理叠加效果的多重曝光照片在网络上或摄影作品中经常见到。首先拍摄一个对象，如果对象是剪影效果，那么拍摄的纹理应该是明亮效果的，这样叠加上去，纹理才会在剪影中显现出来。反之也一样。纹理的可选性非常多，如树、地面的图案、墙面的图案、砖纹等，只要是有纹理的对象都可以用作拍摄对象。

▲ 焦段叠加多重曝光效果示意

▲ 纹理叠加多重曝光效果示意

# 利用对焦包围拍摄获得合成全景深的素材照片

在拍摄静物商品，如淘宝商品时，一般需要画面内容全部清晰，但有时即使缩小光圈，也不能保证画面中每个部分的清晰度都一样。此时，可以使用全景深的方法拍摄，然后通过后期处理得到画面全部清晰的照片。

全景深是指画面的每一处都是清晰的，要想得到全景深照片，需要先拍摄多张针对不同位置对焦的照片，然后再利用后期软件进行合成。

以前拍摄不同位置对焦的素材照片时需要手动调整，操作上较为烦琐，而 Canon EOS R5/R6 相机提供了方便实用的功能——对焦包围拍摄。该功能可以拍摄用于全景深合成的一组素材照片。利用“对焦包围拍摄”菜单，用户可以事先设置好拍摄张数、对焦增量、曝光平滑化等参数，从而让相机自动连续拍摄得到一组照片，省去了人工调整对焦点的操作。

**高手点拨：** 该功能对微距、静物商业摄影等非常有用，解决了微调对焦的问题，然而不能在相机内将照片合成为一张全景深照片，仍需后期在软件中进行合成。

## 设定步骤

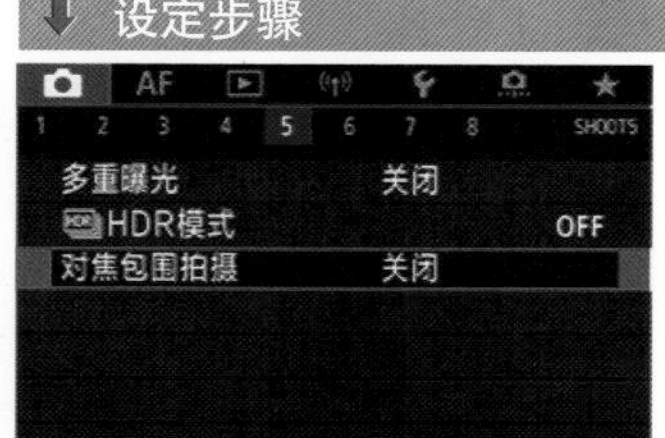


❶ 在**拍摄菜单 5** 中选择**对焦包围拍摄**选项

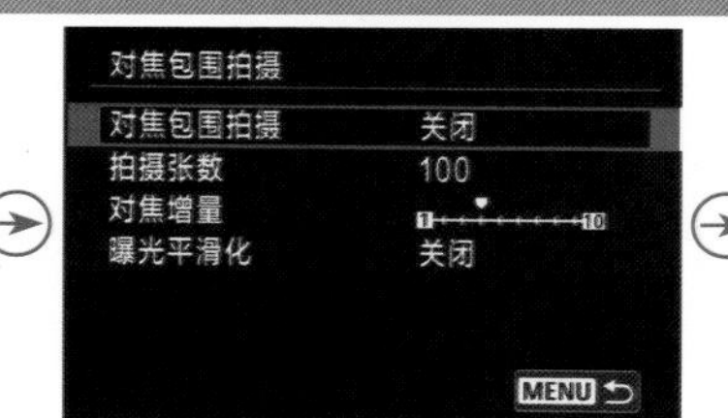


❷ 选择**对焦包围拍摄**选项

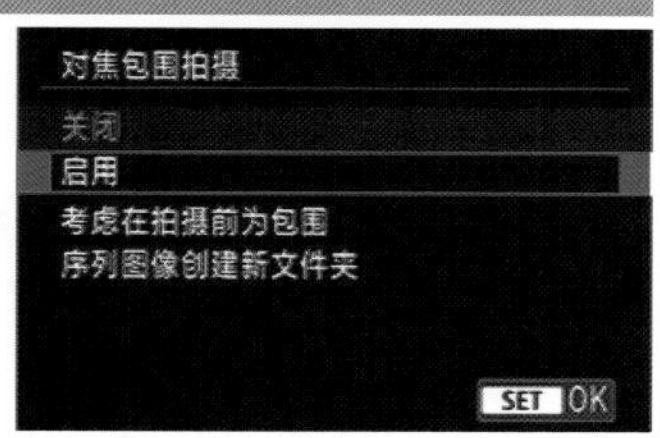


❸ 选择**启用**选项，然后点击 SET OK 图标确定

❹ 如果在步骤❷界面中选择了**拍摄张数**选项，在此界面中选择所需的拍摄张数，设定好后选择**确定**选项

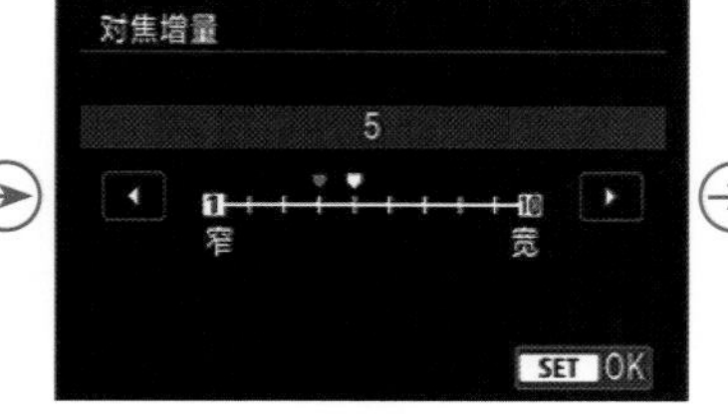


❺ 如果在步骤❷界面中选择了**对焦增量**选项，在此界面中指定对焦偏移的程度，然后点击 SET OK 图标确定

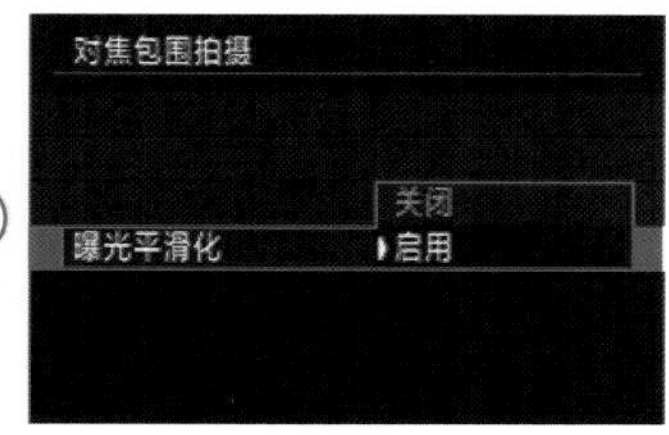


❻ 如果在步骤❷界面中选择了**曝光平滑化**选项，在此界面中可以选择**启用**或**关闭**选项

- 对焦包围拍摄：选择此选项，可以启用或关闭对焦包围拍摄功能。
- 拍摄张数：可以选择拍摄张数，最高可设为 999 张，根据所拍摄的画面的复杂程度选择合适的拍摄张数即可。
- 对焦增量：指定每次拍摄中对焦偏移的量。点击◀图标向窄端移动游标，可以缩小焦距步长；点击▶图标向宽端移动游标，可以增加焦距步长。
- 曝光平滑化：选择“启用”选项，可以调整因改变对焦位置而使用的实际光圈值带来的曝光差异，抑制对焦包围拍摄期间画面亮度的变化。

# 利用间隔定时器功能进行延时摄影

延时摄影又称“定时摄影”，即利用相机的“间隔拍摄”功能，每隔一定的时间拍摄一张照片，最终形成一组照片，用这些照片生成的视频能够呈现出电视上经常看到的花朵开放、城市变迁、风起云涌等效果。

例如，一朵花的开放周期约为三天三夜共 72 小时，但如果每半小时拍摄一个画面，顺序记录开花的过程，需拍摄 144 张照片。当把这些照片生成视频并以正常帧频率放映时（每秒 24 幅），在 6 秒内即可重现花朵三天三夜的开放过程，能够给人以强烈的视觉震撼。延时摄影通常用于拍摄城市风光、自然风景、天文现象、生物演变等题材。

## 设定步骤

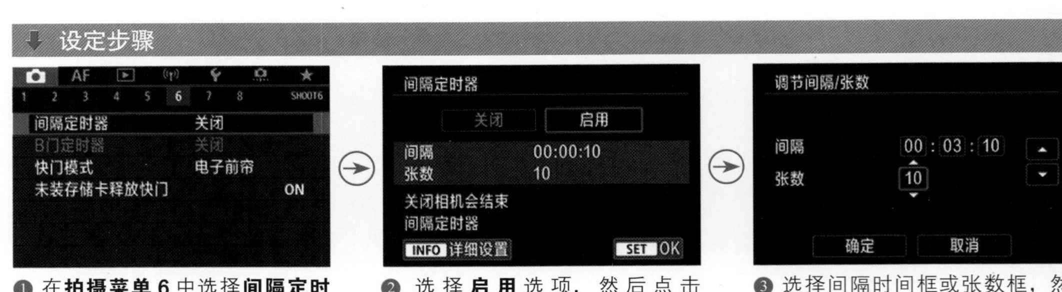


❶ 在**拍摄菜单 6** 中选择**间隔定时器**选项

❷ 选择**启用**选项，然后点击 INFO 详细设置图标进入详细设置界面

❸ 选择间隔时间框或张数框，然后点击▲或▼图标选择间隔时间及拍摄的张数，设定完成后选择**确定**选项

使用 Canon EOS R5/R6 进行延时摄影时需要注意以下几点。

- 驱动模式需设定为除“自拍”以外的其他模式。
- 不能使用自动白平衡，需要通过手动调节色温的方式设置白平衡。
- 一定要使用三脚架进行拍摄，否则在最终生成的视频短片中就会出现明显的跳动画面。
- 将对焦方式切换为手动对焦。
- 按短片的帧频与播放时长来计算需要拍摄的照片张数，例如，按 25fps 拍摄一个播放 10 秒的视频短片，就需要拍摄 250 张照片，而在拍摄这些照片时，可以自定义彼此之间的时间间隔，可以是 1 分钟，也可以是 1 小时。

▲ 利用间隔定时器功能记录下了睡莲绽放的过程

# 使用 Wi-Fi 功能拍摄的三大优势

## 自拍时摆造型更自由

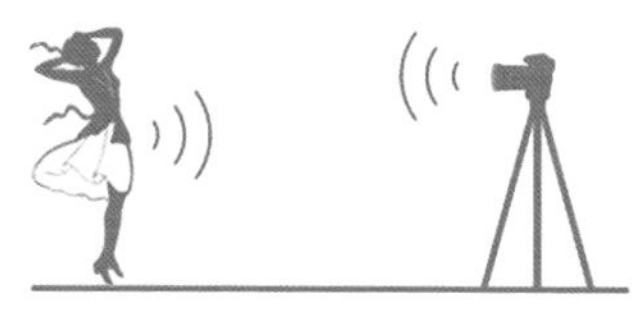

使用手机自拍时，虽然操作方便、快捷，但效果往往差强人意。而使用数码微单相机自拍时，虽然效果很好，但操作起来却很麻烦。通常在拍摄前要选好替代物，以便于相机锁定焦点，在自拍时还要准确地站立在替代物的位置，否则有可能导致焦点不实，更不用说还存在是否能捕捉到最灿烂笑容的问题。

但如果使用 Canon EOS R5/R6 相机的 Wi-Fi 功能，就可以很好地解决这一问题。只要将智能手机注册到 Canon EOS R5/R6 相机的 Wi-Fi 网络中，就可以将相机液晶显示屏中显示的影像，以直播的形式显示到手机屏幕上。这样在自拍时就能够很轻松地确认自己有没有站对位置、脸部是否处于最漂亮的角度、笑容够不够灿烂等。通过手机检查后，就可以直接用手机控制快门进行拍摄。

在拍摄时，首先要用三脚架固定相机；然后再找到合适的背景，通过手机观察自己所站的位置是否合适，自由地摆出个人喜好的造型，并通过手中的智能手机确认姿势和构图；最后在远处通过手机控制释放快门完成拍摄。

## 在更舒适的环境中遥控拍摄

在野外拍摄过星轨的摄影师，大多都体验过刺骨的寒风和蚊虫的叮咬。这是由于拍摄星轨通常都需要长时间曝光，而且为了避免受到城市灯光的影响，拍摄地点通常选择在空旷的野外。因此，虽然拍摄的成果令人激动，但拍摄的过程却是一种煎熬。

利用 Canon EOS R5/R6 相机的 Wi-Fi 功能可以很好地解决这一问题。只要将智能手机注册到 Canon EOS R5/R6 相机的 Wi-Fi 网络中，就可以在遮风避雨的拍摄场所，如汽车内或帐篷中，通过智能手机进行拍摄。

这一功能对于喜好天文和野生动物摄影的摄影师而言，绝对值得尝试。

## 以特别的角度轻松拍摄

虽然 Canon EOS R5/R6 的液晶屏幕是可翻折屏幕，但如果以较低的角度拍摄时，仍然不是很方便，利用 Canon EOS R5/R6 相机的 Wi-Fi 功能可以很好地解决这一问题。

当需要以非常低的角度拍摄时，可以在拍摄位置固定好相机，然后通过智能手机的实时显示画面查看图像并释放快门。即使在拍摄时需要将相机贴近地面进行拍摄，拍摄者也只需站在相机的旁边，通过手机控制就能够轻松、舒适地抓准时机进行拍摄。

除了采用非常低的角度外，当以一个非常高的角度进行拍摄时，也可以使用这种方法进行拍摄。

# 通过智能手机遥控 Canon EOS R5/R6 的操作步骤

## 在智能手机上安装 Camera Connect 程序

使用智能手机遥控 Canon EOS R5/R6 相机时，需要在智能手机中安装 Camera Connect 程序。Camera Connect 程序可在 Canon EOS R5/R6 相机与智能设备之间建立双向无线连接。可将使用相机拍摄的照片下载至智能设备，也可以在智能设备上显示相机镜头视野，从而遥控照相机。

如果使用手机的操作系统是苹果系统，可从 App Store 下载安装 Camera Connect 的 iOS 版本；如果所使用手机的操作系统是安卓系统，则可以从豌豆夹、91 手机助手等 App 下载网站下载 Camera Connect 的安卓版本。

▲ Camera Connect 程序图标

## 在相机上进行相关设置

如果要将智能手机与 Canon EOS R5/R6 相机的 Wi-Fi 相连接，需要先在相机菜单中对 Wi-Fi 功能进行一定的设置，具体操作流程如下。

### 启用 Wi-Fi 功能

在这个步骤中，要完成的任务是在相机中开启 Wi-Fi 功能。

设定步骤

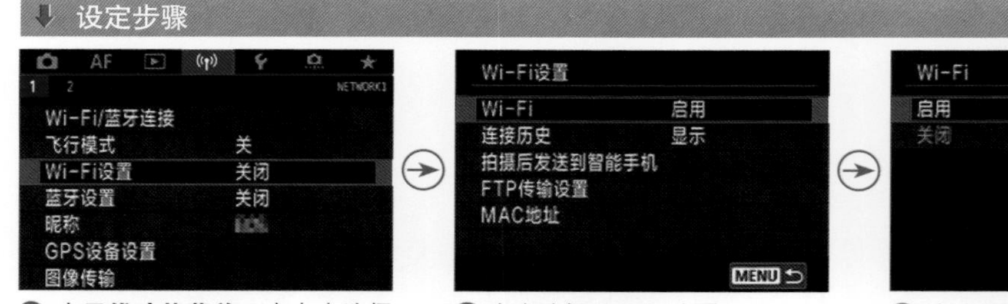


❶ 在**无线功能菜单 1** 中点击选择 **Wi-Fi 设置**选项

❷ 点击选择 **Wi-Fi** 选项

❸ 点击选择**启用**选项，然后点击 SET OK 图标确认

### 启用蓝牙

在这个步骤中，要完成的任务是在相机中开启蓝牙功能。开启蓝牙与手机配对后，连接更为稳定。

设定步骤

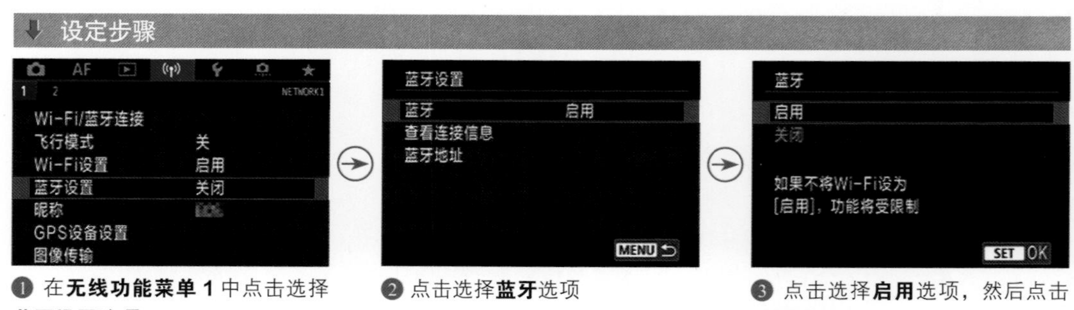


❶ 在**无线功能菜单 1** 中点击选择**蓝牙设置**选项

❷ 点击选择**蓝牙**选项

❸ 点击选择**启用**选项，然后点击 SET OK 图标确认

### 连接至智能手机

在这个步骤中，要完成的任务是将 Canon EOS R5/R6 的 Wi-Fi 网络连接设备选择为智能手机，并且进行连接。

#### 设定步骤

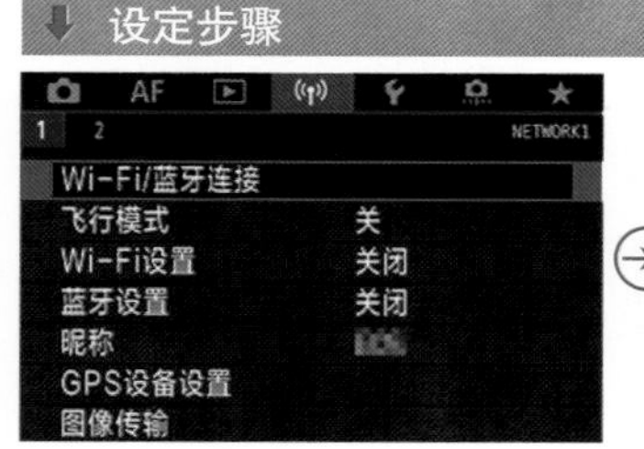


❶ 在**无线功能菜单 1** 中点击选择 **Wi-Fi/ 蓝牙连接**选项

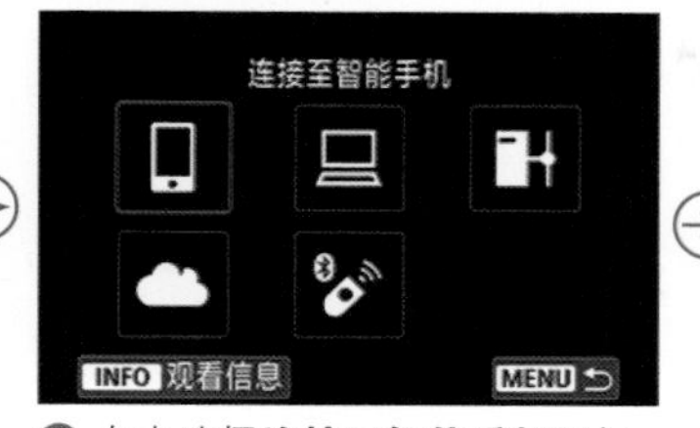


❷ 点击选择**连接至智能手机**图标

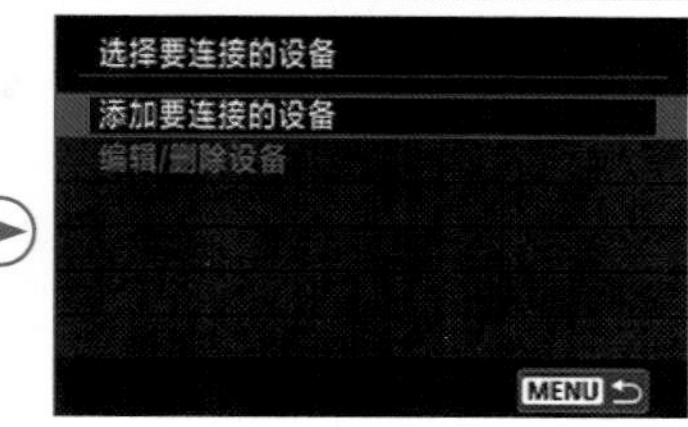


❸ 在此界面中点击选择**添加要连接的设备**选项

❹ 如果手机已安装了 Camera Connect 软件，点击选择**不显示**选项；如未安装，则选择手机所用的系统选项，然后用手机扫描屏幕上显示的二维码，下载并安装该软件

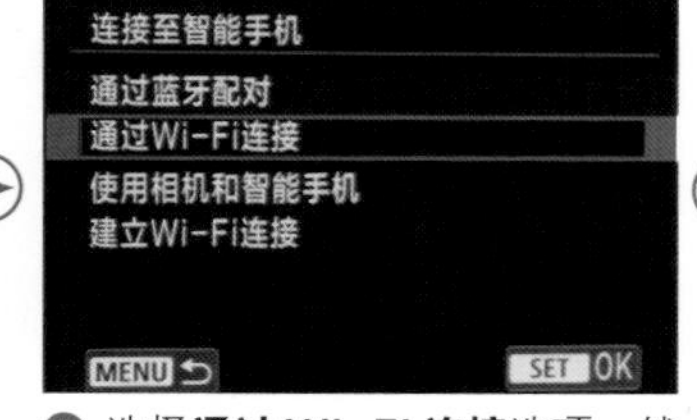


❺ 选择**通过 Wi-Fi 连接**选项，然后点击 SET OK 图标确认

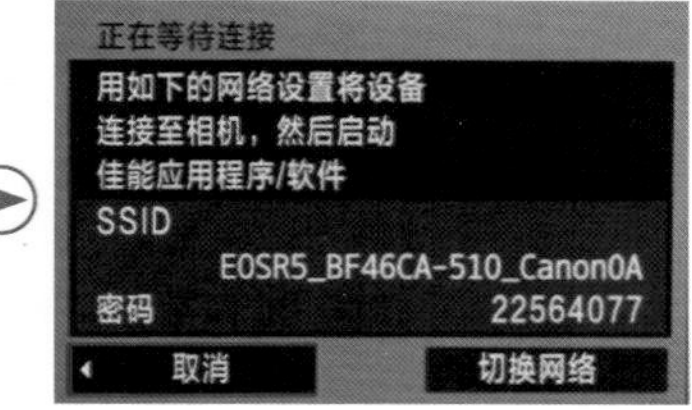


❻ 开始进行配对

### 智能手机接入连接的相机

完成上述步骤的设置工作后，在这一步骤中需要打开手机的 Wi-Fi 功能， 以接入 Canon EOS R5/R6 相机的 Wi-Fi。

#### 设定步骤

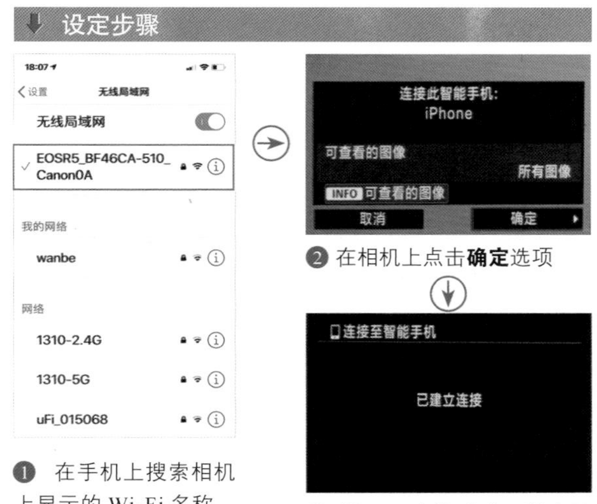


❶ 在手机上搜索相机上显示的 Wi-Fi 名称，输入密码进行连接

❷ 在相机上点击**确定**选项

❸ 提示已连接成功，现在可以在手机上操作了

## 在手机上查看并传输照片

在 Camera Connect 软件与相机建立连接后，通过 Camera Connect 软件可以将存储卡中的照片显示到智能手机上，用户可以查看并传输到手机，从而实现即拍即分享。

### 设定步骤

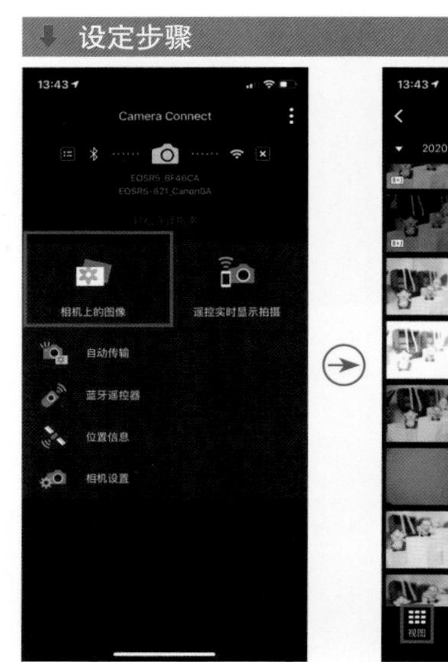


❶ 手机与相机连接成功后，选择软件界面中的**相机上的图像**选项

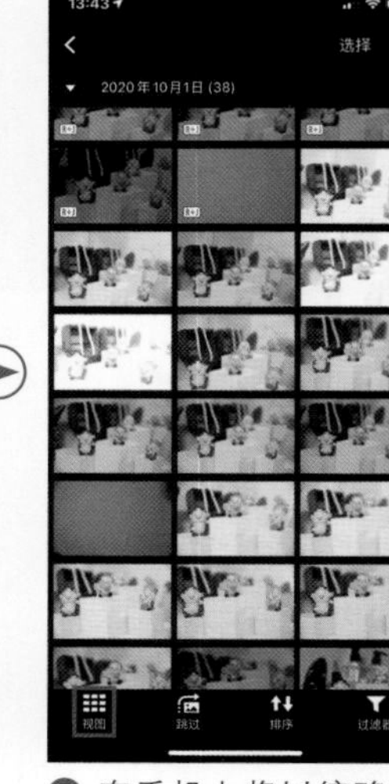


❷ 在手机上将以缩略图的形式显示相机上的照片，点击红框所在的图标，可以更改图像的显示方式

❸ 点击下面的**导入**选项，可以下载照片

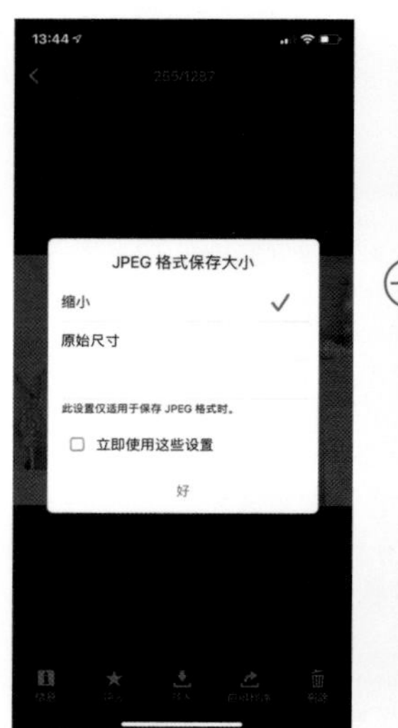


❹ 用户可以设定传输照片的尺寸

❺ 开始传输图像到手机

❻ 传输完成后即可通过移动网络将照片分享到微博、QQ 好友、微信朋友圈等

# 用智能手机进行遥控拍摄

使用 Wi-Fi 功能将 Canon EOS R5/R6 相机连接到智能手机后，选择 Camera Connect 软件中的“遥控实时显示拍摄”选项即可启动实时显示遥控功能。智能手机屏幕将显示实时显示画面，用户还可以在拍摄前进行设置，如光圈、快门速度、ISO、曝光补偿、驱动模式和白平衡模式等参数。

## 设定步骤

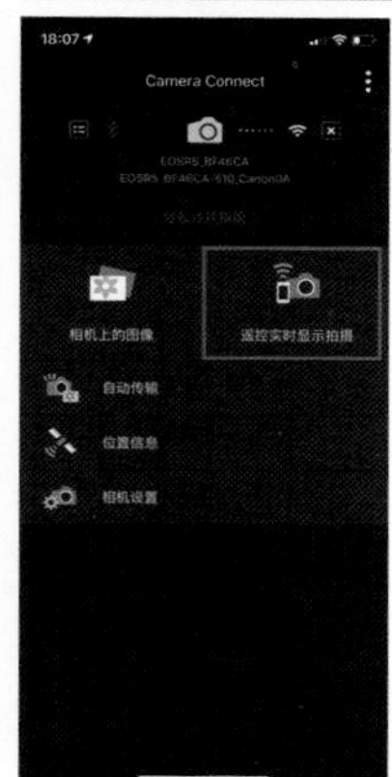

❶ 在连接上相机 Wi-Fi 网络的情况下，选择软件界面中的**遥控实时显示拍摄**选项

❷ 在手机中将实时显示图像，点击图中红色框所在的图标可以拍摄静态照片；点击蓝色框所在的图标可以进入设置界面

❸ 在设置界面中，用户可以设置拍摄的相关功能

❹ 在参数设置界面，可以对曝光组合、白平衡模式、驱动模式等常用参数进行设置

❺ 例如点击了光圈图标，在下方显示的光圈刻表中可以滑动选择所需的光圈值

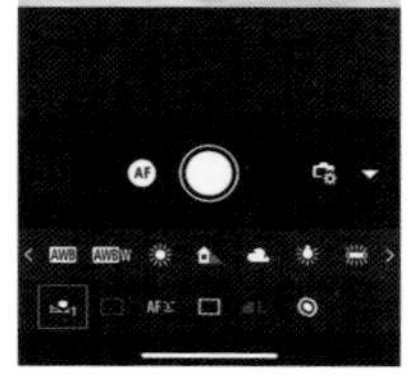

❻ 例如点击了白平衡图标，在上方显示的详细选项中可以点击选择所需的白平衡模式

❼ 点击图中红色框所在的图标可以切换为短片拍摄模式

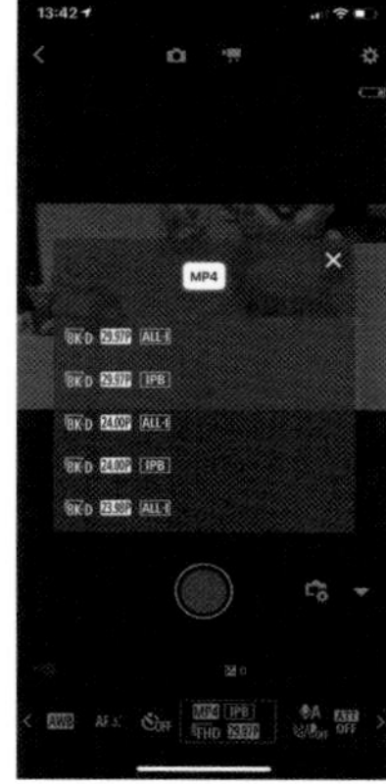

❽ 在短片拍摄界面中，同样可以在下方设置常用的参数功能

# 第6章

# 拍摄Vlog视频或微电影需要理解的视频参数

# 理解视频拍摄中的各参数含义

## 理解视频分辨率并进行合理设置

视频分辨率是指每一个画面中所显示的像素数量，通常以水平像素数量与垂直像素数量的乘积或垂直像素数量表示。视频分辨率数值越大，画面就越精细，画质就越好。

佳能的每一代旗舰机型在视频功能上均有所增强，以 Canon EOS R5 为例，其在视频方面的一大亮点就是支持 8K 视频录制。在 8K 视频录制模式下，用户可以最高录制帧频为 30P、RAW 格式的超高清视频。

需要注意的是，若要享受高分辨率带来的精细画质，除了需要设置相机录制高分辨率的视频外，还需要观看视频的设备具有该分辨率画面的播放能力。

比如使用 Canon EOS R5 相机录制了一段 4K-D 的视频（分辨率为 4096×2160），但观看这段视频的电视、平板或者手机只支持全高清（分辨率为 1920×1080）播放，那么所呈现出来的视频画质就只能达到全高清，而达不到 4K 的水平。

因此，建议各位在拍摄视频之前先确定输出端的分辨率上限，然后再确定相机视频的分辨率设置，从而避免因为过大的文件对存储和后期操作等造成不必要的负担。

设定步骤

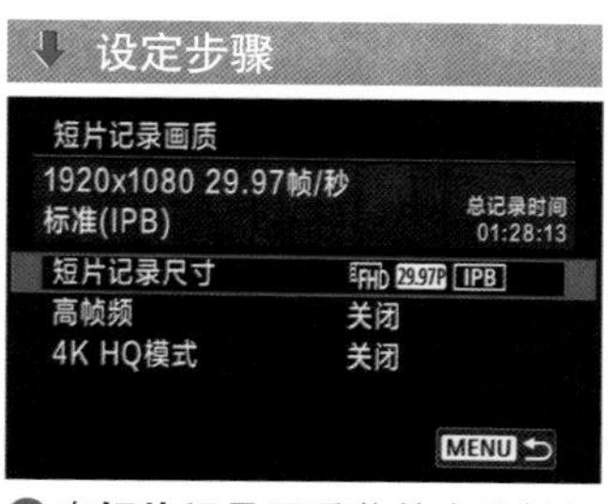


❶ 在**短片记录画质**菜单中选择**短片记录尺寸**选项

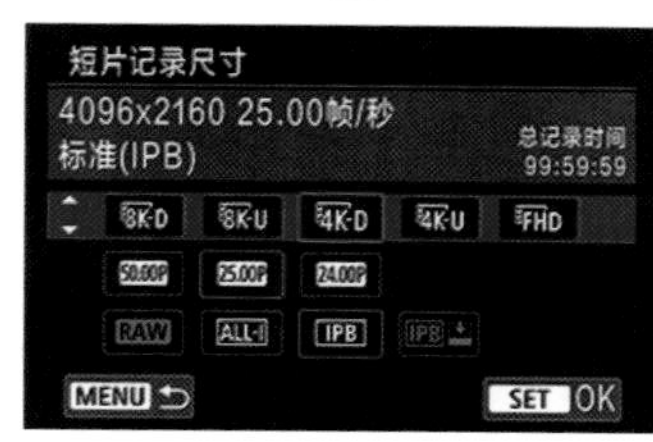


❷ 点击选择带4K图标的选项，然后点击SET OK图标确定

---

## 设定视频制式

不同国家、地区的电视台所播放的视频的帧频是有统一规定的，称为电视制式。全球分为两种电视制式，分别为北美、日本、韩国、墨西哥等国家使用的 NTSC 制式和中国、欧洲各国、俄罗斯、澳大利亚等国家使用的 PAL 制式。

选择不同的视频制式后，可选择的帧频会有所变化。比如在 Canon EOS R5 相机中，选择 NTSC 制式后，可选择的帧频为 119.9P、59.94P 和 29.97P；选择 PAL 制式后，可选择的帧频为 100P、50P 和 25P。

**高手点拨：** 需要注意的是，只有在所拍视频需要在电视台播放时，才会对视频制式有严格要求。如果只是自己拍摄上传视频平台，选择任意视频制式均可正常播放。另外，如果拍摄现场有交流电供电的照明灯，也最好将制式调整成当地制式，以避免拍摄出来的灯光出现闪烁现象。

设定步骤

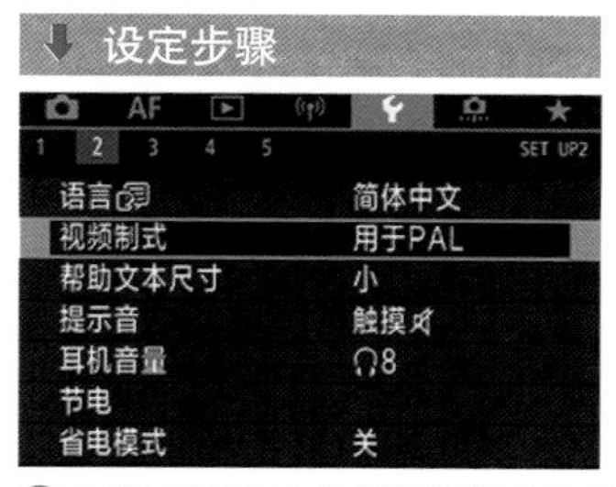


❶ 在**设置菜单2**中选择**视频制式**选项

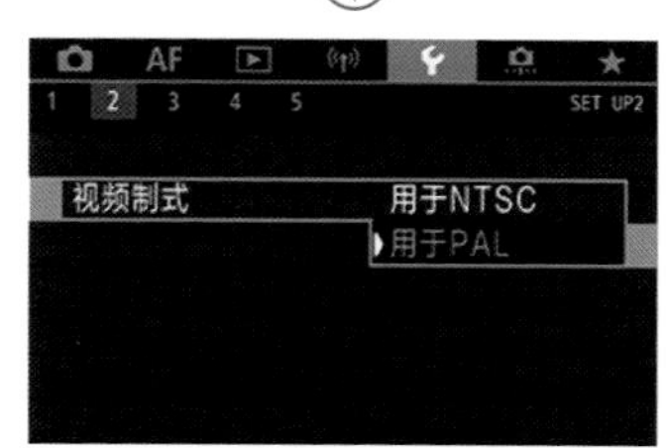


❷ 点击选择所需的选项

## 理解帧频并进行合理设置

无论选择哪种视频制式，均有多种帧频可供选择。帧频也被称为 fps，是指一个视频里每秒展示出来的画面数，在佳能相机中以单位 P 表示。例如，一般电影以每秒 24 张画面的速度播放，也就是 1 秒钟内在屏幕上连续显示出 24 张静止画面，其帧频为 24P。由于视觉暂留效应，使观众看上去电影中的人像是动态的。

很显然，每秒显示的画面数多，视觉动态效果越流畅；反之，如果每秒显示的画面数少，观看时就有卡顿感觉。因此，在录制景物高速运动的视频时，建议设置为较高的帧频，从而尽量让每一个动作都更清晰、流畅；而在录制访谈、会议等视频时，则使用较低帧频录制即可。

当然，如果录制条件允许，建议以高帧数录制，这样可以在后期处理时拥有更多的处理可能性，如得到慢镜头效果。像 Canon EOS R5 在 4K 分辨率的情况下，依然支持 120fps 视频拍摄，可以同时实现高画质与高帧频。

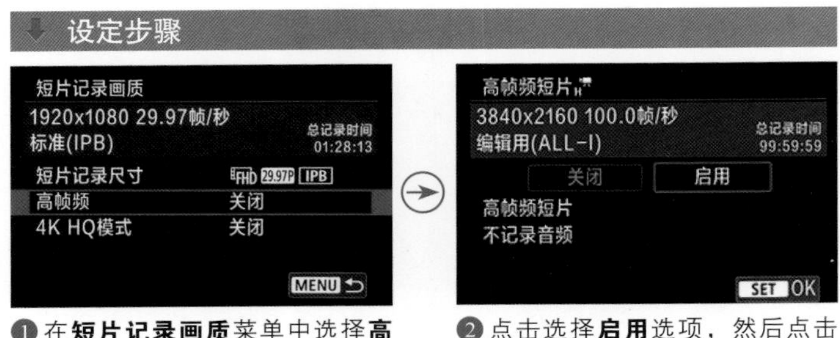


❶ 在**短片记录画质**菜单中选择**高帧频**选项

❷ 点击选择**启用**选项，然后点击 SET OK 图标确定

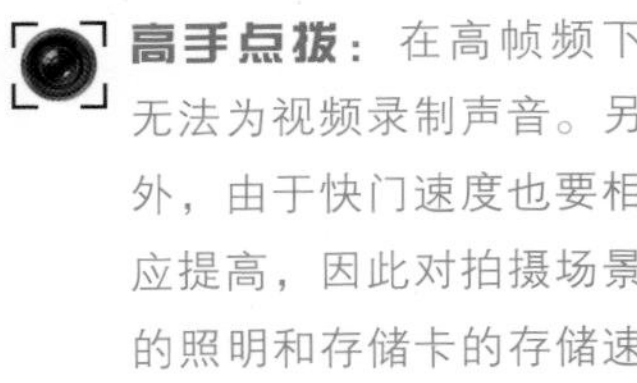

**高手点拨：** 在高帧频下无法为视频录制声音。另外，由于快门速度也要相应提高，因此对拍摄场景的照明和存储卡的存储速度也会提出更高的要求。

---

## 理解码率的含义

码率也被称为比特率，是指每秒传送的比特（bit）数，单位为 bps（Bit Per Second）。码率越高，每秒传送的数据就越多，画质就越清晰，但相应的，对存储卡的写入速度要求也更高。

在Canon EOS R5/R6相机中虽然无法直接设置码率，但却可以对压缩方式进行选择。Canon EOS R5支持RAW、ALL-I、IPB和“IPB轻”这4种压缩方式。在这4种压缩方式中，压缩率逐渐提高，因此压制出的视频码率则依次降低。

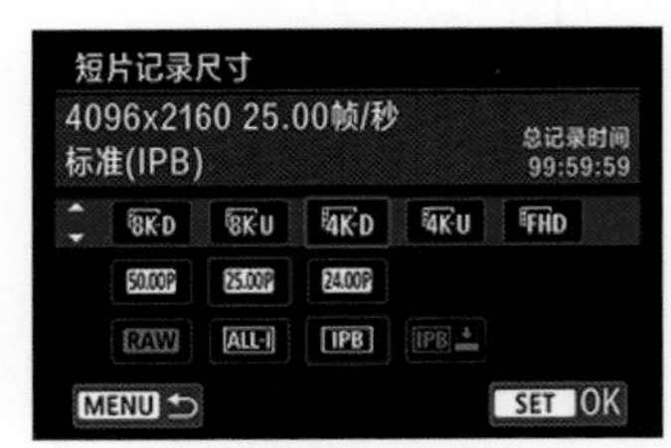


▲ 在**短片记录尺寸**菜单中可以选择不同的压缩方式，以此控制码率

其中可以得到最高码率的是RAW压缩模式，比如Canon EOS R5在8K DCI模式下选择RAW压缩模式后，可以得到码率约为2600Mbps的视频。

值得一提的是，如果要录制码率为2600Mbps的8K DCI视频，需要使用CFexpress 1.0或Speed Class 90或更高的SD存储卡，否则无法正常拍摄。而且由于码率过高，视频尺寸也会变大。以Canon EOS R5为例，录制一段码率为2600Mbps、时长为13分钟的8K DCI视频，则需要占用256GB存储空间。

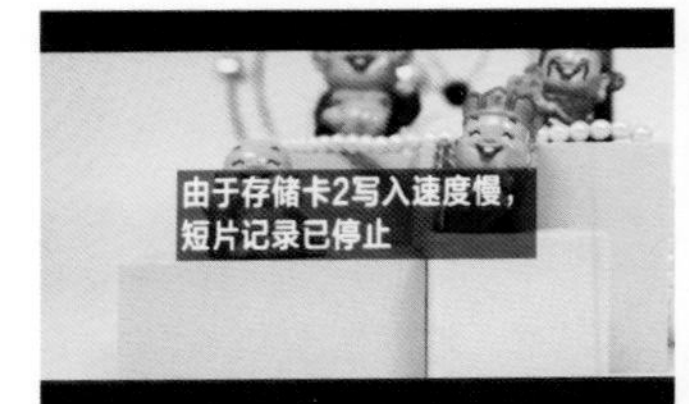


▲ 使用写入速度过低的存储卡会停止录制视频

# 理解色深并明白其意义

色深作为一个色彩专有名词，在拍摄照片、录制视频，以及购买显示器时都会接触到，如8bit、10bit、12bit等。这个参数其实是表示记录或者显示的照片或视频的颜色数量。下文将详细讲解色深的相关知识。

设定步骤

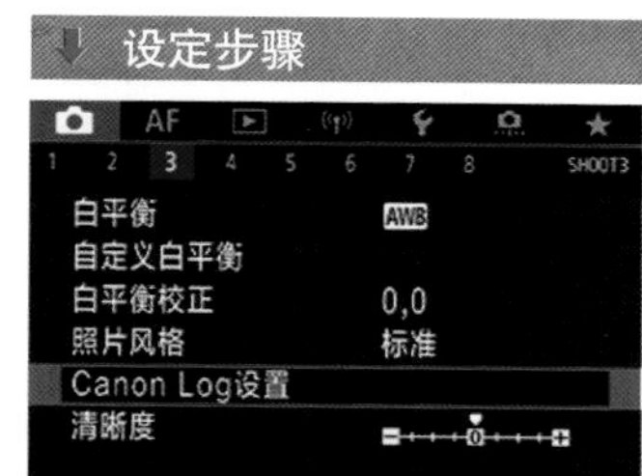


❶ 在**拍摄菜单3**中选择**Canon Log设置**选项

❷ 点击选择 **Canon Log** 选项，然后点击选择**开**选项，最后点击SET OK图标确定 。Canon EOS R5在开启 Canon Log 功能的情况下，可以录制 10bit 的视频

## 理解色深的含义

### 理解色深要先理解RGB

在理解色深之前，先要理解RGB。RGB即三原色，分别为红（R）、绿（G）、蓝（B）。从显示器或者电视上看到的任何一种色彩，都是通过红、绿、蓝这3种色彩进行混合而得到的。

但在混合过程中，当红、绿、蓝这3种色彩的深浅不同时，得到的色彩也不相同。

比如面前有一个调色盘，里面先放上绿色的颜料，当分别混合深一点的红色和浅一点的红色时，其得到的色彩肯定不同。那么当手中有10种不同深浅的红色和一种绿色时，就能调配出10种色彩。所以颜色的深浅就与可以呈现的色彩数量产生了关系。

### 理解灰阶

上文所说的色彩的深浅，其专业术语为灰阶。不同的灰阶是以亮度作为区分的，比如右上图所示的就是16个灰阶。

当颜色具有不同的亮度时，也就是具有不同灰阶时，表现出来的其实就是所谓色彩的深浅不同，如右下图所示。

### 理解色深

首先色深的单位是bit，1bit代表具有2个灰阶，也就是一种颜色具有2种不同的深浅；2bit代表具有4个灰阶，也就是一种颜色具有4种不同的深浅色；3bit代表8种......以此类推。

所以$N$ bit，就代表一种颜色包含2的$N$次方种不同深浅的颜色。

那么色深为8bit时，就可以理解为有2的8次方，也就是256种深浅不同的红色、256种深浅不同的绿色和256种深浅不同的蓝色。

这些颜色，一共能混合出256×256×256=16777216种色彩。

因此，以Canon EOS R5为例，其拍摄8bit视频色彩深度，就是指可以记录16777216种色彩的意思。所以说色深是表示色彩数量的一个概念。

| | R | G | B | 色彩数量 |
|---|---|---|---|---|
| 8bit | 256 | 256 | 256 | 1677 万 |
| 10bit | 1024 | 1024 | 1024 | 10.7 亿 |
| 12bit | 4096 | 4096 | 4096 | 680 亿 |

## 理解色深的意义

### 在后期处理中设置为高色深数值

即便视频或图片最后需要保存为低色深文件，但既然高色深代表着数量更多、更细腻的色彩，所以在后期处理时，为了可以对画面色彩进行更精细的调整，建议将色深设置为较高数值，然后在最终保存时再降低色深。

这种操作方法的优势有两点，一是可以最大化地利用佳能相机录制的丰富色彩细节；二是在后期对色彩进行处理时，可以得到更细腻的色彩过渡。

所以建议各位在后期处理时将色彩空间设置为ProPhoto RGB，色彩深度设置为16位/通道。然后在导出时保存为色深8位/通道的图片或视频，以便尽可能得到更高画质的图像或视频。

▲ 在后期软件中设置较高的色深（色彩深度）和色彩空间

### 有目的地搭建视频录制与显示平台

理解色深主要的作用是让各位明白从图像采集到解码到显示，只有均达到同一色深标准才能够真正体会到高色深带来的细腻色彩。

目前大部分佳能相机均支持 8bit 色深采集，但个别机型，如 Canon EOS R5，已经支持机内录制 10bit 色深视频。

以使用 Canon EOS R5 拍摄为例，为了能够完成更高色深视频的后期处理及显示，就需要提高用来解码的显卡的性能，并搭配色深达到 10bit 的显示器来显示出所有 Canon EOS R5 记录下的色彩。

只有从录制到处理再到输出的整个环节均符合 10bit 色深标准后，才能真正享受到色深提升的好处。

▶ 想体会到高色深的优势，就要搭建符合高色深要求的录制、处理和显示平台

## 理解色度采样

相信大家在查阅相机视频拍摄性能时，经常会看到这样一些参数值，如 8 比特 420、10 比特 422 或者 10 比特 444，这实际上就是色度采样，要想把每一个数字所代表的意思都说清楚，首先还要先了解视频的颜色模型。

在视频领域，颜色模型并不是平面或影像领域常见的 RGB 而是用 YUV，这种色彩编码方式的优点是，将图像的亮度信息和色度信息分离开了，而视频其实就是由一张一张的图像组成的。

其中，Y 代表的就是图像画面的亮度信息，而 U、V 代表的是合成色度信息。在对视频文件进行编码打包时，通常会对 U、V 的色度信息进行压缩，其压缩量可以达到 50%，以减小视频文件体积，使其便于传输。这是因为人眼对亮度信息非常敏感，而对有细微变化的颜色并不敏感，所以亮度信息被完整保留，而色度信息则被有效压缩。

420、422、444 的区别正是压缩方式的不同，其中第一个数字即代表了 Y，而后面的两个数字则代表 U 和 V。下面为了便于讲解将一张图像简化成为 8 个像素。

如果这 8 个像素中的每一个像素均有不同的亮度与色度信息，则其色度采样方式为 444，如下图所示。

▲ 444 色度采样示例图

这是一种非常高端的专业视频色度采样方式，由于保留了每一个像素的亮度和颜色信息，因此文件体积也非常大，常用于电影或高端电视剧、大型综艺节目上面。

如果这 8 像素中的每一个像素均有不同的亮度信息，但每 2 个共用一个色度信息，则其色度采样方式为 422，如下图所示。

▲ 422 色度采样示例图

如果这 8 像素中的每一个像素均有不同的亮度信息，但每 4 个共用一个色度信息，则其色度采样方式为 420，如下图所示。

▲ 420 色度采样示例图

现在人们常用的微单或者单反，所拍摄出来的都是 420 色度采样方式。但如果不经过仔细分辨，或者视频画面中没有明显的细腻过渡（如渐变的蓝天），或者当非专业人士观看视频时，其实看不出来与 422 甚至 444 的区别。后期调色效果也基本上都能过得去，所以并不是说经过这么一比较，420 完全无法使用。

对于 Canon EOS R5/R6 来说，如果使用机内录制采样方式为 420，如果使用外部录机录制采样方式为 422，其中使用 Canon EOS R5 录制 RAW 格式视频时，采样可以达到 444。

大家在录制视频时，要根据上述内容综合考虑拍摄成本、难度及播放终端，合理选择采样方式。

# 通过Canon Log保留更多画面细节

在明暗反差比较大的环境中录制视频时，很难同时保证画面中最亮和最暗的区域都有细节，如果依据亮部区域进行测光，则较暗的区域会死黑一片；如果依据暗部区域进行测光，则亮部会过曝成为无细节的白色区域。这时就可以使用Canon Log模式进行录制，从而获取更广的动态范围，最大程度上保留这些细节。

## 什么是 Log

在摄影领域 Log 是一种曲线，用于在光线不变的情况下，改变相机的曝光输出方式，目的是模拟人眼对光线的反应，最终使应用了 Log 曲线的相机在明暗反差较大的环境下，拍摄出类似于人眼观看效果的照片或视频。

这种技术最初被应用于高端摄影机上，近年来逐渐在家用级别的相机上广泛应用，从而使视频爱好者即使不使用昂贵的高端摄影机也能够拍摄出媲美专业人士的视频。

下面针对 Log 曲线的原理进行具体讲解。

在没有使用 Log 曲线之前，相机对光线的曝光输出反应是线性的，比如输入的亮度为 72，那么输出的亮度也是 72，如下图所示所以当输入的亮度超出相机的动态感光范围时，相机只能拍出纯黑色或纯白色画面。

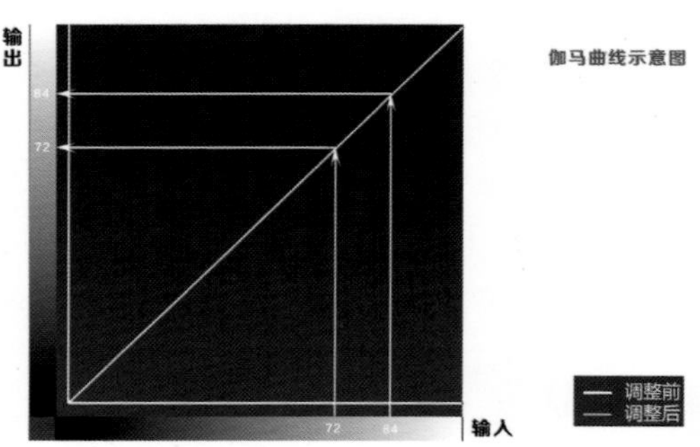


而人眼对光线的反应是非线性的，即便场景本身很暗，但人眼也可以看到一些暗部细节，当一个场景同时存在较亮或较暗区域时，人眼能够同时看到暗部与亮部的细节。因此，如果用数字公式来模拟人眼对光线的感知模型，则会形成一条曲线，如下图所示。

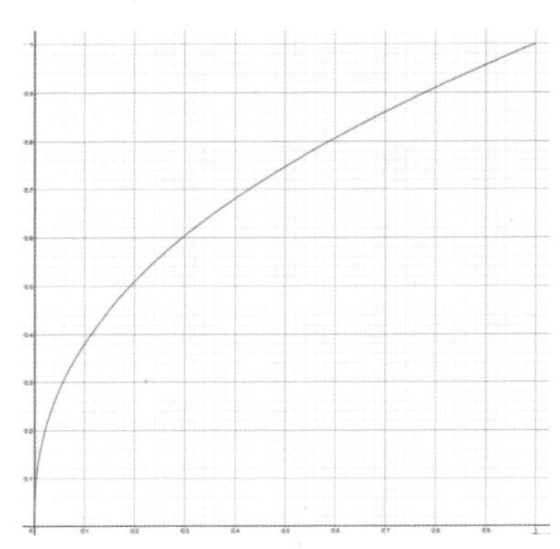

从这条曲线可以看出，人眼对暗部的光线强度变化更加敏感，相同幅度的光线强度变化在高亮时引起的视觉感知变化更小。

根据人眼的生理特性，各个厂商开发出来的 Log 曲线如下图所示。从这个图中可以看出，当输入的亮度为 20 时，输出亮度为 35，这模拟了人眼对暗部感知较为明显的特点。而对于较亮的区域而言，则适当压低其亮度，并使亮部区域的曲线斜率降低，压缩亮部的“层次”，以模拟人眼对高亮区

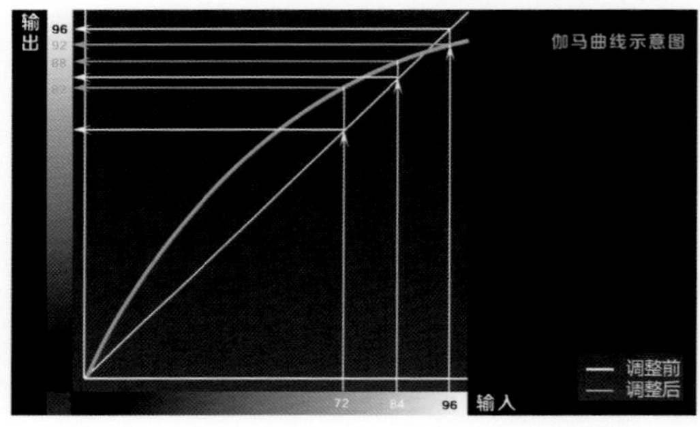

域感知变化较小的生理现象，因此，输入分别为 72 和 84 的亮度时，其亮度被压缩在 82 ~ 92 的区间。

为了模拟人眼这种对光线的感知，各个相机厂商均在相机中加入了不同的 Log 曲线，其中佳能称其为 C-Log，索尼称其为 S-Log，尼康称其为 N-Log，但其原理实际上是一样的，区别仅在于曲线形状和斜率。

## 认识 Canon Log

Canon Log通常被简称为Clog，是一种对数伽马曲线。这种曲线可发挥图像感应器的特性，从而保留更多的高光和阴影细节。但是用Canon Log模式拍摄的视频不能直接使用，因为此时画面色彩饱和度和对比度都很低，整体效果发灰，所以需要通过后期处理找回画面色彩。

❶在**拍摄菜单3**中选择**Canon Log设置**选项

❷点击选择**Canon Log**选项

❸点击选择**开**选项，然后点击SET OK图标确定

## Canon Log 的查看帮助功能

虽然调色可以还原画面色彩，但仅限于在视频后期处理阶段。录制视频时，如果画面色彩严重缺失，对于构图和用光均有一定影响。

所以建议各位在使用Canon Log模式拍摄时开启查看帮助功能，该功能可以让Canon EOS R5/R6相机显示还原色彩后的画面，但相机记录的视频仍然是以Canon Log模式记录的，所以仍然保留了更多的高光及阴影部分的细节。

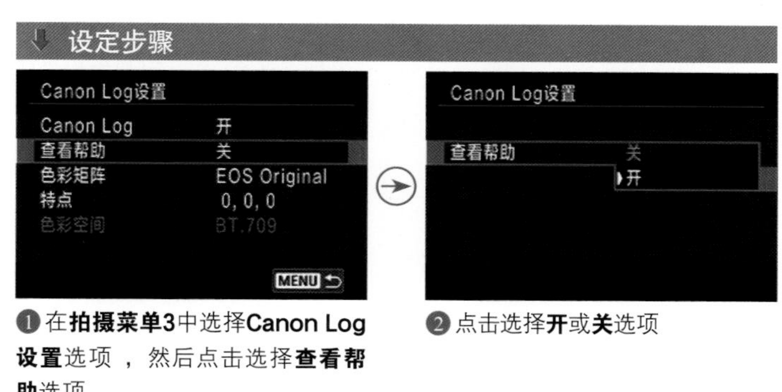


❶在**拍摄菜单3**中选择**Canon Log设置**选项，然后点击选择**查看帮助**选项

❷点击选择**开**或**关**选项

# 第 7 章

## 利用 Canon EOS R5/R6 拍摄视频的基本流程

# 拍摄视频短片的基本流程

使用 Canon EOS R5 相机拍摄短片的操作比较简单。下面介绍一个短片拍摄的基本流程。

❶ 按MODE按钮显示拍摄模式选择界面，如果显示的是照片拍摄模式界面，需按INFO按钮切换到短片模式选择界面。

❷ 在短片模式选择界面中，转动主拨盘可以选择以何种拍摄模式拍摄短片。如果希望手动控制短片的曝光量，将拍摄模式选择为M挡；如果希望相机自动控制短片的曝光量，将拍摄模式选择为A+或挡；如果希望优先光圈或快门拍摄短片，则可以将拍摄模式选择为Av或Tv，选择完后按下SET按钮确认。

❸ 在拍摄短片前，可以通过自动或手动的方式先对主体进行对焦。在光圈优先、快门优先及手动拍摄模式下，还需调整曝光组合。

❹ 按下短片拍摄按钮，即可开始录制短片。

❺ 录制完成后，再次按下短片拍摄按钮结束录制。

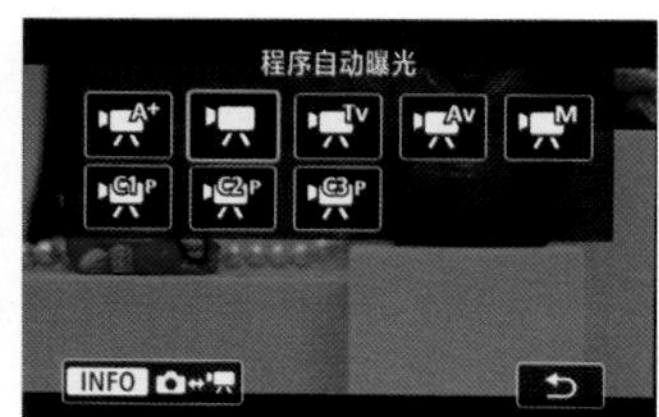

▲ 选择拍摄模式

▲ 在拍摄前，可以先半按快门进行自动对焦，或者转动镜头对焦环进行手动对焦

▲ 按下红色的短片拍摄按钮，将开始录制短片，此时会在屏幕右上角显示一个红色的圆

**提示**

在Canon EOS R6相机中，转动模式拨盘使图标对齐左侧白色标志，即为短片拍摄模式。通过“拍摄菜单1”中的“拍摄模式”菜单，用户可以选择是短片自动曝光还是短片手动曝光。

**高手点拨：** Canon EOS R5/R6支持在拍摄静止照片期间，直接按短片拍摄按钮来录制短片。在A+模式下录制短片会以A+模式进行录制，在A+以外的模式下录制短片会以P模式进行录制。

虽然上面的流程看上去很简单，但在实际操作过程中涉及若干知识点，如设置视频短片参数、设置视频拍摄模式、正确认识短片信息、开启视频伺服自动对焦、设置视频自动对焦灵敏感度、设置录音参数和设置时间码参数等，只有理解并正确设置这些参数，才能够录制出一个合格的视频。

# 确定视频格式和画质

跟设置照片的尺寸、画质一样，录制视频时需要关注视频文件的相关参数。如果录制的视频只是家用的普通记录短片，采用全高清分辨率即可，但是如果作为商业短片使用，则需要录制高帧频的 4K 视频。所以在录制视频之前，一定要设置好视频的参数。

## 设置视频格式与画质的方法

Canon EOS R5 在视频方面的一大亮点它是就是佳能首款支持 8K 录制的相机，最高支持以 29.97P/25P 的帧频机内录制分辨率为 8192×4320 的 8K DCI 短片或分辨率为 7680×4320 的 8K UHD 短片。此外，该相机还支持 8K 超采样生成高精细 4K 短片。在后面的表格中详细介绍了 Canon EOS R5 相机常见视频格式、尺寸、帧频参数的含义。

### 设定步骤

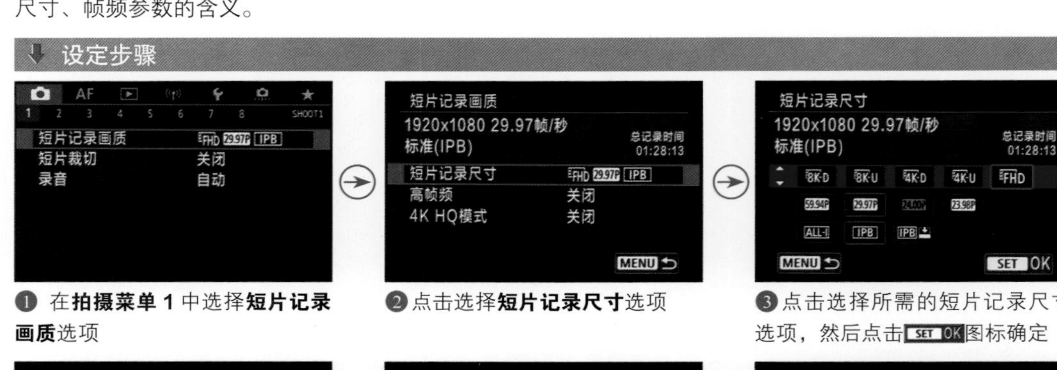


❶ 在**拍摄菜单 1** 中选择**短片记录画质**选项

❷ 点击选择**短片记录尺寸**选项

❸ 点击选择所需的短片记录尺寸选项，然后点击 SET OK 图标确定

❹ 若在步骤❷中选择了**高帧频**选项

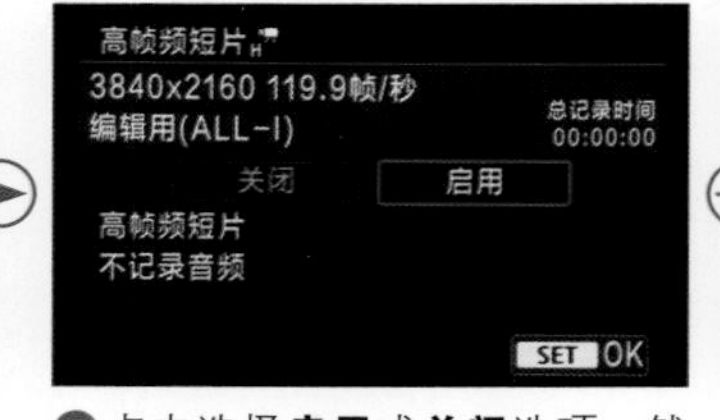


❺ 点击选择**启用**或**关闭**选项，然后点击 SET OK 图标确定

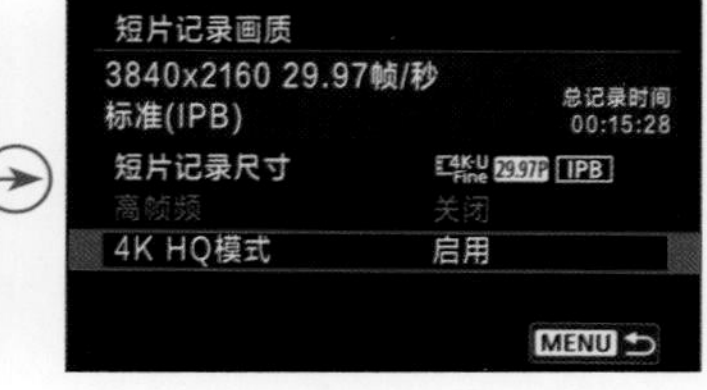


❻ 若在步骤❷中选择了 **4K HQ 模式**选项

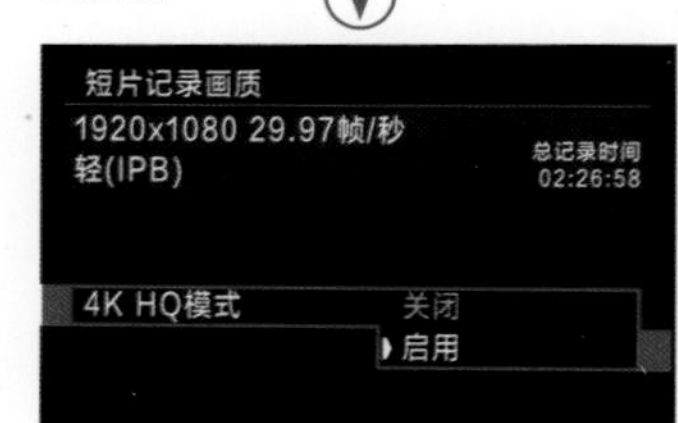


❼ 点击选择**启用**或**关闭**选项

**提示**

Canon EOS R6相机不支持记录 8K-U、8K-D、4K-U 画质的短片，只支持记录3840×2160尺寸的4K视频。短片压缩方法可选 IPB（标准）和 IPB 轻（轻）两种，短片记录格式为MP4。

**提示**

启用4K HQ模式功能，可以使用比普通4K短片更高级别的画质录制短片。Canon EOS R6相机无此功能。

▶ 启用 4K HQ 模式后，短片记录尺寸中的 4K 可选项

<table>
<tr><th colspan="4">Canon EOS R5 相机短片记录画质选项说明表</th></tr>
<tr><td rowspan="12">短片记录尺寸</td><td colspan="3">图像大小</td></tr>
<tr><td>8K-U/8K-D</td><td>4K-U/4K-D</td><td>FHD</td></tr>
<tr><td>8K超高清画质。8K-U记录尺寸为8192×4320，长宽比为17：9；8K-D记录尺寸为7680×4320，长宽比为16：9</td><td>4K超高清画质。4K-U记录尺寸为4096×2160，长宽比为17：9；4K-D记录尺寸为3840×2160，长宽比为16：9</td><td>全高清画质。记录尺寸为1920×1080，长宽比为16：9</td></tr>
<tr><td colspan="3">帧频</td></tr>
<tr><td>119.9P 59.94P 29.97P</td><td>100.0P 50.00P 25.00P</td><td>23.98P 24.00P</td></tr>
<tr><td>分别以119.9帧/秒、59.94帧/秒、29.97帧/秒的帧频率记录短片。适用于电视制式为NTSC的地区（北美、日本、韩国、墨西哥等）。119.9P在启用“高帧频”功能时有效</td><td>分别以110帧/秒、50帧/秒、25帧/秒的帧频率记录短片。适用于电视制式为PAL的地区（欧洲、俄罗斯、中国、澳大利亚等）。100.0P在启用“高帧频”功能时有效</td><td>分别以23.98帧/秒和24帧/秒的帧频率记录短片，适用于电影。将视频制式设为“NTSC”时，23.98P选项可用</td></tr>
<tr><td colspan="3">压缩方法</td></tr>
<tr><td>ALL-I（编辑用/仅I）</td><td>IPB（标准）</td><td>IPB 轻（轻）</td></tr>
<tr><td>一次压缩一个帧进行记录，虽然文件尺寸会比使用IPB（标准）时更大，但更适于编辑</td><td>一次高效地压缩多个帧进行记录。由于文件尺寸比使用ALL-I（编辑用）时更小，在同样存储空间的情况下，可录制更长时间的视频</td><td>由于短片以比使用IPB时更低的比特率进行记录，因而文件尺寸更小，并且可以与更多回放系统兼容</td></tr>
<tr><td colspan="3">短片记录格式</td></tr>
<tr><td colspan="2">RAW</td><td>MP4</td></tr>
<tr><td colspan="2">短片会以数字方式将来自图像感应器的原始的、未经处理的数据记录至存储卡中，用户可以使用DPP或其他后期编辑软件进行后期处理</td><td>当选择ALL-I、IPB（标准）或IPB 轻（轻）压缩方法时，短片会以MP4格式存储。此格式的视频具有更广的兼容性</td></tr>
<tr><td>高帧频</td><td colspan="3">选择“启用”选项，可以在4K-U/4K-D画质下，以119.9帧/秒或100.0帧/秒的高帧频录制短片</td></tr>
<tr><td>4K HQ模式</td><td colspan="3">选择“启用”选项，可使用比普通4K短片更高级别的画质录制短片</td></tr>
</table>

## 利用短片裁切拉近被拍摄对象

当在 Canon EOS R5/R6 相机上安装了 RF 或 EF 系列镜头时，可以通过“短片裁切”菜单来设置是否对照片的中央进行裁切，以获得和使用长焦镜头拍摄时一样的拉近效果。

如果安装的是 EF-S 系列镜头，则拍摄出来的画面与使用 RF 或 EF 系列镜头拍摄并应用“短片裁切”功能后的视角相同，如果再启用“短片裁切”功能，则可以获得更加拉近的画面效果。

设定步骤

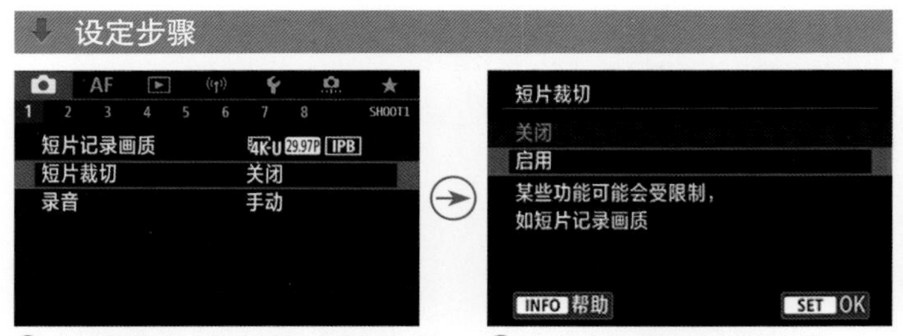


❶ 在**拍摄菜单 1** 中选择**短片裁切**选项

❷ 点击选择**启用**或**关闭**选项

**提示**

Canon EOS R5相机当启用“短片裁切”功能时，无法录制8K、高帧频和4K HQ短片，Canon EOS R6相机当启用“短片裁切”功能时，无法录制高帧频短片。

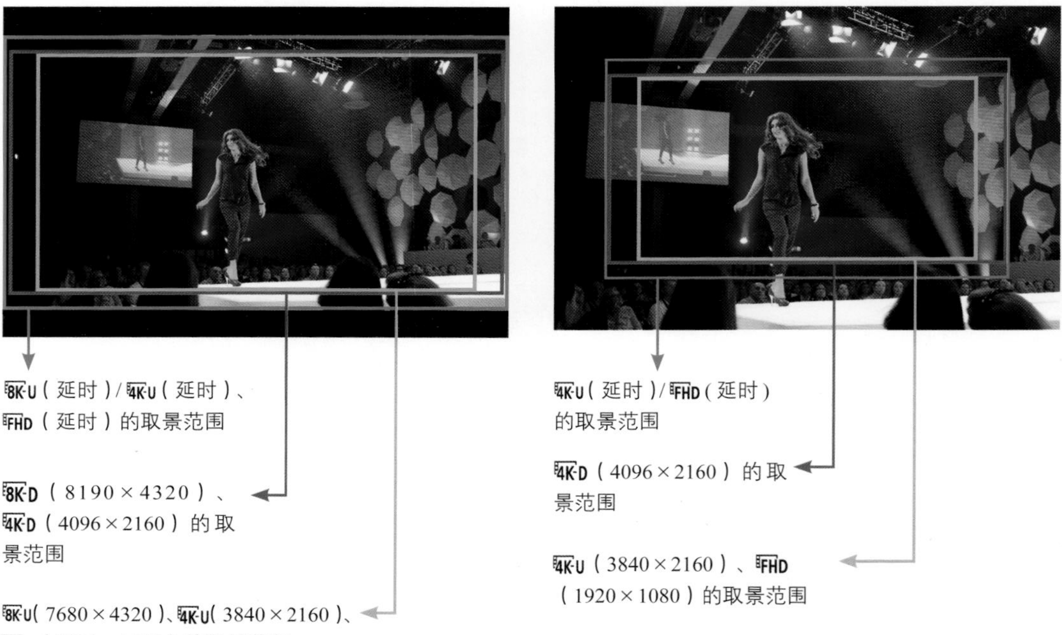


▲ 安装 RF 或 EF 镜头，并且“短片裁切”功能设为“关闭”时

▲ 安装 RF 或 EF 镜头，并且“短片裁切”功能设为“启用”时；安装 EF-S 镜头时

## 根据存储卡及时长设置视频画质

与不同尺寸、压缩比的照片文件大小不同一样，录制视频时，如果使用了不同的视频尺寸、帧频或压缩比，视频文件的大小也相去甚远。

因此，拍摄视频前一定要预估自己使用的存储卡可以记录的视频时长，以避免录制视频时由于要临时更换存储卡，而不得不中断视频录制的尴尬。

在下面的表格中，列举了 Canon EOS R5 相机在短片记录格式为 MP4、RAW，开启 Canon Log 或 HDR PQ 的前提下，在不同容量的存储卡上预计的记录时间、短片比特率和文件尺寸。

| 短片记录尺寸 | | | 总记录时间（大约值） | | | 短片比特率（Mbps大约值） | 文件尺寸（MB/分钟大约值） |
|---|---|---|---|---|---|---|---|
| | | | 64GB | 256GB | 1TB | | |
| 8K DCI | 29.97 帧/秒<br>25.00 帧/秒<br>24.00 帧/秒<br>23.98 帧/秒 | RAW | 3 分钟 | 13 分钟 | 51 分钟 | 2600 | 18668 |
| | | ALL-I | 6 分钟 | 26 分钟 | 1 小时 42 分钟 | 1300 | 9309 |
| | | IPB | 18 分钟 | 1 小时 12 分钟 | 4 小时 42 分钟 | 470 | 3373 |
| 8K UHD | 29.97 帧/秒<br>25.00 帧/秒<br>23.98 帧/秒 | ALL-I | 6 分钟 | 26 分钟 | 1 小时 42 分钟 | 1300 | 9309 |
| | | IPB | 18 分钟 | 1 小时 12 分钟 | 4 小时 42 分钟 | 470 | 3373 |
| 4K DCI | 59.94 帧/秒 | ALL-I | 9 分钟 | 36 分钟 | 2 小时 21 分钟 | 940 | 6734 |
| | 50.00 帧/秒 | IPB | 36 分钟 | 2 小时 27 分钟 | 9 小时 35 分钟 | 230 | 1656 |
| 4K DCI<br>4K DCI 优 | 29.97 帧/秒<br>25.00 帧/秒<br>24.00 帧/秒<br>23.98 帧/秒 | ALL-I | 18 分钟 | 1 小时 12 分钟 | 4 小时 42 分钟 | 470 | 3373 |
| | | IPB | 1 小时 10 分钟 | 4 小时 40 分钟 | 18 小时 17 分钟 | 120 | 869 |
| 4K DCI | 119.88 帧/秒<br>100.00 帧/秒 | ALL-I | 4 分钟 | 18 分钟 | 1 小时 10 分钟 | 1880 | 13447 |
| 4K UHD | 59.94 帧/秒<br>50.00 帧/秒 | ALL-I | 9 分钟 | 36 分钟 | 2 小时 21 分钟 | 940 | 6734 |
| | | IPB | 36 分钟 | 2 小时 27 分钟 | 9 小时 35 分钟 | 230 | 1656 |
| 4K UHD<br>4K UHD 优 | 29.97 帧/秒<br>25.00 帧/秒<br>23.98 帧/秒 | ALL-I | 18 分钟 | 1 小时 12 分钟 | 4 小时 42 分钟 | 470 | 3373 |
| | | IPB | 1 小时 10 分钟 | 4 小时 40 分钟 | 18 小时 17 分钟 | 120 | 869 |
| 4K UHD | 119.88 帧/秒<br>100.00 帧/秒 | ALL-I | 4 分钟 | 18 分钟 | 1 小时 10 分钟 | 1880 | 13447 |
| Full HD | 59.94 帧/秒<br>50.00 帧/秒 | ALL-I | 47 分钟 | 3 小时 8 分钟 | 12 小时 14 分钟 | 180 | 1298 |
| | | IPB | 2 小时 18 分钟 | 9 小时 14 分钟 | 36 小时 6 分钟 | 60 | 440 |
| | 29.97 帧/秒<br>25.00 帧/秒<br>23.98 帧/秒 | ALL-I | 1 小时 33 分钟 | 6 小时 12 分钟 | 24 小时 16 分钟 | 90 | 655 |
| | | IPB | 4 小时 30 分钟 | 18 小时 2 分钟 | 70 小时 27 分钟 | 30 | 226 |
| | 29.97 帧/秒<br>25.00 帧/秒 | IPB 轻 | 11 小时 35 分钟 | 46 小时 23 分钟 | 181 小时 13 分钟 | 12 | 88 |
| 延时短片 8K | 29.97 帧/秒<br>25.00 帧/秒 | ALL-I | 6 分钟 | 26 分钟 | 1 小时 42 分钟 | 1300 | 9298 |
| 延时短片 4K | | | 18 分钟 | 1 小时 12 分钟 | 4 小时 43 分钟 | 470 | 3362 |
| 延时短片 Full HD | | | 1 小时 34 分钟 | 6 小时 19 分钟 | 24 小时 41 分钟 | 90 | 644 |

# 了解短片拍摄状态下的信息显示

在短片拍摄模式下，屏幕会显示若干参数，了解这些参数的含义，有助于摄影师快速调整相关参数，从而提高录制视频的效率、成功率及品质。

❶ Canon Log
❷ 短片自拍定时器
❸ 短片伺服自动对焦
❹ HDR短片
❺ 耳机音量
❻ 短片记录尺寸
❼ 自动对焦方式
❽ 拍摄模式
❾ 图像稳定器（IS模式）
❿ 可用的短片记录时间/已记录时间
⓫ 电池电量
⓬ 速控图标
⓭ 录制图标
⓮ 用于记录/回放的存储卡
⓯ 白平衡/白平衡校正
⓰ 自动亮度优化
⓱ Wi-Fi功能
⓲ 蓝牙功能
⓳ 曝光补偿
⓴ 曝光量指示标尺（测光等级）

在短片拍摄模式下，连续按下 INFO 按钮，可以在不同的信息显示内容之间进行切换。

▲ 显示主要参数

▲ 显示完整参数

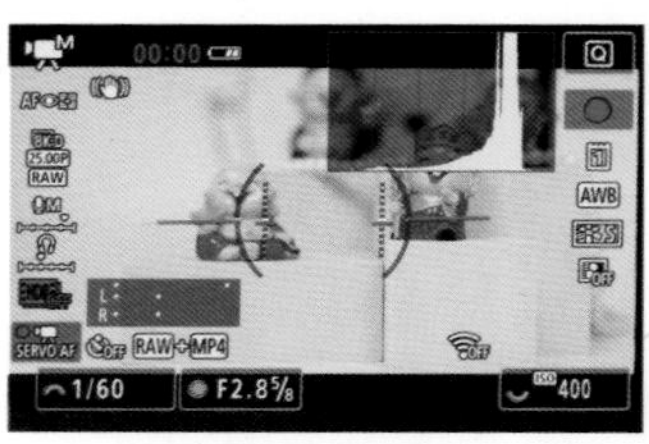

▲ 显示直方图与数字水平量规

▲ 只显示图像

▲ 屏幕上仅显示拍摄信息（没有影像）

# 设置视频拍摄模式

与拍摄照片一样，拍摄视频时也可以采用多种不同的曝光模式，如自动曝光模式、光圈优先曝光模式、快门优先曝光模式、全手动曝光模式等。

如果对于曝光要素不太理解，可以直接设置为自动曝光模式或程序自动曝光模式。

如果希望精确控制画面的亮度，可以将拍摄模式设置为全手动曝光模式。但在这种拍摄模式下，需要摄影师手动控制光圈、快门速度和感光度 3 个要素。下面分别讲解这 3 个要素的设置思路。

光圈：如果希望拍摄的视频场景具有电影效果，可以将光圈设置得稍微大一点，从而虚化背景获得浅景深效果。反之，如果希望拍摄出来的视频画面远近都比较清晰，就需要将光圈设置得稍微小一点。

感光度：在设置感光度时，主要考虑的是整个场景的光照条件。如果光照不是很充分，可以将感光度设置得稍微大一点；反之则可以降低感光度，以获得较为优质的画面。

快门速度对于视频的影响比较大，在下面的章节中将进行详细讲解。

# 理解快门速度对视频的影响

在曝光三要素中，光圈和感光度无论在拍摄照片还是拍摄视频时，其作用都是一样的，但快门速度对于视频录制有着特殊的意义，下面进行详细讲解。

## 根据帧频确定快门速度

从视频效果来看，大量摄影师总结出来的经验是应该将快门速度设置为帧频 2 倍的倒数。此时录制出来的视频中运动物体的表现是最符合肉眼观察效果的。

比如视频的帧频为 25P，那么快门速度应设置为 1/50 秒（25 乘以 2 等于 50，再取倒数，为 1/50）。同理，如果帧频为 50P，则快门速度应设置为 1/100 秒。

但这并不是说，在录制视频时快门速度只能锁定不变。在一些特殊情况下，需要利用快门速度调节画面亮度时，在一定范围内进行调整是没有问题的。

## 快门速度对视频效果的影响

### 拍摄视频的最低快门速度

当需要降低快门速度提高画面亮度时，快门速度不能低于帧频的倒数。比如帧频为 25P 时，快门速度不能低于 1/25 秒。而事实上，也无法设置比 1/25 秒还低的快门速度，因为佳能相机在录制视频时会自动锁定帧频倒数为最低快门速度。

▲ 在昏暗环境下录制时，可以适当降低快门速度以保证画面亮度

### 拍摄视频的最高快门速度

当需要提高快门速度降低画面亮度时，其实对快门速度的上限是没有硬性要求的。但快门速度过高时，由于每一个动作都会被清晰定格，从而导致画面看起来很不自然，甚至会出现失真的情况。

这是因为人的眼睛是有视觉时滞的，也就是看到高速运动的景物时，会出现动态模糊的效果。而当使用过高的快门速度录制视频时，运动模糊消失了，取而代之的是清晰的影像。比如在录制一些高速奔跑的景象时，由于双腿每次摆动的画面都是清晰的，就会看到很多条腿的画面，也就导致画面出现失真、不正常的情况。

因此，建议在录制视频时，快门速度最好不要高于最佳快门速度的 2 倍。

▲ 当电影画面中的人物进行快速移动时，画面中出现动态模糊效果是正常的

## 手动曝光模式下拍摄视频时的快门速度

Canon EOS R5 在 M 手动曝光模式下，可用的快门速度因指定的短片记录画质的帧频不同而不同。具体见下表所示。

<table>
<tr><th rowspan="2">帧频</th><th colspan="3">快门速度 / 秒</th></tr>
<tr><th>普通短片拍摄</th><th>高帧频短片拍摄</th><th>HDR 短片拍摄</th></tr>
<tr><td>119.9P</td><td rowspan="2">—</td><td>1/4000 ～ 1/125</td><td rowspan="4">—</td></tr>
<tr><td>100.0P</td><td>1/4000 ～ 1/100</td></tr>
<tr><td>59.94P</td><td rowspan="5">1/4000 ～ 1/8</td><td rowspan="5">—</td></tr>
<tr><td>50.00P</td></tr>
<tr><td>29.97P</td><td>1/1000 ～ 1/60</td></tr>
<tr><td>25.00P</td><td>1/1000 ～ 1/50</td></tr>
<tr><td>23.98P</td><td>—</td></tr>
</table>

# 开启短片伺服自动对焦

佳能最近几年发布的相机均具有视频自动对焦模式，即当视频中的对象移动时，能够自动对其进行跟焦，以确保被拍摄对象在视频中的影像是清晰的。

但此功能需要通过设置“短片伺服自动对焦”菜单选项来开启。

设定步骤

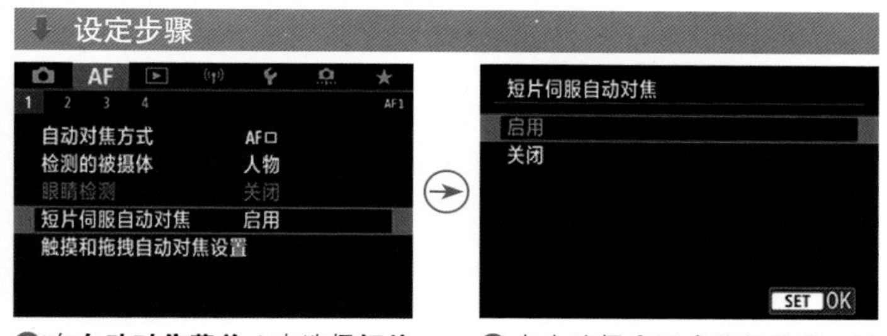


❶ 在**自动对焦菜单 1** 中选择**短片伺服自动对焦**选项

❷ 点击选择**启用**或**关闭**选项，然后点击 SET OK 图标确定

**高手点拨：**该功能在搭配某些镜头使用时，发出的对焦声音可能会被采集到视频中。如果发生这种情况，建议外接指向性麦克风解决该问题。

将“短片伺服自动对焦”菜单设为“启用”，即可使相机在视频拍摄期间，即使不半按快门，也能根据被摄对象的移动状态不断调整对焦，以保证始终对被摄对象进行对焦。

但在使用该功能时，相机的自动对焦系统会持续工作，当不需要跟焦被摄体，或者将对焦点锁定在某个位置时，即可通过按下赋予了“暂停短片伺服自动对焦”功能的自定义按键来暂停该功能。

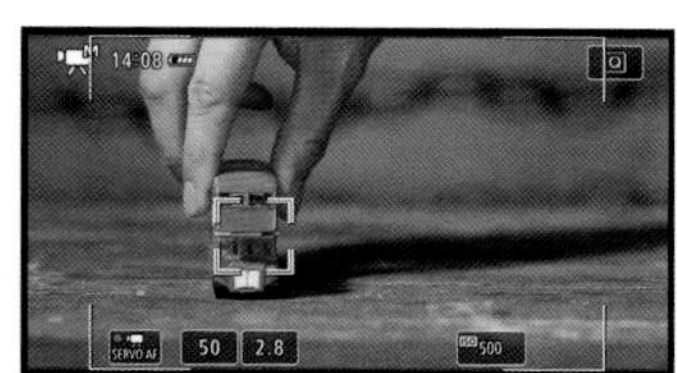

通过上面的图片可以看出，笔者拿着红色玩具小车不规则运动时，相机是能够准确跟焦的。

如果将“短片伺服自动对焦”菜单设为“关闭”，那么只有通过半按快门，或者在屏幕上单击对象时，才能够进行对焦。

例如在右面的图示中，第一次对焦于左上方的安全路障，如果不再次单击其他位置的话，对焦点会一直锁定在左上方的安全路障上。单击右下方的篮球焦点后，焦点会重新对焦在篮球上。

# 设置视频自动对焦灵敏度

## 短片伺服自动对焦追踪灵敏度

当录制短片时，在使用了短片伺服自动对焦功能的情况下，可以在“短片伺服自动对焦追踪灵敏度”菜单中设置自动对焦追踪灵敏度。

灵敏度选项有 7 个等级，如果设置为偏向灵敏端的数值，那么当被摄体偏离自动对焦点或者有障碍物从自动对焦点面前经过时，自动对焦点会对焦其他物体或障碍物。

而如果设置偏向锁定端的数值，则自动对焦点会锁定被摄体，而不会轻易对焦到别的位置。

● 锁定（－3/－2/－1）：偏向锁定端，可以使相机在自动对焦点丢失原始被摄体的情况下，也不太可能追踪其他被摄体。设置的负数值越低，相机追踪其他被摄体的概率越小。这种设置，可以在摇摄期间或者有障碍物经过自动对焦点时，防止自动对焦点立即追踪非被摄体的其他物体。

●敏感（+1/+2/+3）：偏向锁定端，可以使相机在追踪覆盖自动对焦点的被摄体时更敏感。设置数值越高，则对焦越敏感。这种设置适用于想要持续追踪与相机之间的距离发生变化的运动被摄体时，或者要快速对焦其他被摄体时的录制场景。

设定步骤

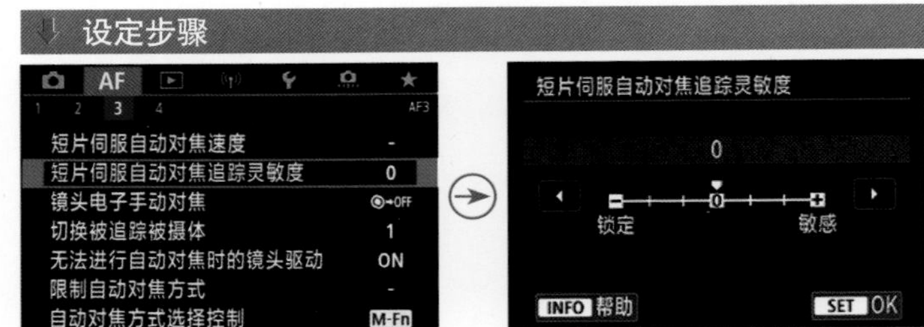


❶ 在**自动对焦菜单 3** 中选择**短片伺服自动对焦追踪灵敏度**选项

❷ 点击◀或▶图标选择所需的灵敏度等级，然后点击SET OK图标确定

例如，在上面的图示中，摩托车手短暂地被其他摄影师遮挡，此时如果对焦灵敏度过高，焦点就会落在其他的摄影师上，而无法跟随摩托车手。因此，这个参数一定要根据当时拍摄的情况来灵活设置。

# 短片伺服自动对焦速度

当启用“短片伺服自动对焦”功能时，可以在“短片伺服自动对焦速度”菜单中设定在录制短片时，短片伺服自动对焦功能的对焦速度和应用条件。

- 启用条件：选择“始终开启”选项，那么在“自动对焦速度”选项中的设置，将在短片拍摄之前和拍摄期间都有效。选择“拍摄期间”选项，那么在“自动对焦速度”选项中的设置仅在短片拍摄期间生效。
- 自动对焦速度：可以将自动对焦转变速度从标准速度调整为慢（7个等级之一）或快（2个等级之一），以获得所需的短片效果。

设定步骤

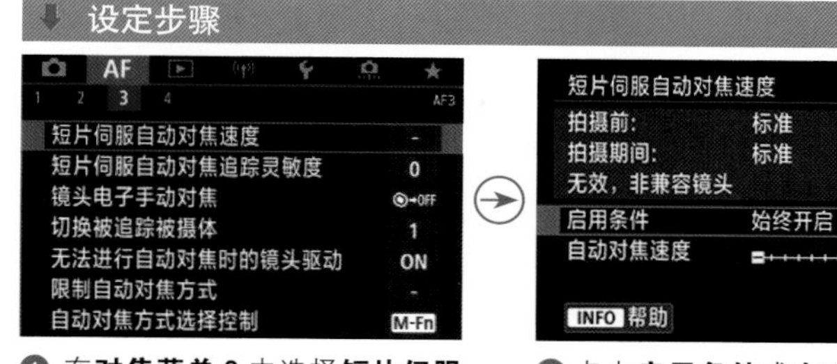


❶ 在**对焦菜单3**中选择**短片伺服自动对焦速度**选项

❷ 点击**启用条件**或**自动对焦速度**选项

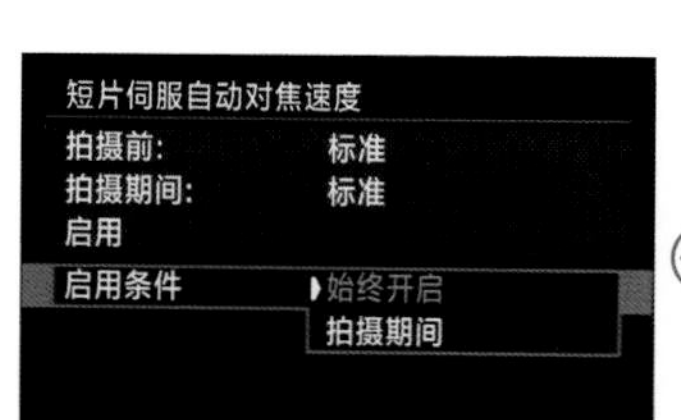


❸ 点击选择**始终开启**或**拍摄期间**选项

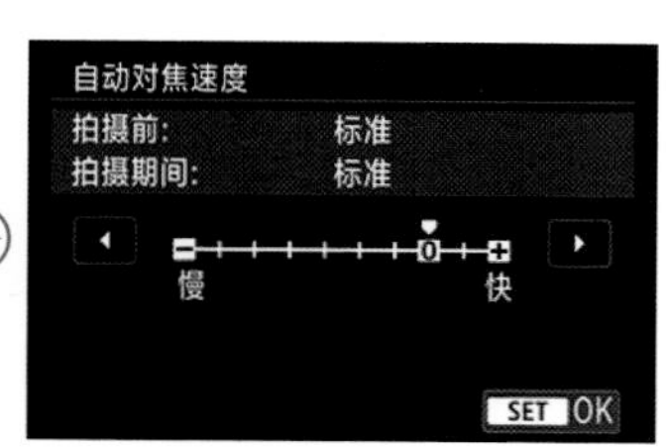


❹ 若在步骤❷中选择了**自动对焦速度**选项，点击◀或▶图标选择切换对焦的速度，然后点击SET OK图标确定

**高手点拨**：“自动对焦速度”并不是越快越好。当需要变换对焦主体时，为了让焦点的转移更加自然、柔和，往往需要画面中出现由模糊到清晰的过程，此时就需要设置较慢的自动对焦速度来实现。

# 设置录音参数并监听现场音

使用相机内置的麦克风可录制单声道声音，通过将带有立体声微型插头（直径为 3.5mm）的外接麦克风连接至相机，可以录制立体声，然后配合“录音”菜单中的参数设置，可以实现多样化的录音控制。

设定步骤

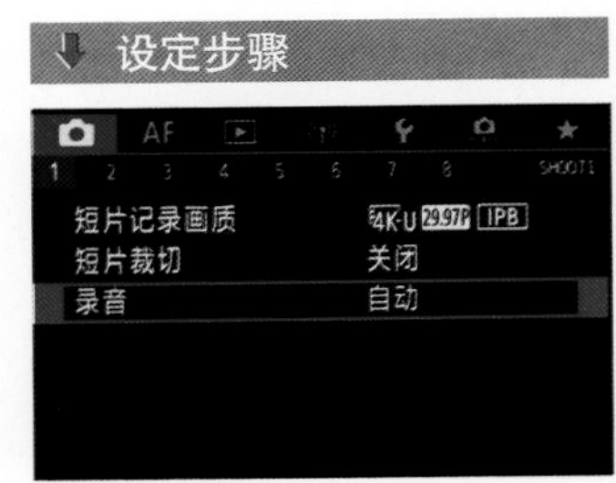


❶ 在**拍摄菜单 1** 中选择**录音**选项

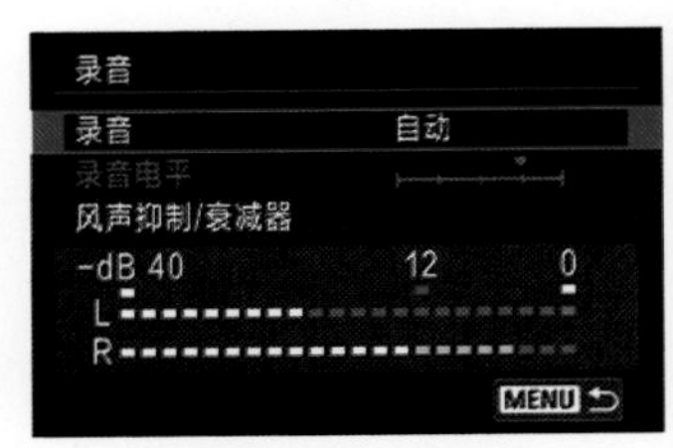


❷ 点击可选择不同的选项，即可进入修改参数界面

## 录音/录音电平

选择“自动”选项，录音音量将会自动调节；选择“手动”选项，可以在“录音电平”界面中将录音音量的电平调节为 64 个等级之一，适用于高级用户；选择“关闭”选项，将不会记录声音。

## 风声抑制/衰减器

将“风声抑制”设置为“启用”选项，则可以降低户外录音时的风声噪音，包括某些低音调噪音（此功能只对内置麦克风有效）；在无风的场所录制时，建议选择“关闭”选项，以便能录制到更加自然的声音。

在拍摄前即使将“录音”设定为“自动”或“手动”，如果有非常大的声音，仍然可能会导致声音失真。在这种情况下，建议将“衰减器”设定为“启用”。

## 监听视频声音

在录制现场声音的视频时，监听视频声音非常重要，而且，这种监听需要持续整个录制过程。

因为在使用收音设备时，有可能因为没有更换电池或其他未知因素，导致现场声音没有被录制到视频中。

有时现场可能有很低的噪音，这种声音是否会被录入视频，一个确认方法就是在录制时监听，另外也可以通过回放来核实。

通过将配备有 3.5mm 直径微型插头的耳机连接到相机的耳机端子上，即可在短片拍摄期间听到声音。

如果使用的是外接立体声麦克风，可以听到立体声声音。要调整耳机的音量，按Q按钮并选择Ω，然后转动主拨盘或速控转盘 2 调节音量。

注意：如果拍摄的视频还要进行专业后期处理，那么，现场即使有均衡的低噪音也不必过于担心，因为后期软件可以轻松去除这样的噪音。

▲ 耳机端子

# 设置视频短片拍摄相关参数

## 灵活运用相机的防抖功能

Canon EOS R5/R6 微单相机配置了图像稳定器，当在短片拍摄模式下启用相机的“影像稳定器模式”功能后，可以在短片拍摄期间以电子方式校正相机抖动，即使使用没有防抖功能的镜头，也能校正相机抖动，从而获得清晰的短片画面。

使用配备有内置光学防抖功能的镜头时，请将镜头的防抖开关置于“开”，以获得更强大的相机防抖效果;如果将镜头的防抖开关置于“关”，短片数码 IS 功能将不起作用。

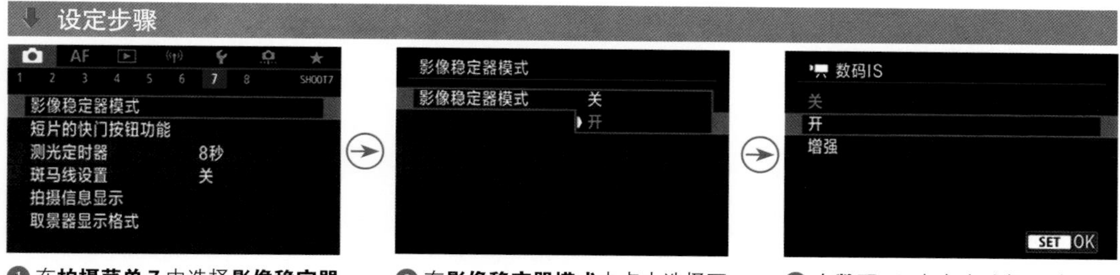


❶ 在**拍摄菜单 7** 中选择**影像稳定器模式**选项

❷ 在**影像稳定器模式**中点击选择**开**或**关**选项

❸ 在**数码 IS** 中点击选择**开**或**关**选项，然后点击SET OK图标确定

- 关：选择此选项，则关闭使用短片数码 IS 的图像稳定功能。
- 开：选择此选项，在拍摄短片过程中会校正相机抖动以获得清晰的画面，不过图像将略微放大。
- 增强：与选择“开”选项时相比，可以校正更严重的相机抖动，不过图像也将进一步放大。

焦距：50mm ¦ 光圈：F2.8 ¦ 快门速度：1/40s ¦ 感光度：ISO200

## 利用定时功能实现自拍视频

与“自拍”驱动模式一样，在短片拍摄时，Canon EOS R5/R6 相机也支持自拍。有了这个功能，摄影师也可以进入自己所拍摄的视频中，非常实用。在“短片自拍定时器”菜单中，用户可以选择 2 秒或 10 秒自拍。

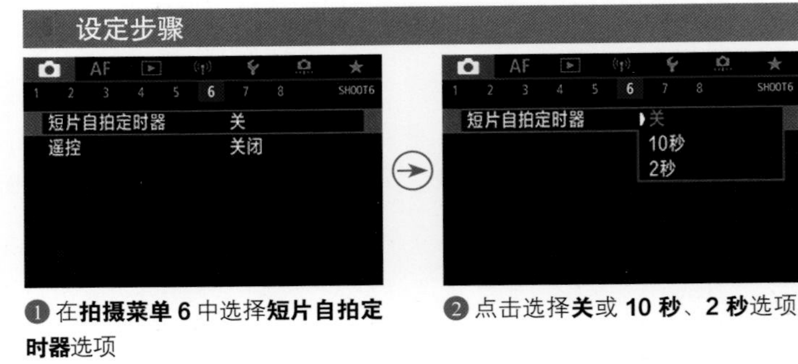


❶ 在**拍摄菜单 6** 中选择**短片自拍定时器**选项

❷ 点击选择**关**或 **10 秒**、**2 秒**选项

---

## HDMI 显示

通过“HDMI 显示”菜单可以指定短片通过 HDMI 记录到外部设备时的显示方式。

选择“📷+🖵”选项，可以通过 HDMI 输出将短片同时显示在相机屏幕和其他设备上。不过像图像回放或菜单显示等操作，会通过 HDMI 显示在其他设备上，而非显示在相机上。

选择“🖵”选项，在通过 HDMI 输出期间会关闭相机屏幕，而仅在其他设备上显示。

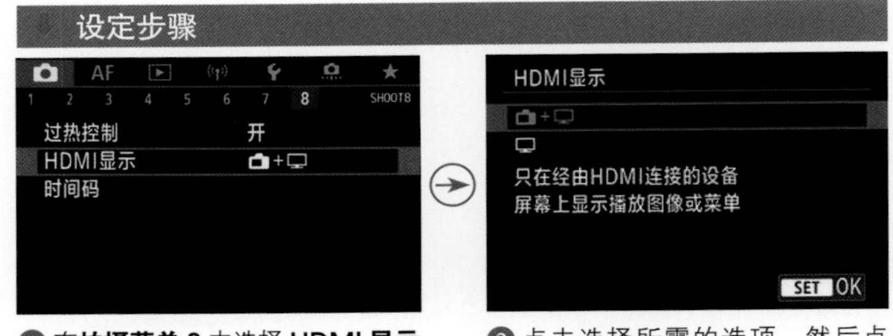


❶ 在**拍摄菜单 8** 中选择 **HDMI 显示**选项

❷ 点击选择所需的选项，然后点击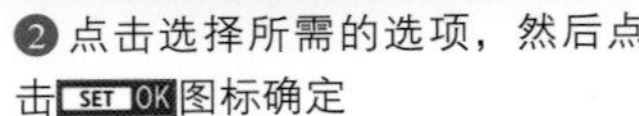图标确定

---

## 音频压缩

通过“音频压缩”菜单，可以设定短片的音频压缩。选择“关闭”选项，可以获得比压缩音频时更高的画质，但文件比较大。选择“启用”选项，则会压缩音频，以获得更小的音频文件。

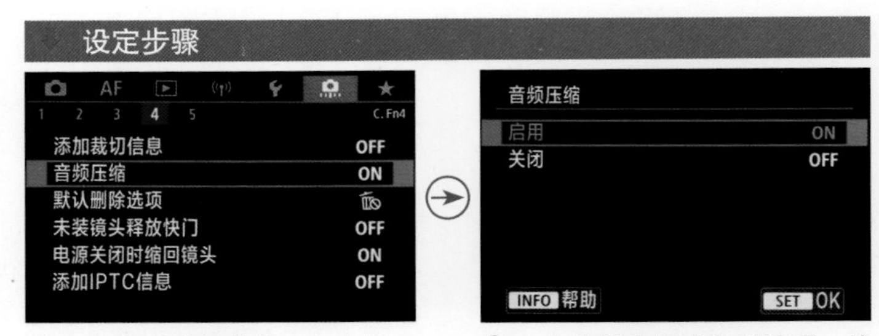


❶ 在**自定义功能菜单 4** 中选择**音频压缩**选项

❷ 点击选择**启用**或**关闭**选项，然后点击 SET OK 图标确定

# 利用斑马线定位过亮或过暗区域

拍摄照片时有高光警告提示曝光区域，而使用 Canon EOS R5/R6 相机录制视频时，同样提供了能帮助用户查看画面曝光的斑马线。通过“斑马线设置”菜单，用户可以指定在什么亮度级别的图像区域上方或周围显示斑马线图案，从而精确定位过暗或过亮的区域。

## 设定步骤

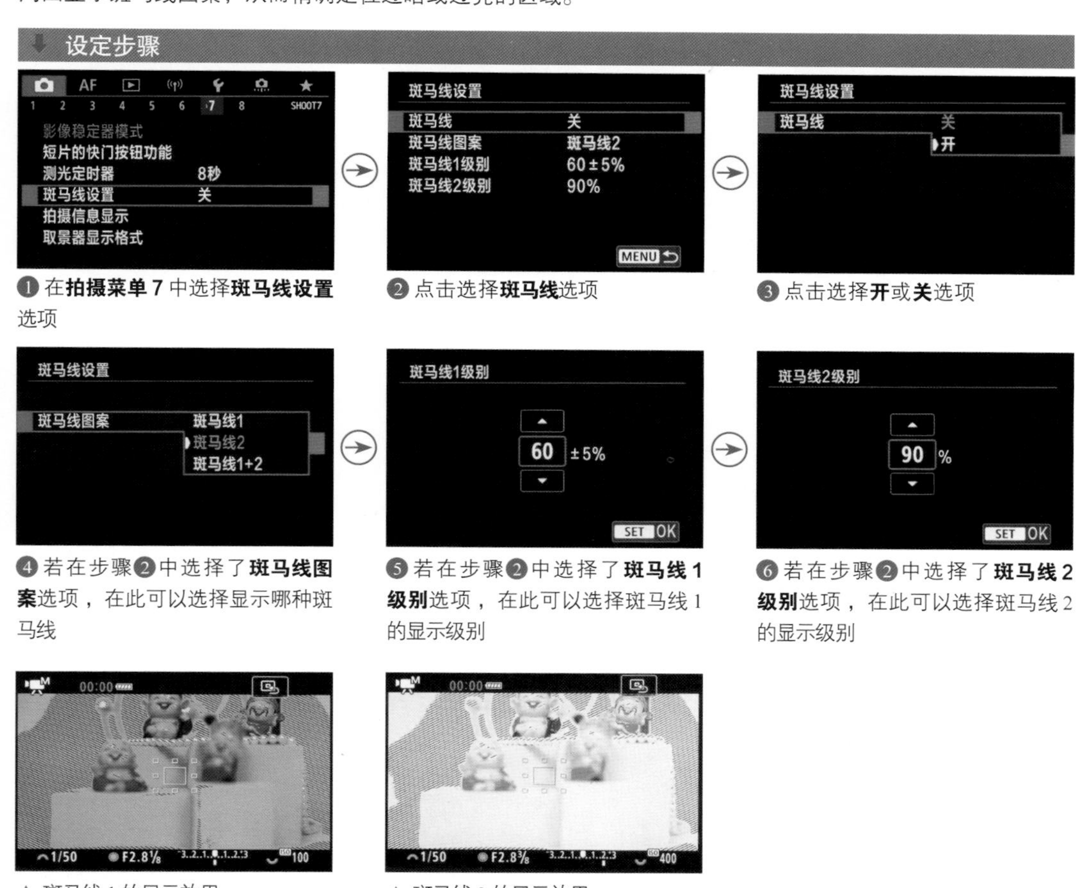


❶ 在**拍摄菜单 7** 中选择**斑马线设置**选项

❷ 点击选择**斑马线**选项

❸ 点击选择**开**或**关**选项

❹ 若在步骤❷中选择了**斑马线图案**选项，在此可以选择显示哪种斑马线

❺ 若在步骤❷中选择了**斑马线 1 级别**选项，在此可以选择斑马线 1 的显示级别

❻ 若在步骤❷中选择了**斑马线 2 级别**选项，在此可以选择斑马线 2 的显示级别

▲ 斑马线 1 的显示效果

▲ 斑马线 2 的显示效果

- 斑马线：选择“开”选项，启用斑马线功能；选择“关”选项，则不启用斑马线功能。
- 斑马线图案：可以选择斑马线 1、斑马线 2 或斑马线 1+2 的显示模式。选择“斑马线 1”选项，在具有指定亮度的区域周围显示向左倾斜的条纹；选择“斑马线 2”选项，在超过指定亮度的区域周围显示向右倾斜的条纹；选择“斑马线 1+2”选项，将同时显示两种斑马线，当两种区域重叠时，将显示重叠的斑马线。
- 斑马线 1 级别：设定斑马线 1 的显示级别。当超过设定的数值时，画面中即显示斑马线 1。
- 斑马线 2 级别：设定斑马线 2 的显示级别。当超过设定的数值时，画面中即显示斑马线 2。

## 按 1/8 增量精确控制光圈

当在 Canon EOS R5/R6 相机上安装 RF 镜头，并使用 M 手动曝光模式录制视频时，可以通过“Av 1/8 级增量”菜单来设置当调节曝光参数时光圈的级别。选择“启用”选项后，光圈级增量将从 1/3 级或 1/2 级变为 1/8 级，这样可以更精细地调整画面的曝光，以得到自然流畅的视频画面。

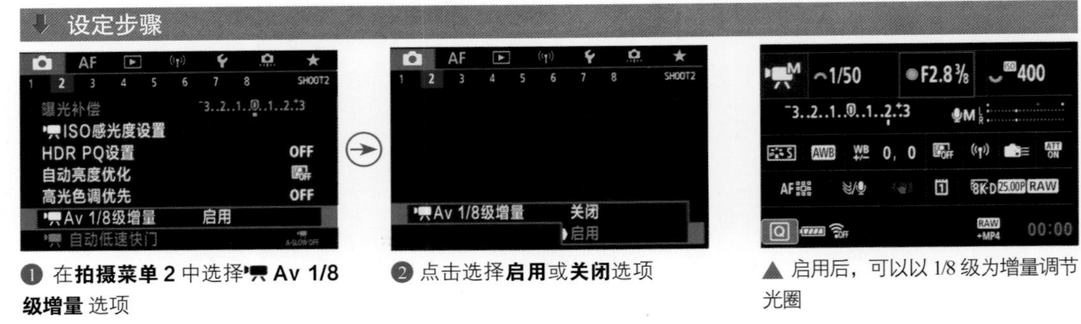


❶ 在**拍摄菜单 2** 中选择 **Av 1/8 级增量** 选项

❷ 点击选择**启用**或**关闭**选项

▲ 启用后，可以以 1/8 级为增量调节光圈

**提示**

当使用EF、EF-S系列镜头时，此菜单不会显示，即不可用。

将此菜单设为“启用”时，“曝光等级增量”菜单中的设定将关闭且无效。

## 自动低速快门

当在光线不断发生变化的复杂环境中拍摄时，有时被摄体会比较暗。通过将“自动低速快门”菜单选项设置为“启用”，则当被摄体较暗时，相机会自动降低快门速度（NTSC 模式下最慢为 1/30s，PAL 模式下最慢为 1/25s）来获得曝光正常的画面；而选择“关闭”选项时，虽然录制的画面会比选择“启用”选项时暗，但是被摄体会更清晰一些，因此能够更好地拍摄动作画面。

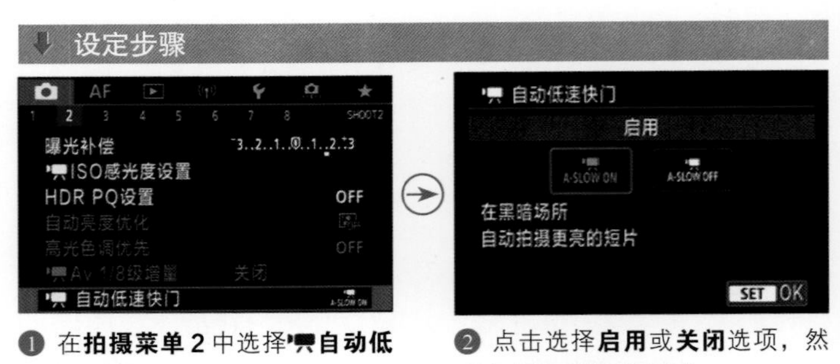


❶ 在**拍摄菜单 2** 中选择**自动低速快门**选项

❷ 点击选择**启用**或**关闭**选项，然后点击 SET OK 图标确定

**提示**

Canon EOS R5相机的此功能在和拍摄模式下可用。Canon EOS R6相机的此功能在拍摄模式下可用。应用于使用或帧频记录的短片。

## 无须后期直接拍出竖画幅视频

使用 Canon EOS R5/R6 相机录制的视频，经常会传输到智能手机或其他设备上播放观看，启用“添加旋转信息”功能，可以自动为垂直使用相机录制的视频添加方向信息，以便在智能手机或其他设备上实现同方向播放。

**设定步骤**

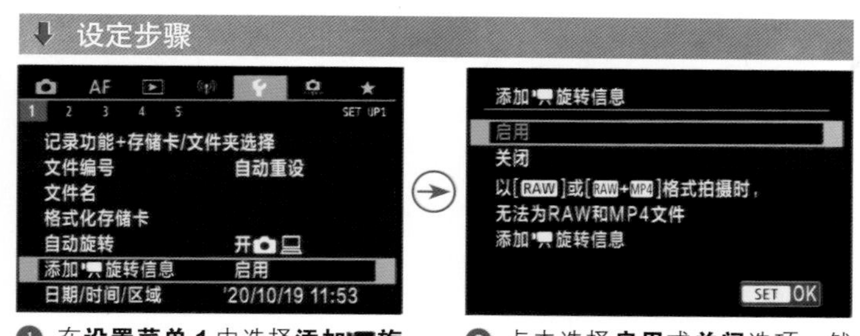


❶ 在**设置菜单 1** 中选择**添加旋转信息** 选项

❷ 点击选择**启用**或**关闭**选项，然后点击 SET OK 图标确定

- 启用：选择此选项，以录制视频时的方向在智能手机或其他设备上播放。
- 关闭：选择此选项，则无论录制视频时的方向是水平还是垂直，在智能手机或其他设备上播放时，都以水平方向进行播放。

**高手点拨**：当前许多短视频平台均鼓励创作者拍摄竖画幅视频，使用这个功能就能够帮助创作者在竖拿相机拍摄时，直接拍摄出符合手机观看体验的视频。

## 改变短片旋转信息

“改变短片旋转信息”菜单的功能是让用户手动添加旋转信息，通过手动选择一个方向，在播放短片时即以所选的方向进行播放。

**设定步骤**

❶ 在**回放菜单 1** 中选择**改变短片旋转信息**选项

❷ 左右滑动选择要修改的短片，然后点击 SET 图标

❸ 每点击一下 SET 图标，将按向上、向左、向右的顺序依次改变方向信息

# 录制延时短片

虽然，现在新款手机普遍具有拍摄延时短视频的功能，但可控参数较少、画质不高，因此，如果要拍摄更专业的延时短片，还是需要使用相机。

下面以 Canon EOS R5 相机为例，讲解如何利用“延时短片”功能拍摄一个无声的视频短片。

- 延时：选择“启用”选项，激活延时短片功能；选择“关闭”选项，则不使用延时短片功能。
- 间隔：可在“00:00:02”至“99:59:59”之间设定间隔时间。

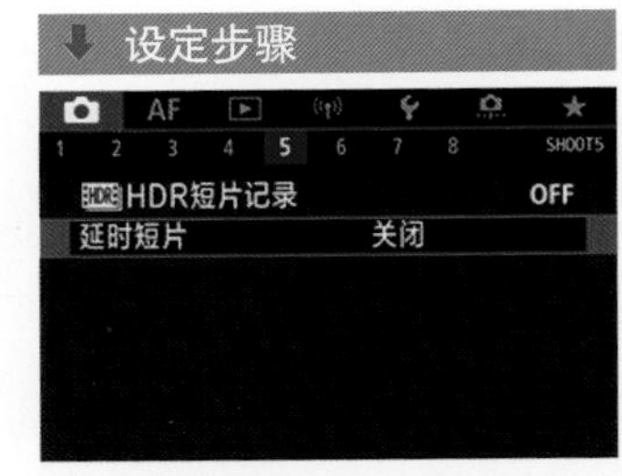


❶ 在**拍摄菜单 5** 中选择**延时短片**选项

❷ 点击选择**延时**选项

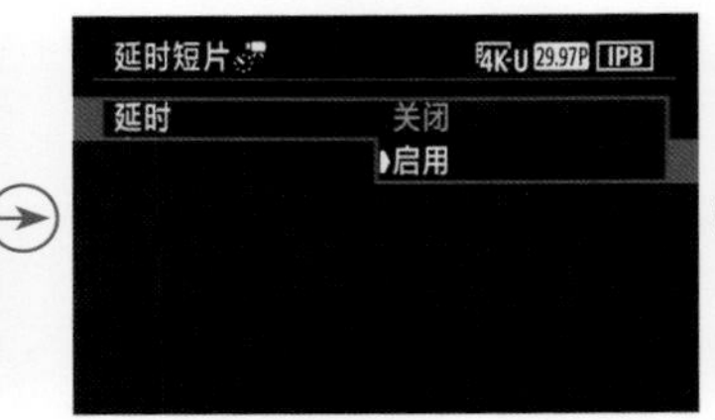


❸ 点击选择**启用**选项

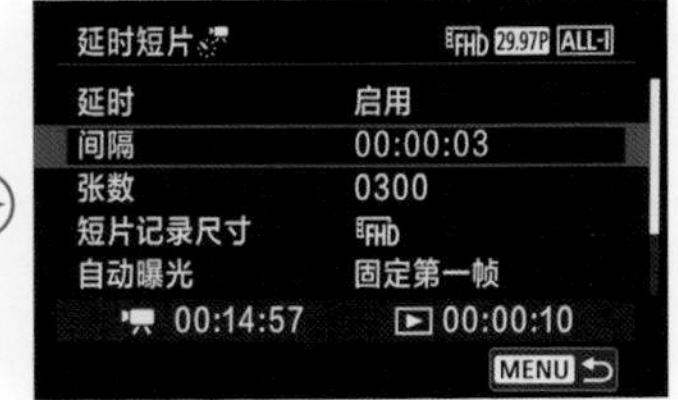


❹ 启用延时短片功能后，可以对间隔、张数、短片记录尺寸、自动曝光、屏幕自动关闭及拍摄图像的提示音选项进行设置

❺ 若在步骤❹中选择**间隔**选项，点击选择间隔数字框，然后点击▲或▼图标选择所需的间隔时间，设置完成后点击选择**确定**选项

❻ 若在步骤❹中选择**张数**选项，点击选择张数的数字框，然后点击▲或▼图标选择所需的张数，设置完成后点击选择**确定**选项

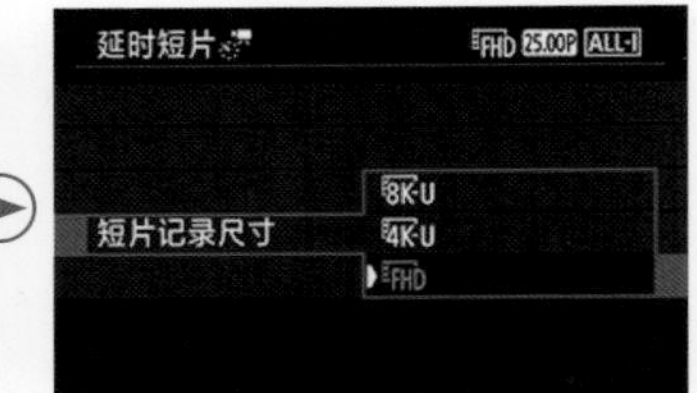


❼ 若在步骤❹中选择了**短片记录尺寸**选项，点击选择所需的选项

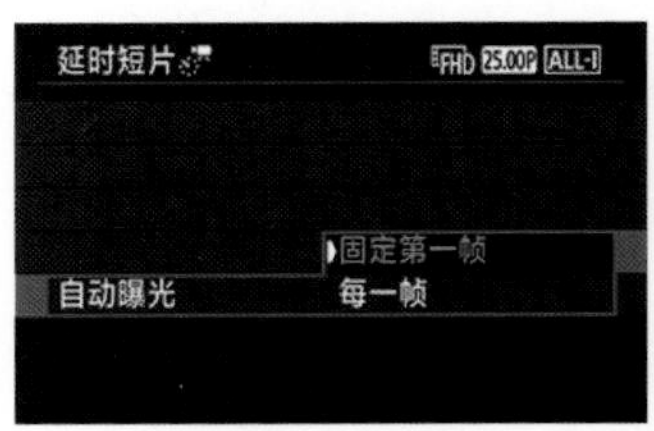


❽ 若在步骤❹中选择了**自动曝光**选项，点击选择所需的选项

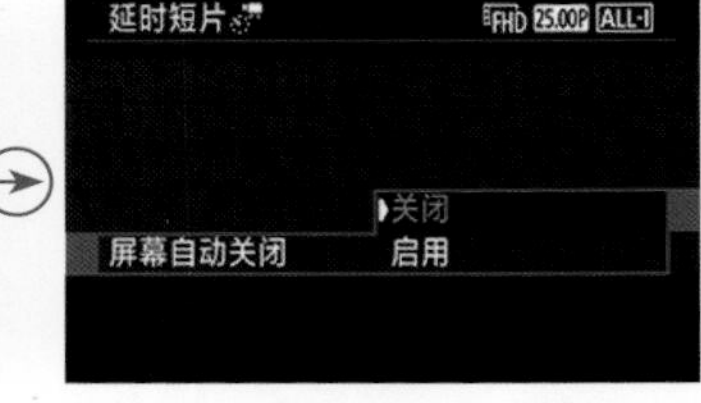


❾ 若在步骤❹中选择了**屏幕自动关闭**选项，点击选择**启用**或**关闭**选项

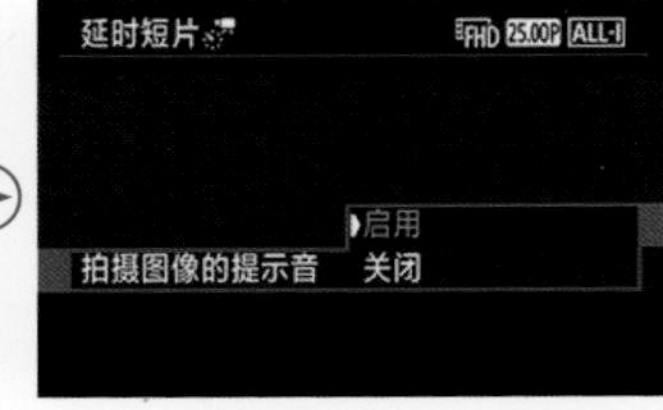


❿ 若在步骤❹中选择了**拍摄图像的提示音**选项，点击选择**启用**或**关闭**选项

- 张数：可在“0002”至“3600”张之间设定拍摄张数。如果设定为3600，NTSC模式下生成的延时短片将约为2分钟，PAL模式下生成的延时短片将约为2分24秒。
- 短片记录尺寸：选择“8K-U”选项，将以8K（7680×4320）画质拍摄比例为16∶9的延时短片；选择“4K-U”选项，将以4K（3840×2160）画质拍摄比例为16∶9的延时短片；选择“FHD”选项，将以全高清（1920×1080）画质拍摄比例为16∶9的延时短片。不管选择哪个选项，在NTSC模式下，均是录制帧频为29.97帧/秒的视频，在PAL模式下，均是录制帧频25.00帧/秒的视频，且视频采用ALL-I方式压缩，录制格式为MP4。
- 自动曝光：选择“固定第一帧”选项，拍摄第一张照片时，会根据测光自动设定曝光，首次拍摄的曝光和其他拍摄设定将被应用到后面的拍摄中；选择“每一帧”选项，每次拍摄都将根据测光自动设定合适的曝光。
- 屏幕自动关闭：选择“关闭”选项，会在延时短片拍摄期间屏幕上显示图像。不过，在开始拍摄大约30分钟后屏幕显示会关闭；选择“启用”选项，将在开始拍摄大约10秒后关闭屏幕显示。
- 拍摄图像的提示音：选择“关闭”选项，在拍摄时不会发出提示音；选择“启用”，则每次拍摄时都会发出提示音。

完成设置后，相机会显示按拍摄预计需要拍多长时间，以及按当前制式的放映时长。

如果录制的延时场景时间跨度较大，如持续几天，则“间隔”数值可以适当加大。

如果希望拍摄延时视频时景物的变化细腻一些，则可以加大“张数”数值。

▲ 这组图是从视频中截取的。利用“延时短片”功能，将鲜花绽放的整个过程在极短的时间内展示出来，极具视觉震撼力

**提示**

在Canon EOS R6相机的短片记录尺寸选项中，可以选择4K超高清（3840×2160）及FHD全高清（1920×1080）两种记录画质。

# 录制 HDR 短片

HDR 短片适用于高反差场景，其能够较好地保留场景中的高光与阴影中的细节。当在“HDR 短片记录”菜单中选择“启用”选项后，按照普通短片的录制流程拍摄即可。

不过由于 HDR 的工作模式是多帧进行合并以创建 HDR 短片，所以短片的某些部分可能会出现失真的现象。为了减少这种失真现象，推荐使用三脚架稳定相机拍摄。HDR 短片的画质为全高清，帧频为 29.97 帧/秒（NTSC）或 25.00 帧/秒（PAL），压缩方式为 IPB（标准）。

**提示**

当启用“短片数码IS”“延时短片”“高光色调优先”“Canon Log设置”或“HDR PQ设置”功能时，HDR短片拍摄功能不可用。

**设定步骤**

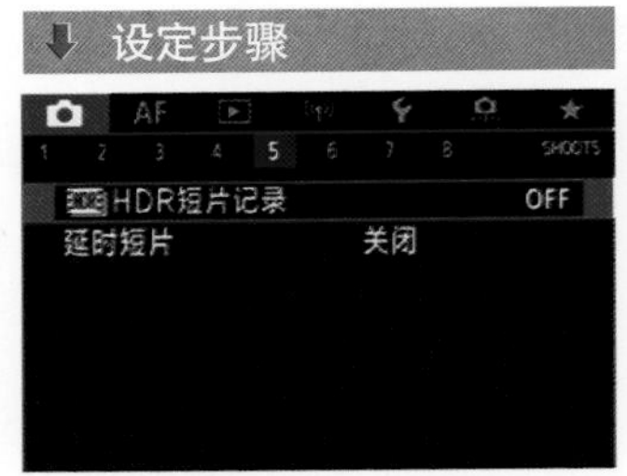


❶ 在**拍摄菜单 5** 中选择 **HDR 短片记录**选项

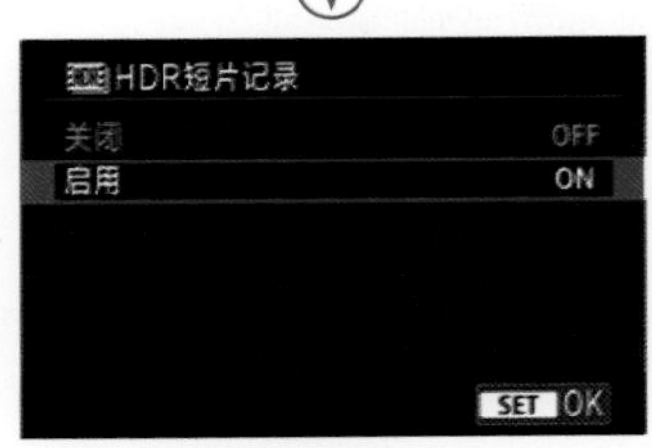


❷ 点击选择**启用**选项，然后点击 SET OK 图标确定

▲ 这张图是从视频中截取的，可以看出画面中的高光与阴影部分均有不错的细节表现

# 录制高帧频短片

让视频短片的视觉效果更丰富的方法之一，就是调整视频的播放速度，使其加速或减速，呈现快放或慢动作效果。

加速视频的方法很简单，通过后期处理将 1 分钟的视频压缩在 10 秒内播放完毕即可。

而要获得高质量的慢动作视频效果，则需要在前期录制出高帧频视频。例如，默认情况下，如果以 25 帧/秒的帧频录制视频，1 秒只能录制 25 帧画面，回放时也是 1 秒。

但如果以 100 帧/秒的帧频录制视频，1 秒则可以录制 100 帧画面，所以，当以常规 25 帧/秒的速度播放视频时，1 秒内录制的动作则呈现为 4 秒，呈现出电影中常见的慢动作效果。这种视频效果特别适合表现那些重要的瞬间或高速运动的拍摄题材，如飞溅的浪花、腾空的摩托车、起飞的鸟儿等。

## 设定步骤

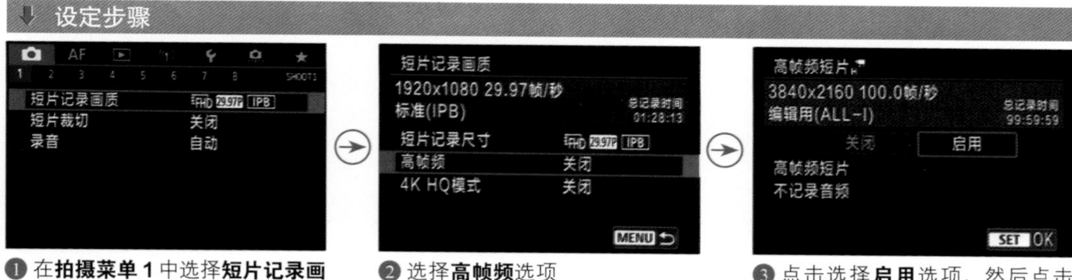


❶ 在**拍摄菜单 1** 中选择**短片记录画质**选项

❷ 选择**高帧频**选项

❸ 点击选择**启用**选项，然后点击 SET OK 图标确定

**提示**

视频录制时长最长为7分29秒，但可以在视频停止后再次按录制按钮开始录制。Canon EOS R5相机会以4K-D 119.9P ALL-I/4K-U 119.9P ALL-I或4K-D 100.0P ALL-I/4K-U 100.0P ALL-I画质进行录制。Canon EOS R6相机会以FHD 119.9P IPB或FHD 100.0P IPB画质进行录制。

**高手点拨：** 当启用“短片裁切”功能时，高帧频功能不可用。

◀ 像录制飞翔中的鸟类短片时，适合使用高帧频功能录制『焦距：400mm ┆ 光圈：F5 ┆ 快门速度：1/500s ┆ 感光度：ISO200』

# 第 8 章 拍摄Vlog视频或微电影需要准备的硬件及软件

# 视频拍摄稳定设备

## 手持式稳定器

在手持相机的情况下拍摄视频，往往会产生明显的抖动。这时就需要用到可以让画面更稳定的器材，如手持稳定器。

这种稳定器的操作无须练习，只要选择相应的模式，就可以拍出比较稳定的画面，而且体积小、重量轻，非常适合业余视频爱好者使用。

在拍摄过程中，稳定器会不断地自动进行调整，从而抵消手抖或者在移动时所造成的相机震动。

由于此类稳定器是电动的，所以搭配上手机 App 后，可以实现一键拍摄全景、延时、慢门轨迹等特殊功能。

▲ 手持式稳定器

## 小斯坦尼康

斯坦尼康（Steadicam），即摄像机稳定器，由美国人Garrett Brown发明，自20世纪70年代开始逐渐被业内人士普遍使用。

这种稳定器属于专业摄像的稳定设备，主要用于手持移动录制。虽然同样可以手持，但它的体积和重量都比较大，适用于专业摄像机使用，并且是以穿戴式手持设备的形式设计出来的，所以对于普通摄影爱好者来说，斯坦尼康显然并不适用。

因此，为了在体积、重量和稳定效果之间找到一个平衡点，小斯坦尼康便问世了。

这款稳定设备在大斯坦尼康的基础上，对体积和重量进行了压缩，从而无须穿戴，只要手持即可使用。

由于其依然具有不错的稳定效果，所以即便是专业的视频制作工作室，在拍摄一些不是很重要的素材时依旧会使用它。

但需要强调的是，无论是斯坦尼康，还是小斯坦尼康，都是采用的纯物理减震原理，所以需要经过一定的练习才能实现良好的减震效果。因此只建议追求专业级摄像的人员使用。

▲ 小斯坦尼康

## 单反肩托架

单反肩托架是一个相比小巧、便携的稳定器而言更专业的稳定设备。

肩托架并没有稳定器那么多的智能化功能，但它结构简单，没有任何电子元件，在各种环境下均可以使用，并且只要掌握一定的方法，在稳定性上也更胜一筹。毕竟通过肩部受力，大大降低了手抖和走动过程中所造成的画面抖动。

不仅仅是单反肩托架，在利用其他稳定器拍摄时，如果掌握一些拍摄技巧，同样可以增加画面稳定性。

▲ 单反肩托架

## 摄像专用三脚架

与便携的摄影三脚架相比，摄像三脚架为了获得更好的稳定性而牺牲了便携性。

一般来讲，摄影三脚架在3个方向上各有1根脚管，也就是三脚管。而摄像三脚架在3个方向上最少各有3根脚管，也就是共有9根脚管，再加上底部的脚管连接设计，其稳定性要高于摄影三脚架。另外，脚管数量越多的摄像专用三脚架，其最大高度也越高。

在云台方面，为了在摄像时能够实现单一方向上精确、稳定地转换视角，所以摄像三脚架一般使用带摇杆的三维云台。

▲ 摄像专用三脚架

## 滑轨

相比稳定器，利用滑轨移动相机录制视频可以获得更加稳定、流畅的镜头表现。利用滑轨进行移镜、推镜等运镜时，可以呈现出电影级别的效果，所以是更专业的视频录制设备。

另外，如果希望在录制延时视频时呈现一定的运镜效果，则需要使用电动滑轨。因为电动滑轨可以实现微小的、匀速的持续移动，从而在短距离的移动过程中拍摄出多张延时素材，这样通过后期合成就可以得到连贯的、顺畅的、带有运镜效果的延时摄影画面。

▲ 滑轨

# 移动时保持稳定的技巧

即便使用稳定器，在移动拍摄过程中也不可太过随意，否则画面同样会出现明显的抖动。因此，掌握一些移动拍摄时的小技巧非常有必要。

## 始终维持稳定的拍摄姿势

为了保持稳定，在移动拍摄时依旧需要保持正确的拍摄姿势。也就是双手拿稳手机（或拿稳稳定器），从而形成三角形支撑，增加稳定性。

## 憋住一口气

此方法适合在短时间内移动机位录制时使用。因为普通人在移动状态下憋一口气也就维持十几秒时间，如果在这段时间内可以完成一个镜头的拍摄，那么此法可行；如果时间不够，切记不要采用此种方法。因为长时间憋气后，势必会急喘几下，这几下急喘往往会让画面出现明显抖动。

▲ 憋住一口气可以在短时间内拍摄出稳定的画面

## 保持呼吸均匀

如果憋一口气的时间无法完成拍摄，那么就需要在移动录制过程中保持呼吸均匀。稳定的呼吸可以保证身体不会出现明显的起伏，从而提高拍摄稳定性。

## 屈膝移动减少反作用力

在移动过程中很容易造成画面抖动，其中一个很重要的原因就在于迈步时地面给的反作用力会让身体振动一下。但当屈膝移动时，弯曲的膝盖会形成一个缓冲，就好像自行车的减震功能一样，从而避免产生明显的抖动。

## 提前确定地面情况

在移动录制时，由于眼睛一直盯着手机屏幕，因此无暇顾及地面情况。为了拍摄过程中的安全性和稳定性，一定要事先观察好路面情况，从而在录制时可以有所调整，不至于摇摇晃晃。

## 转动身体而不是转动手臂

在调整拍摄方向时，如果直接通过转动手臂进行调整，则很容易在转向过程中产生抖动。此时正确的做法应该是保持手臂不动，转动身体调整取景角度，从而使转向过程中更平稳。

# 视频拍摄存储设备

如果相机本身支持4K视频录制，但却无法正常拍摄，造成这种情况的原因往往是存储卡没有达到要求。另外，本节还将向读者介绍一种新兴的文件存储方式，利用它可以让海量视频文件更容易存储、管理和分享。

## SD 存储卡

现如今的中高端佳能单反、微单相机，大部分均支持录制4K视频。而由于4K视频在录制过程中每秒都需要存入大量信息，所以要求存储卡具有较高的写入速度。

通常来讲，U3速度等级的SD存储卡（存储卡上有U3标示），其写入速度基本在75MB/s以上，可以满足码率低于200Mbps的4K视频的录制。

如果要录制码率达到 400Mbps 的视频，则需要购买写入速度达到 100MB/s 以上的 UHS-Ⅱ存储卡。UHS（Ultra High Speed）是指超高速接口，而不同的速度级别以 UHS-Ⅰ、UHS-Ⅱ、UHS-Ⅲ标识，其中速度最快的 UHS-Ⅲ，其读写速度最低也能达到 150MB/s。

速度级别越高的存储卡，价格越贵。以 UHS-Ⅱ存储卡为例，容量为 64GB 的存储卡，其价格最低也要 400 元左右。

▲ UHS-Ⅱ 存储卡

## B 型 CF 存储卡

Canon EOS R5 相机提供了 B 型 CFexpress 存储卡卡槽。用于安装索尼生产的型号为 CFexpress Type B 的存储卡，其最高写入速度是 1480MB/s，读取速度是 1700MB/s，单张卡的容量最高为 512GB，为 8K RAW 短片、4K 高帧频短片等庞大数据的高速存储需求提供支持。

需要注意的是，使用 Canon EOS R5 相机在录制 8K DCI 30P RAW 格式的视频时，一张 256GB 的存储卡大概能录 13 分钟左右。所以购买时还要考虑录制时长，可以满足拍摄要求。

▲ B 型 CFexpress 存储卡

## NAS 网络存储服务器

由于 4K 视频的文件较大，经常进行视频录制的人员往往需要购买多块硬盘进行存储。在寻找个别视频时也费时费力，在文件管理和访问方面都不方便。而 NAS 网络存储服务器则让大尺寸的 4K 文件也可以 24 小时随时访问，并且同时支持手机端和计算端。在建立多个账户并设定权限的情况下，还可以让多人同时使用，并且保证个人隐私，为文件的共享和访问带来便利。

目前，市场上已经有成熟的 NAS 网络存储服务器，比如西部数据或者群晖都有多种型号的 NAS 网络存储服务器可供选择，并且保证可以轻松上手。

▲ NAS 网络存储服务器

# 视频拍摄采音设备

在室外或者不够安静的室内录制视频时，单纯通过相机自带的麦克风和声音设置往往无法得到满意的采音效果，这时就需要使用外接麦克风来提高视频中的音质。

## 便携的“小蜜蜂”

无线领夹麦克风也被称为“小蜜蜂”。其优势在于小巧便携，并且可以在不面对镜头或者在运动过程中进行收音。但缺点是需要对多人采音时，则需要准备多个发射端，相对来说会比较麻烦。

另外，在录制采访视频时，也可以将“小蜜蜂”发射端拿在手里，当作“话筒”使用。

▲便携“小蜜蜂”

## 枪式指向性麦克风

枪式指向性麦克风通常安装在佳能相机的热靴上进行固定。因此，在录制一些面对镜头说话的视频，如讲解类、采访类视频时，就可以着重采集话筒前方的语音，避免周围环境带来的噪声。

而且在使用枪式麦克风时，也不用在身上佩戴麦克风，可以让被摄者的仪表更加自然美观。

▲枪式指向性麦克风

## 记得为麦克风戴上防风罩

为避免户外录制视频时出现风噪声，建议各位为麦克风戴上防风罩。防风罩主要分为毛套防风罩和海绵防风罩，其中海绵防风罩也被称为防喷罩。

一般来说，户外拍摄建议使用毛套防风罩，其效果相比海绵防风罩更好。

而在室内录制时，使用海绵防风罩即可，不但能起到去除杂音的作用，还可以防止唾液喷入麦克风，这也是海绵防风罩也被称为防喷罩的原因。

▲戴上防风罩的麦克风

# 视频拍摄灯光设备

在室内录制视频时，如果利用自然光来照明，那么如果录制时间稍长，光线就会发生变化。比如下午2点至5点这3个小时内，光线的强度和色温都在不断降低，导致画面出现由亮到暗、由色彩正常到色彩偏暖的变化，从而很难拍出画面影调、色彩一致的视频。而如果采用室内一般灯光进行拍摄，灯光亮度又不够，打光效果也无法控制。所以，要想录制出效果更好的视频，一些比较专业的室内灯光是必不可少的。

## 简单实用的平板 LED 灯

一般来讲，在视频拍摄时往往需要比较柔和的灯光，使画面中不会出现明显的阴影，并且呈现柔和的明暗过渡。而平板LED灯在不增加任何其他配件的情况下，本身就能通过大面积的灯珠打出比较柔和的光源。

当然，平板LED灯也可以增加色片、柔光板等配件，让光质和光源色产生变化。

▲ 平板 LED 灯

## 更多可能的 COB 影视灯

这种灯的形状与影室闪光灯非常像，并且同样带有灯罩卡口，从而让影室闪光灯可用的配件在COB影视灯上均可使用，让灯光更可控。

常用的配件有雷达罩、柔光箱、标准罩和束光筒等，可以打出或柔和或硬朗的光线。

因此，丰富的配件和光效是更多的人选择COB影视灯的原因。有时也会选择主灯用COB影视灯，辅助灯用平板LED灯的方式进行组合打光。

▲ COB 影视灯搭配柔光箱

## 短视频博主最爱的 LED 环形灯

如果不懂布光，或者不希望在布光上花费太多时间，只需在面前放一盏LED环形灯，就可以均匀地打亮面部并形成眼神光了。

当然，LED环形灯也可以配合其他灯光使用，让面部光影更加均匀。

▲ LED 环形灯

# 简单实用的三点布光法

三点布光法是拍摄短视频、微电影时的常用布光方法。其“三点”分别为位于主体侧前方的主光，以及另一侧的辅光和侧逆位的轮廓光。

这种布光方法既可以打亮主体，将主体与背景分离，还能够营造一定的层次感、造型感。

一般情况下，主光的光质相对辅光要硬一些，从而让主体形成一定的阴影，增加影调的层次感。可以使用标准罩或蜂巢来营造硬光，也可以通过相对较远的灯位来提高光线的方向性。也正是因为这个原因，所以在三点布光法中，主光的距离往往比辅光要远一些。辅助光作为补充光线，其强度应该比主光弱，主要用来形成较为平缓的明暗对比。

在三点布光法中，也可以不要轮廓光，而用背景光来代替，从而降低人物与背景的对比，让画面整体更明亮，影调也更自然。如果想为背景光加上不同颜色的色片，还可以通过色彩营造独特的画面氛围。

▼三点布光法

背景墙
轮廓光
辅光
主光
机位

# 视频拍摄外采设备

视频拍摄外采设备也被称为监视器、记录仪、录机等，它的作用主要有两点：一是能提升相机的画质，拍摄出更高质量的视频；二是可以充当一个监视器，代替相机上的小屏幕，在录制过程中进行更精细的观察。

这里以Canon EOS R5为例，在视频录制规格的官方描述中，明确指出了外部输出规格：启用HDR PQ或Canon Log时，支持色彩采样4:2:2的10位无压缩输出和Rec.2020的色彩空间输出，支持4K输出，这证明官方承认并鼓励各位通过外采设备获得更高画质的视频。

由于监视器的亮度更高，所以即便在户外强光下拍摄，也可以清晰看到录制效果。并且对于相机自带的屏幕而言，监视器的屏幕更大，也就更容易对画面的细节进行观察。同时，利用监视器还可以直接将佳能相机以C-Log曲线录制的画面转换为HDR效果输出到屏幕上，让画面效果展示得更直观。

▲带有外接监视器的相机

对于外采设备的选择，笔者推荐NINJA V ATOMOS监视器，它尺寸小巧且功能强大，安装在佳能微单相机的热靴上进行长时间拍摄也不会觉得有什么负担。

# 利用外接电源进行长时间录制

在进行持续的长时间视频录制时，一块电池的电量很可能不够用。而如果更换电池，则势必会导致拍摄中断。为了解决这个问题，各位可以使用外接电源进行连续录制。

由于外接电源可以使用充电宝进行供电，因此只需购买一块大容量的充电宝，就可以大大延长视频录制时间。

另外，如果在室内固定机位进行录制，还可以选择直接连接插座的外接电源进行供电，从而完全避免在长时间拍摄过程中出现电量不足的问题。

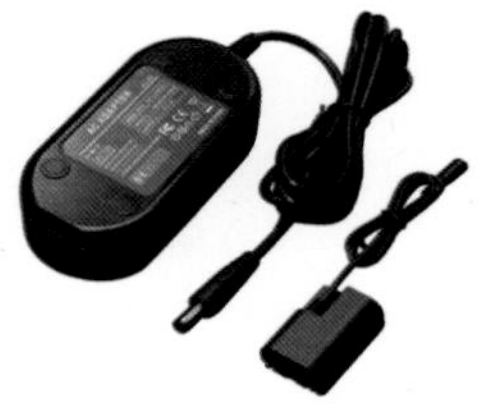

▲可以直连插座的外接电源

▲可以连接移动电源的外接电源

▲通过外接电源让充电宝给相机供电

# 通过提词器让语言更流畅

提词器是通过一个高亮度的显示器显示文稿内容，并将显示器中显示的内容反射到相机镜头前一块呈45° 角的专用镀膜玻璃上，把台词反射出来的设备。它可以让演讲者在看演讲词时，依旧保持很自然地对着镜头说话的感觉。

由于提词器需要经过镜面反射，所以除了硬件设备，还需要使用软件将正常的文字进行方向上的变换，从而在提词器上显示出正常的文稿。

通过提词器软件，字体的大小、颜色及文字滚动速度均可以按照演讲人的需求改变。值得一提的是，如果是一个团队进行视频录制，可以派专人控制提词器，从而确保提词速度可以根据演讲人语速的变化而变化。

如果更看中便携性，也可以将手机当作显示器的简易提词器。

使用这种提词器配合单反相机拍摄时，要注意支架的稳定性，必要时需要在支架前方进行配重。以免因为单反相机太重，支架又比较单薄，而导致设备损坏。

▲专业提词器

▲简易提词器

# 直播所需的硬件及软件

## 使用单反、无反进行直播的优势

### 更高的画质

即便是佳能微单相机，由于CMOS的尺寸远高于手机，所以在同一环境下直播时，就可以获得更多的光线，得到更好的画质。

另外，无论是佳能单反还是无反的镜头，由于可以设计较大的尺寸，所以其光学结构更合理，成像质量也比手机摄像头更好。

### 更出色的虚化效果

虽然目前很多手机相机都具有虚化功能，但大部分的虚化效果都是靠算法模拟出来的。而佳能单反、无反的虚化效果则是光学规律的结果，所以其虚化效果更唯美、细腻。另外，通过手动控制镜头的光圈和焦距，还可以对虚化程度进行控制。

### 更多的镜头选择

即便是镜头数量比较多的手机，也是只具备长焦、广角和超广角各一只定焦镜头。而单反和微单相机则可以选择多种焦段镜头，还可以通过变焦镜头精确控制所用焦距，对于直播取景而言，选择的空间更大。

即便目前手机的长焦镜头和超广角镜头再强大，其实与单反相机相似焦段的镜头相比，差距还是比较大的。因此，庞大的镜头群也是用单反、微单直播的一个优势。

## 使用单反、无反进行直播的特殊配件——采集卡

其实做直播的配件和做视频的配件非常相似，如灯光和采音设备都是通用的。因此这里只介绍使用相机进行直播时所需要的一个特殊配件——采集卡。

因为只有通过采集卡，才能将微单相机捕捉到的画面采集到计算机上，再由计算机上的直播软件将画面推流到直播平台。采集卡的种类有很多，但关键是看其能够采集的实况/录影画质有多高。一般能够采集1080P 60fps的视频画面就足够使用，但如果做4K直播，则需要购买4K采集卡。

▲ 采集卡

## 使用单反、无反进行直播的设备连接方法

首先将直播需要的微单相机、采集卡、直播用的计算机都准备好。然后将微单相机通过HDMI线与采集卡的输入端口连接；再将采集卡的输出端口与计算机连接。此时设备的串联就完成了，打开佳能微单相机，将其切换至录像模式；再将计算机上的直播软件打开，捕捉采集到计算机上的微单画面，就可以看到直播画面了。

▲ 相机连接至采集卡，采集卡连接至计算机

# 第 9 章 拍摄Vlog视频或微电影需要了解的镜头语言

# 认识镜头语言

## 什么是镜头语言

镜头语言既然带了“语言”二字，那就说明这是一种与说话类似的表达方式；而“镜头”二字则代表是用镜头来表达。所以镜头语言可以理解为用镜头表达的方式，即通过多个镜头中的画面，包括组合镜头的方式，向观众传达拍摄者希望表现的内容。

因此，在一个视频中，除了声音外，所有为了表达而采用的运镜方式、剪辑方式和一切画面内容，均属于镜头语言。

# 镜头语言之运镜方式

运镜方式是指录制视频过程中摄像器材的移动或者焦距调整方式，主要分为推镜头、拉镜头、摇镜头、移镜头、甩镜头、跟镜头、升镜头与降镜头共 8 种，也被简称为“推拉摇移甩跟升降”。由于环绕镜头可以产生更具视觉冲击力的画面效果，所以在本节中将介绍 9 种运镜方式。

需要强调的是，在介绍各种镜头运动方式的特点时，为了便于读者理解，会说明此种镜头运动在一般情况下适合表现哪类场景，但这绝不意味着它只能表现这类场景，在其他特定场景下应用时，也许会更具表现力。

## 推镜头

推镜头是指镜头从全景或别的景位由远及近向被摄对象推进拍摄，逐渐推成近景或特写镜头。其作用在于强调主体、描写细节、制造悬念等。

▲ 推镜头示例

## 拉镜头

拉镜头是指将镜头从全景或别的景位由近及远调整，景别逐渐变大，以表现更多环境。其作用主要在于表现环境，强调全局，从而交代画面中局部与整体之间的联系。

▲拉镜头示例

## 摇镜头

摇镜头是指机位固定，通过旋转相机而摇摄全景或者跟着拍摄对象的移动进行摇摄（跟摇）。

摇镜头的作用主要有 4 点，分别是介绍环境、从一个被摄主体转向另一个被摄主体、表现人物运动，以及代表剧中人物的主观视线。

值得一提的是，当利用“摇镜头”来介绍环境时，通常表现的是宏大的场景。左右摇动镜头适合拍摄壮阔的自然美景；上下摇动镜头则适用于展示建筑的雄伟或峭壁的险峻。

▲摇镜头示例

## 移镜头

拍摄时，机位在一个水平面上移动（在纵深方向移动则为推/拉镜头）的镜头运动方式称为移镜头。

移镜头的作用其实与摇镜头十分相似，但在“介绍环境”与“表现人物运动”这两点上，其视觉效果更为强烈。在一些制作精良的大型影片中，可以经常看到用这类镜头所表现的画面。

另外，由于采用移镜头方式拍摄时，机位是移动的，所以画面具有一定的流动感，这会让观赏者感觉仿佛置身于画面之中，更具艺术感染力。

▲ 移镜头示例

## 跟镜头

跟镜头又称“跟拍”，是指跟随被摄对象进行拍摄的镜头运动方式。跟镜头可连续而详尽地表现角色在行动中的动作和表情，既能突出运动中的主体，又能交代运动主体的运动方向、速度、体态及其环境的关系，有利于展示人物在动态中的精神面貌。

跟镜头在走动过程中的采访及体育视频中经常使用。拍摄位置通常在人物的前方，形成“边走边说”的视觉效果。而体育视频则通常为侧面拍摄，从而表现出运动员运动的姿态。

▲ 跟镜头示例

## 环绕镜头

将移镜头与摇镜头组合起来，就可以实现一种比较酷炫的运镜方式——环绕镜头。通过环绕镜头可以 360° 展现某一主体，经常用于在华丽场景下突出新登场的人物，或者展示景物的精致细节。

使用环绕镜头拍摄的最简单的实现方法就是将相机安装在稳定器上，然后手持稳定器，在尽量保持相机稳定的情况下绕人物跑一圈儿就可以了。

▲ 环绕镜头示例

## 甩镜头

甩镜头是指一个画面拍摄结束后，迅速旋转镜头到另一个方向的镜头运动方式。由于甩镜头时，画面的运动速度非常快，所以该部分画面内容是模糊不清的，但这正好符合人眼的视觉习惯（与快速转头时的视觉感受一致），所以会带给观赏者较强的临场感。

值得一提的是，甩镜头既可以在同一场景中的两个不同主体间快速转换，模拟人眼的视觉效果；还可以在甩镜头后直接接入另一个场景的画面（通过后期剪辑进行拼接），从而表现同一时间下、不同空间中同时发生的情景，此法在影视剧制作中会经常出现。

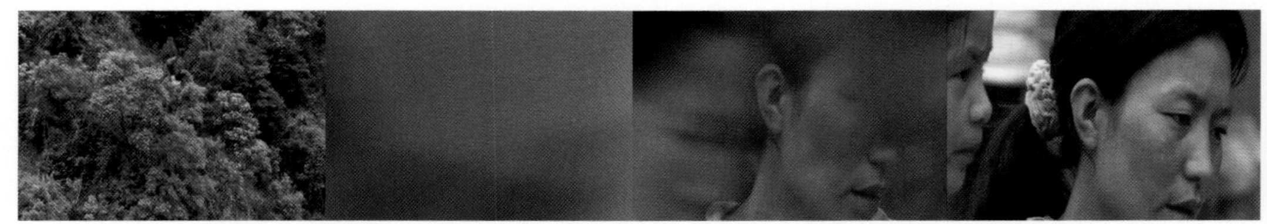

▲ 甩镜头过程中的画面是模糊不清的，以此迅速在两个不同场景间进行切换

## 升降镜头

上升镜头是指相机的机位慢慢升起，从而表现被摄体的高大。在影视剧中，也常被用来表现悬念。而下降镜头的方向则与之相反。升降镜头的特点在于能够改变镜头和画面的空间，有助于加强戏剧效果。

需要注意的是，不要将升降镜头与摇镜混为一谈。比如机位不动，仅将镜头仰起，此为摇镜头，展现的是拍摄角度的变化，而不是高度的变化。

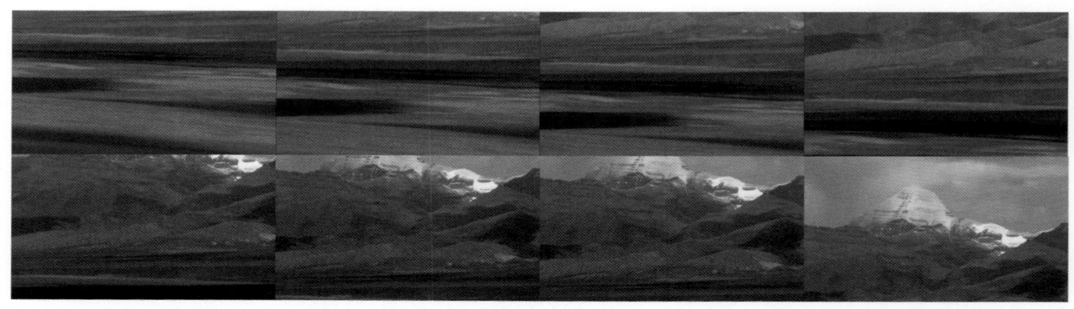

▲ 升镜头示例

# 3个常用的镜头术语

之所以对主要的镜头运动方式进行总结，一方面是因为比较常用，又各有特点；另一方面是为了交流和沟通所需的画面效果。

因此，除了上述这 9 种镜头运动方式外，还有一些偶尔也会用到的镜头运动或者是相关“术语”，如“空镜头”“主观性镜头”等。

## 空镜头

“空镜头”是指画面中没有人的镜头，也就是单纯拍摄场景或场景中局部细节的画面，通常用来表现景物与人物的联系或借物抒情。

▲ 一组空镜头表现出了事件发生的环境

## 主观性镜头

“主观性镜头”其实就是把镜头当作人物的眼睛，可以形成较强的代入感，非常适合表现人物的内心感受。

▲ 主观性镜头可以模拟出人眼看到的画面效果

## 客观性镜头

“客观性镜头”是指完全以一种旁观者的角度进行拍摄。其实这种说法就是为了与“主观性镜头”相区分。因为在视频录制中，除了主观性镜头就肯定是客观性镜头，而客观性镜头又往往占据视频中的绝大部分，所以几乎没有人会说“拍个客观镜头”这样的话。

▲ 客观性镜头示例

# 镜头语言之转场

镜头转场方法可以归纳为两大类，分别为技巧性转场和非技巧性转场。技巧性转场是指在拍摄或者剪辑时要采用一些技术或者特效才能实现；而非技巧性转场则是指直接将两个镜头拼接在一起，通过镜头之间的内在联系，让画面切换显得比较自然、流畅。

## 技巧性转场

### 淡入淡出

淡入淡出转场是指上一个镜头的画面由明转暗，直至黑场；下一个镜头的画面由暗转明，逐渐显示至正常亮度。淡出与淡入过程的时长一般各为 2 秒，但在实际编辑时，可以根据视频的情绪与节奏灵活掌握。部分影片在淡出淡入转场之间还有一段黑场，可以表现出剧情告一段落，或者让观赏者陷入思考。

▲ 淡入淡出转场形成的由明到暗再由暗到明的转场过程

### 叠化转场

叠化是指将前后两个镜头在短时间内重叠，并且前一个镜头逐渐模糊到消失，后一个镜头逐渐清晰，直到完全显现。叠化转场主要用来表现时间的消逝、空间的转换，或者在表现梦境、回忆的镜头中使用。

值得一提的是，由于在叠化转场时，前后两个镜头会有几秒比较模糊的重叠，如果镜头质量不佳的话，可以用这段时间掩盖镜头缺陷。

▲ 叠化转场会出现前后场景中的景物模糊重叠的画面

### 划像转场

划像转场也被称为扫换转场，可分为划出与划入。上一个从某一方向退出屏幕称为划出；下一个画面从某一方向进入屏幕称为划入。根据画面进、出屏幕的方向不同，可分为横划、竖划、对角线划等，通常在两个内容意义差别较大的镜头转场时使用。

▲ 画面横向滑动，前一个镜头逐渐划出，后一个镜头逐渐划入

## 非技巧性转场

### 利用相似性进行转场

当前后两个镜头具有相同或相似的主体形象，或者在运动方向、速度、色彩等方面具有一致性时，即可实现视觉连续、转场顺畅的目的。

比如，上一个镜头是果农在果园里采摘苹果，下一个镜头是顾客在菜市场挑选苹果的特写，利用上下两个镜头中都有“苹果”这一相似性内容，将两个不同场景下的镜头联系起来了，从而实现自然、顺畅的转场效果。

▲ 利用“夕阳的光线”这一相似性进行转场的3个镜头

### 利用思维惯性进行转场

利用人们的思维惯性进行转场，往往可以形成联系上的错觉，使转场流畅而有趣。

例如，上一个镜头是孩子在家里和父母说“我去上学了”，然后下一个镜头切换到学校大门的场景，整个场景转换过程就会比较自然。究其原因，在于观赏者听到“去上学”3个字后，脑海中自然会呈现出学校的情景，所以此时进行场景转换就比较顺畅。

▲ 通过语言等其他方式让观赏者脑海中呈现某一景象，从而进行自然、流畅的转场

## 两级镜头转场

利用前后镜头在景别、动静变化等方面的巨大反差和对比来形成明显的段落感，这种方法被称为两级镜头转场。

此种转场方式的段落感比较强，可以突出视频中的不同部分。比如前一段落大景别结束，下一段落小景别开场，类似写作“总分”的效果。也就是大景别部分让观赏者对环境有一个大致的了解，然后在小景别部分则开始细说其中的故事。让观赏者在观看视频时有一个更清晰的思路。

▲ 先通过远景表现日落西山的景观，然后自然地转接两个特写镜头，分别表现“日落”和“山”

## 声音转场

用音乐、音响、解说词、对白等和画面相配合的转场方式称为声音转场。声音转场方式主要有以下 2 种。

（1）利用声音的延续性自然转换到下一段落。其中，主要方式是同一旋律、声音的提前进入和前后段落声音相似部分的叠化。利用声音的吸引作用，弱化了画面转换、段落变化时的视觉跳动。

（2）利用声音的呼应关系实现场景转换。上下镜头通过两个连接紧密的声音进行衔接，并同时进行场景的更换，让观赏者有一种穿越时空的视觉感受。比如，上一个镜头是男孩儿在公园里问女孩儿“你愿意嫁给我吗？”，下一个镜头是女孩儿回答“我愿意”，但此时场景已经转到了结婚典礼现场。

## 空镜转场

只拍摄场景的镜头称为空镜头。这种转场方式通常在需要表现时间或者空间巨大变化时使用，从而起到一个过渡、缓冲的作用。

除此之外，空镜头也可以实现“借物抒情”的效果。比如，上一个镜头是女主角向男主角在电话中提出分手，接一个空镜头，是雨滴落在地面的景象，然后再接男主角在雨中接电话的景象。其中，“分手”这种消极情绪与雨滴落在地面的镜头之间是有情感上的内在联系的；而男主角站在雨中接电话，由于与空镜头中的“雨”有空间上的联系，从而实现了自然且富有情感的转场效果。

▲ 利用空镜头来衔接时间和空间发生大幅跳跃的镜头

## 主观镜头转场

主观镜头转场是指上一个镜头拍摄主体在观看的画面，下一个镜头接转主体观看的对象，这就是主观镜头转场。主观镜头转场是按照前、后两个镜头之间的逻辑关系来处理转场的手法，既显得自然，同时也可以引起观赏者的探究心理。

▶ 主观镜头通常会与主体所看景物的镜头连接在一起

## 遮挡镜头转场

当某物逐渐遮挡画面，直至完全遮挡，然后再逐渐离开并显露画面的过程就是遮挡镜头转场。这种转场方式可以将过场戏省略掉，从而加快画面节奏。

其中，如果遮挡物距离镜头较近，阻挡了大量的光线，导致画面完全变黑，再由纯黑的画面逐渐转变为正常的场景，这种方法还有个专有名称——挡黑转场。而挡黑转场还可以在视觉上给人以较强的冲击，同时制造视觉悬念。

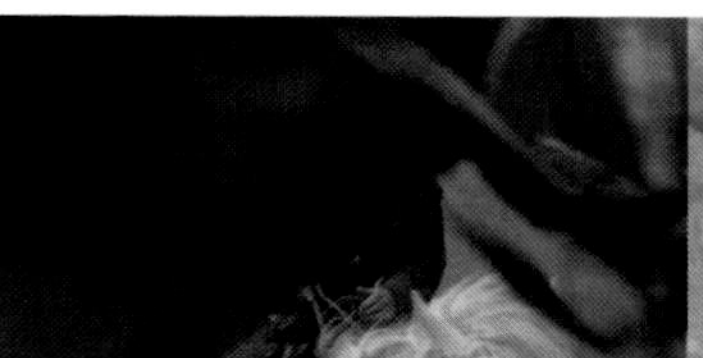
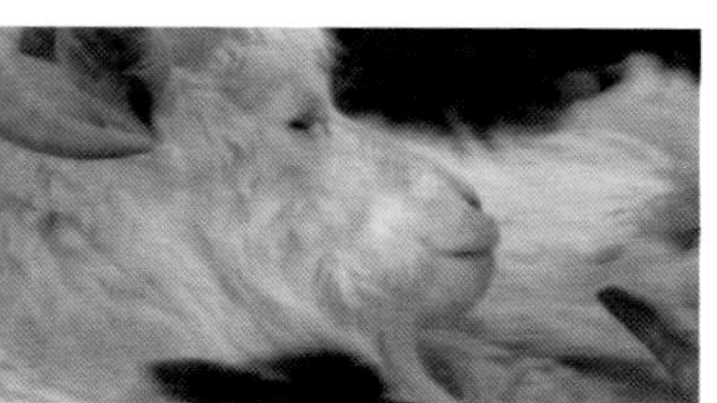

▲ 当马匹完全遮挡住骑马的孩子时，镜头自然地转向了羊群特写

# 镜头语言之起幅与落幅

## 理解起幅与落幅的含义和作用

起幅是指在运动镜头开始时，要有一个由固定镜头逐渐转为运动镜头的过程，而此时的固定镜头则被称为起幅。

为了让运动镜头之间的连接没有跳动感、割裂感，往往需要在运动镜头的结尾处逐渐转为固定镜头，这个镜头则被称为落幅。

起幅和落幅除了可以让镜头之间的连接更自然、连贯外，还可以让观赏者在运动镜头中看清画面中的场景。其中起幅与落幅的时长一般为 1 ～ 2 秒，如果画面信息量比较大，如远景镜头，则可以适当延长时间。

◀ 在镜头开始运动前稍做停顿，可以让画面信息充分传达给观众

## 起幅与落幅的拍摄要求

由于起幅和落幅是固定镜头，所以考虑到画面美感，构图要严谨。尤其是拍摄到落幅阶段时，镜头所停稳的位置、画面中主体的位置和所包含的景物均要进行精心设计。

并且停稳的时间也要恰到好处，过晚进入落幅会在与下一段的起幅衔接时出现割裂感，而过早进入落幅又会导致镜头停滞时间过长，让画面显得比较僵硬、死板。

在镜头开始运动和停止运动的过程中，镜头速度的变化尽量均匀、平稳，从而让镜头衔接更自然、顺畅。

◀ 镜头的起幅与落幅是固定镜头录制的画面，所以构图要比较讲究

# 镜头语言之镜头节奏

## 镜头节奏要符合观众的心理预期

当看完一部由多个镜头组成的视频时，并不会感受到视频有割裂感，而是一种流畅、自然的观看感受。这种观看感受正是由于镜头的节奏与观众的心理节奏相吻合的结果。

比如，在观看一段打斗视频时，此时观众的心理预期自然是激烈、刺激的，因此即便镜头切换得再快、再频繁，在视觉上也不会感觉不适。相反，如果在表现打斗画面时，采用相对平缓的镜头节奏，反而会产生一种突兀感。

◀ 为了营造激烈的打斗氛围，一个镜头时长甚至会控制在1秒以内

## 镜头节奏应与内容相符

对于表现动感和奇观性的好莱坞大片而言，自然要通过鲜明的节奏和镜头冲击力来获得刺激性；而对于表现生活、情感的影片，则往往镜头节奏比较慢，从而营造更现实的观感。

也就是说，镜头的节奏要与视频中的音乐、演员的表演、环境的影调相匹配。比如在悠扬的音乐声中，整体画面影调很明亮的情况下，往往镜头的节奏也应该比较舒缓，从而让整个画面更协调。

◀ 为了表现出地震时的紧张氛围，在4秒内出现了4个镜头，平均1秒一个镜头

## 利用节奏控制观赏者的心理

虽然节奏要符合观赏者的心理预期，但在视频录制时，可以通过镜头节奏来影响观赏者的心理，从而让观众产生情绪感受上的共鸣或同步。比如，悬疑大师希区柯克就非常喜欢通过镜头节奏形成独特的个人风格。在《精神病患者》浴室谋杀这一段中，仅 39 秒的时长就包含了 33 个镜头，时间之短、镜头之多、速度之快、节奏点之精确，让观赏者在跟上镜头节奏的同时，被带入到一种极度紧张的情绪中。

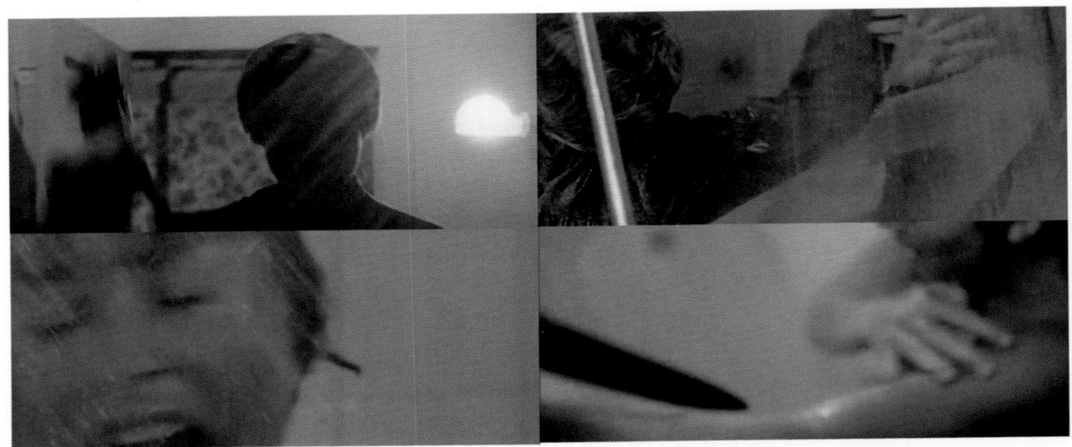

▲《精神病患者》浴室谋杀片段中快节奏的镜头让观众进入到异常紧张的情绪中

## 把握视频整体节奏

为了突出风格、表达情感，任何一个视频中都应该具有一个或多个主要节奏。之所以有可能具有多个主要节奏，原因在于很多视频会出现情节上的反转，或者是不同的表达阶段。那么对于有反转的情节，镜头的节奏也要产生较大幅度的变化；而对于不同的阶段，则要根据上文所述的内容及观众预期心理来寻找适合当前阶段的主节奏。

需要注意的是，把握视频的整体节奏不代表节奏单调。在整体节奏不动摇的前提下，适当的节奏变化可以让视频更生动，在变化中走向统一。

◀电影《肖申克的救赎》开头中法庭上的片段，每一个安迪和法官的近景镜头都在10秒左右，以此强调人物的心理，也奠定了影片以长镜头为主、节奏较慢的纪实性叙事方式

## 镜头节奏也需要创新

就像拍摄静态照片中所学习的基本构图方法一样，介绍这些方法，只是为了让各位读者找到构图的感觉。要想拍出自己的风格，还是要靠创新。镜头节奏的控制也是如此。

不同的导演面对不同的片段时都有其各自的节奏控制方法和理解。但对于初学者而言，在对镜头节奏还没有感觉时，通过学习一些基本的、常规的节奏控制思路，可以拍摄或剪辑出一些节奏合理的视频。经过反复的练习，对节奏有了自己的理解之后，就可以尝试创造出带有独特个人风格的镜头节奏了。

# 控制镜头节奏的4个方法

## 通过镜头长度影响节奏

镜头的时间长度是控制节奏的重要手段。有些视频需要比较快的节奏，如运动视频、搞笑视频等；但抒情类的视频则需要比较慢的节奏。大量使用短镜头就会加快节奏，从而给观众带来紧张心理；而使用长镜头则会减缓节奏，可以让观众感到心态舒缓、平和。

▲ 图示镜头共持续了6秒时间，从而表现出一种平静感

## 通过景别变化影响节奏

通过景别的变化可以创造节奏。景别的变化速度越快，变化幅度越大，画面的节奏就越鲜明。相反，如果多个镜头的景别变化较小，则视频较为平淡，以表现一种舒缓的氛围。

一般而言，从全景切换到特写的镜头更适合表达紧张的心理，所以相应的景别变化的幅度和频率会比较高；而从特写切换到全景，则往往表现一种无能为力和听天由命的消极情绪，所以更多地使用长镜头来突出这种压抑感。

◀ 相邻镜头进行大幅度景别的变化，可以让视频节奏感更鲜明

## 通过运镜影响节奏

运镜也会影响画面的节奏，而这种节奏感主要来源于画面中景物移动速度和方向的不同。只要采用了某种运镜方式，画面中就一定存在运动的景物。即便是拍摄静止不动的花瓶，由于镜头的运动，花瓶在画面中呈现的效果也是动态的。那么当运镜速度、运镜方向不同的多个镜头组合在一起时，节奏就产生了。

当运镜速度、方向变化较大时，就可以表现出动荡、不稳定的视觉感受，也会给观赏者一种随时迎接突发场景、剧情跌宕起伏的心理预期；当运镜速度、方向变化较小时，视频就会呈现出平稳、安逸的视觉感受，给观赏者以事态会正常发展的心理预期。

▲ 不同镜头的运镜速度相对一致，就会营造一种稳定的视觉感受

## 通过特效影响节奏

随着拍摄技术和视频后期技术的不断发展，有些特效可以产生与众不同的画面节奏。比如，首次在《黑客帝国》中出现的“子弹时间”特效，在激烈的打斗画面中，对一个定格瞬间进行360°的全景展现。这种大大降低镜头节奏的做法，在之前的武打片段中是不可能被接受的。

对于前、后期视频制作技术的创新一直在持续。当出现一种新的特效拍摄、制作方法时，就可以产生与原有画面节奏完全不同的观看感受。

▲《黑客帝国》中“子弹时间”特效画面

# 利用光与色彩表现镜头语言

“光影形色”是画面的基本组成要素，通过拍摄者对用光及色彩的控制，可以表达出不同的情感和画面氛围。一般来说，暗淡的光线和低饱和的色彩往往表现一种压抑、紧张的氛围；而明亮的光线与鲜艳的色彩则表现出一种轻松、愉悦的氛围。

比如在《肖申克的救赎》这部电影中，监狱中的画面的色彩和影调都是比较灰暗的；而最后瑞德出狱去找安迪的时候，画面明显更加明亮，色彩也更艳丽。这一点在瑞德出狱后找到安迪时的海滩场景中表现得尤为明显。

▲《肖申克的救赎》狱中、狱外的色彩与光影有着明显反差

# 多机位拍摄

## 多机位拍摄的作用

### 让一镜到底的视频有所变化

对于一些一镜到底的视频，如会议、采访视频的录制，往往需要使用多机位拍摄。因为如果只用一台相机进行录制，那么拍摄角度就会非常单一，既不利于在多人说话时强调主体，还会使画面有停滞感，很容易让观赏者感觉到乏味、枯燥。而在设置多机位拍摄的情况下，在后期剪辑时就可以让不同角度或者景别的画面进行切换，从而突出正在说话的人物，并且在不影响访谈完整性的同时，使画面有所变化。

▲ 多机位拍摄获得不同角度和景别的画面

### 把握住仅有一次的机会

一些特殊画面由于成本或者时间上的限制，可能只能拍摄一次，无法重复。比如一些电影中的爆炸场景，或者是运动会中的精彩瞬间。为了能够把握住这仅有的一次机会，所以在器材允许的情况下，应该尽量多布置机位进行拍摄，避免留下遗憾。

▲ 通过多机位记录不可重复的比赛

## 多机位拍摄时注意不要穿帮

使用多机位拍摄时，由于被拍进画面的范围更大了，所以需要谨慎地选择相机、灯光和采音设备的位置。但对于短视频拍摄来说，器材的数量并不多，所以往往只需要注意相机与相机之间不要彼此拍到即可。

这也是在采用多机位拍摄时，超广角镜头很少被使用的原因。因为这会导致其他机位的选择受到很大的限制。

### 方便后期剪辑的“打板”

由于在专业视频制作中，画面和声音是分开录制的，所以要“打板”，从而在后期剪辑时，让画面中场记板合上的那一帧和产生的“咔哒”声相吻合，以此实现声画同步。

但在多机位拍摄中，除了实现“声画同步”这一作用外，不同机位拍摄的画面还可以通过“打板”声音吻合而确保视频重合，从而使多机位后期剪辑更方便。当然，如果没有场记板，使用拍手的方法也可以达到相同的目的。

▲ 场记板

## 了解拍视频必做的“分镜头脚本”

通俗地理解，分镜头脚本就是将一个视频所包含的每一个镜头拍什么、怎么拍，先用文字写出来或者是画出来（有的分镜头脚本会利用简笔画表明构图方法），也可以理解为拍视频之前的计划书。

在影视剧拍摄中，分镜头脚本有着严格的绘制要求，是拍摄和后期剪辑的重要依据，并且需要经过专业的训练才能完成。但作为普通摄影爱好者，大多数都以拍摄短视频或者 Vlog 为目的，因此只需了解其作用和基本撰写方法即可。

### “分镜头脚本”的作用

#### 指导前期拍摄

即便是拍摄一个长度仅为 10 秒左右的短视频，通常也需要 3 ～ 4 个镜头来完成。那么这 3 个或 4 个镜头计划怎么拍，就是分镜脚本中应该写清楚的内容。从而避免到了拍摄场地后现场分析，既浪费时间，又可能因为思考时间太短而得不到理想的画面。

值得一提的是，虽然分镜头脚本有指导前期拍摄的作用，但不要被其所束缚。在实地拍摄时，如果突发奇想，有更好的创意，则应该果断采用新方法进行拍摄。如果担心临时确定的拍摄方法不能与其他镜头（拍摄的画面）衔接，则可以按照原来分镜头脚本中的计划，拍摄一个备用镜头，以防万一。

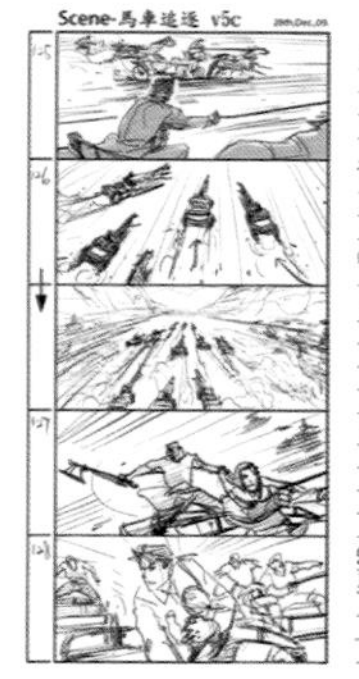

▲ 徐克导演分镜头手稿

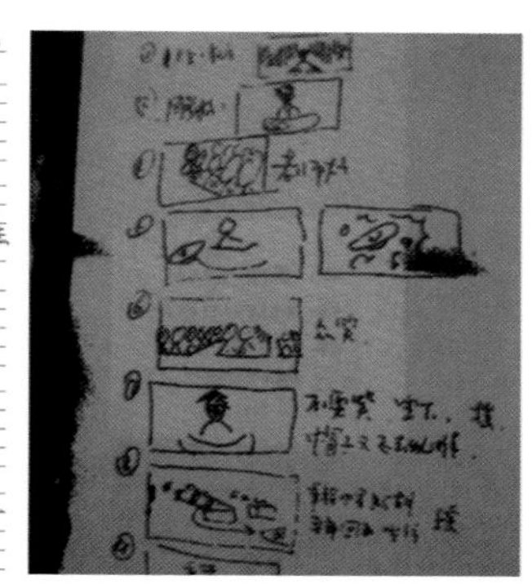

▲ 姜文导演分镜头手稿

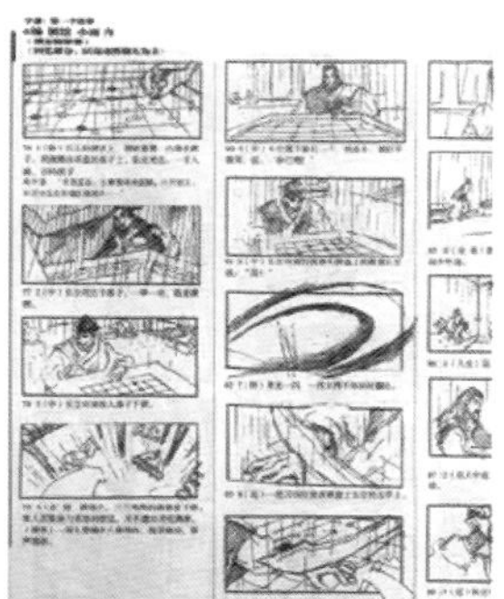

▲ 张艺谋导演分镜头手稿

### 后期剪辑的依据

根据分镜头脚本拍摄的多个镜头需要通过后期剪辑合并成一个完整的视频。因此，镜头的排列顺序和镜头转换的节奏都需要以镜头脚本作为依据。尤其是在拍摄多组备用镜头后，很容易相互混淆，导致不得不花费更多的时间进行整理。

另外，由于拍摄时现场的情况很可能与预想的画面不同，所以前期拍摄未必完全按照分镜头脚本进行。此时就需要懂得变通，抛开分镜头脚本，寻找最合适的方式进行剪辑。

## “分镜头脚本”的撰写方法

懂得了“分镜头脚本”的撰写方法，也就学会了如何制定短视频或者 Vlog 的拍摄计划。

### “分镜头脚本”中应该包含的内容

一份完善的分镜头脚本中，应该包含镜头编号、景别、拍摄方法、时长、画面内容、拍摄解说、音乐共 7 部分内容，下面逐一讲解每部分内容的作用。

（1）镜头编号。镜头编号代表各个镜头在视频中出现的顺序。绝大多数情况下，这也是前期拍摄的顺序（因客观原因导致个别镜头无法拍摄时，则会先跳过）。

（2）景别。景别分为全景（远景）、中景、近景、特写，用来确定画面的表现方式。

（3）拍摄方法。针对拍摄对象描述镜头运用方式，是“分镜头脚本”中唯一对拍摄方法的描述。

（4）时长。用来预估该镜头的拍摄时长。

（5）画面内容。对拍摄的画面内容进行描述。如果画面中有人物，则需要描绘人物的动作、表情和神态等。

（6）拍摄解说。对拍摄过程中需要强调的细节进行描述，包括光线、构图及镜头运用的具体方法。

（7）音乐。确定背景音乐。

提前对上述 7 部分内容进行思考并确定后，整个视频的拍摄方法和后期剪辑的思路、节奏就基本确定了。虽然思考的过程比较费时间，但正所谓“磨刀不误砍柴工”，制作一份详尽的分镜头脚本，可以让前期拍摄和后期剪辑轻松不少。

### 撰写一个“分镜头脚本”

了解了“分镜头脚本”所包含的内容后，就可以自己尝试进行撰写了。这里以在海边拍摄一段短视频为例，向各位介绍“分镜头脚本”的撰写方法。

由于“分镜头脚本”是按不同镜头进行撰写的，所以一般都是以表格的形式呈现。但为了便于介绍撰写思路，会先以成段的文字进行讲解，最后再通过表格呈现最终的“分镜头脚本”。

首先整段视频的背景音乐统一确定为陶喆的《沙滩》，然后再分镜头讲解设计思路。

镜头 1：人物在沙滩上散步，并在旋转过程中让裙子散开，表现出在海边玩耍的惬意。所以“镜头 1”利用远景将沙滩、海水和人物均纳入画面。为了让人物从画面中突出，应穿着颜色鲜艳的服装。

镜头 2：由于“镜头 3”中将出现新的场景，所以将“镜头 2”设计为一个空镜头，单独表现“镜头 3”中的场地，让镜头彼此之间具有联系，起到承上启下的作用。

镜头 3：经过前面两个镜头的铺垫，此时通过在垂直方向上拉镜头的方式，让镜头逐渐远离人物，表现出栈桥的线条感与周围环境的空旷、大气之美。

镜头 4：这是最后一个镜头，则需要将画面拉回视频中的主角——人物。同样采用远景同时兼顾美丽的风景与人物的拍摄方式。在构图时要利用好栈桥的线条，形成透视牵引线，增强画面的空间感。

▲ 镜头1表现人物与海滩景色

▲ 镜头2表现出环境

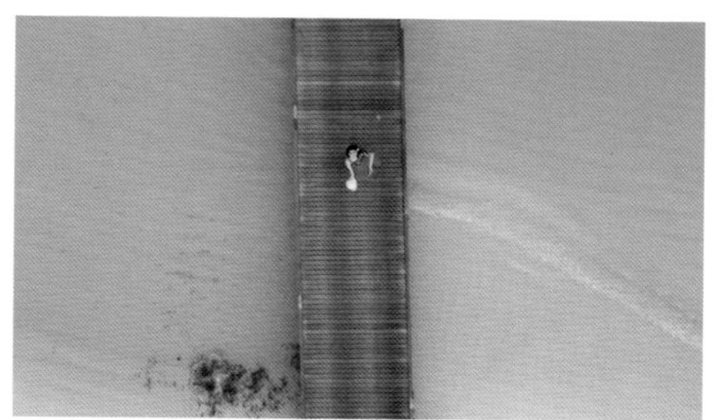

▲ 镜头3逐渐表现出环境的极简美

▲ 镜头4回归人物

经过以上的思考后，就可以将“分镜头脚本”以表格的形式表现出来了，最终的成品见下表。

| 镜号 | 景别 | 拍摄方法 | 时长 | 画面 | 解说 | 音乐 |
|---|---|---|---|---|---|---|
| 1 | 远景 | 移动机位拍摄人物与沙滩 | 3 秒 | 穿着红衣的女子在沙滩上、海水边散步 | 稍微俯视的角度，表现出沙滩与海水。女子可以摆动起裙子 | 《沙滩》 |
| 2 | 中景 | 以摇镜头的方式表现栈桥 | 2 秒 | 狭长栈桥的全貌逐渐出现在画面中 | 摇镜头的最后一个画面，需要栈桥透视线的灭点位于画面中央 | 同上 |
| 3 | 中景 + 远景 | 中景俯拍人物，采用拉镜头方式，让镜头逐渐远离人物 | 10 秒 | 从画面中只有人物与栈桥，再到周围的海水，再到更大空间的环境 | 通过长镜头及拉镜头的方式，让画面逐渐出现更多的内容，引起观赏者的兴趣 | 同上 |
| 4 | 远景 | 固定机位拍摄 | 7 秒 | 女子在优美的海上栈桥翩翩起舞 | 利用栈桥让画面更具空间感。人物站在靠近镜头的位置，使其占据画面一定的比例 | 同上 |

# 第 10 章
# Canon EOS R5/R6 的镜头选择

# 镜头标识名称解读

通常镜头名称中会包含很多数字和字母，佳能 RF 镜头专用于 EOS 微单，采用了独立的命名体系，各数字和字母都具有特定的含义，熟记这些数字和字母所代表的含义，就能很快了解一款镜头的性能。

▲ RF 24-105mm F4 L IS USM 镜头

RF 24-105mm F4 L IS USM

❶ RF：代表此镜头适用于 EOS 微单相机。

❷ 24-105mm：代表镜头的焦距范围。

❸ F4：表示镜头所拥有最大光圈的数值。光圈恒定的镜头采用单一数值表示，如 RF 28-70mm F2 L USM；光圈浮动的镜头会标出光圈的浮动范围，如佳能 EF 70-300mm F4-5.6 L IS USM。

❹ L：L 为 Luxury（奢侈）的缩写，表示此镜头属于高端镜头。此标记仅赋予通过了佳能内部特别标准认证的、具有优良光学性能的高端镜头。

IS：IS 是 Image Stabilizer（图像稳定器）的缩写，表示镜头内部搭载了光学式手抖动补偿机构。

USM：表示自动对焦机构的驱动装置采用了超声波马达（USM）。USM 将超声波振动转换为旋转动力，从而驱动对焦。

**高手点拨：** 安装卡口适配器后，便可以将EF、EF-S系列的镜头安装在EOS R微单相机上。

# 认识佳能相机的 3 种卡口

自从佳能在首款全画幅微单 EOS R上使用了全新的RF卡口后，佳能就拥有了全画幅微单、全画幅单反与APS-C画幅单反3个产品线，这3个产品线上的相机分别为RF卡口、EF卡口和EF-S卡口。

对应不同的卡口，需要使用适配不同卡口的镜头，其中佳能全画幅单反相机使用所有EF系列镜头；佳能APS-C画幅相机可以使用EF系列镜头和EF-S系列镜头；最新上市的全画幅微单相机则只能够使用RF系列镜头。

比如EF 24-70mm F2.8这款镜头为EF镜头，它可以同时在全画幅单反及APS-C画幅单反上使用；EF-S 10-22mm F3.5-4.5这款EF-S镜头则只能在APS-C画幅相机上使用；RF 50mm F1.2这款RF镜头则只能在全画幅微单相机上使用。

▲ RF 镜头：RF 50mm F1.2 L USM

▲ EF 镜头：EF 24-70mm F2.8 L Ⅱ USM

▲ EF-S 镜头：EF-S 10-22mm F3.5-4.5 USM

# 镜头焦距与视角的关系

每款镜头都有其固有的焦距，焦距不同，拍摄视角和拍摄范围也不同，而且不同焦距下的透视、景深等特性也有很大区别。例如，在使用广角镜头的 14mm 焦距拍摄时，其视角能够达到 114° ；而使用长焦镜头的 200mm 焦距拍摄时，其视角只有 12° 。不同焦距的镜头对应的视角如下图所示。

由于不同焦距镜头的视角不同，因此不同焦距镜头适用的拍摄题材也有所不同。比如焦距短、视角宽的镜头常用于拍摄风光；而焦距长、视角窄的镜头常用于拍摄体育比赛、鸟类等位于远处的对象。

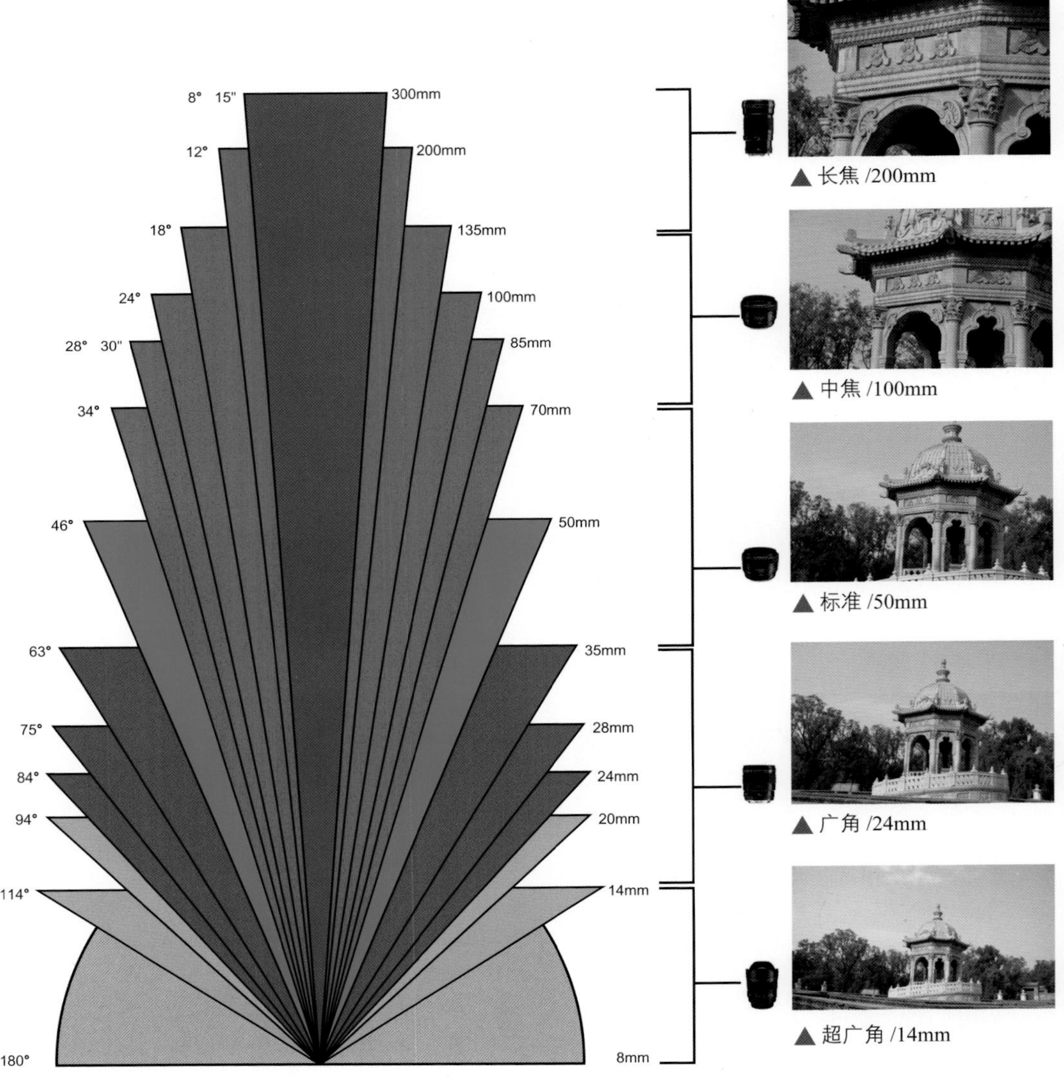


▲ 长焦 /200mm

▲ 中焦 /100mm

▲ 标准 /50mm

▲ 广角 /24mm

▲ 超广角 /14mm

# RF 镜头的优点

## 更大的最大光圈值

从佳能 RF 系列的 RF 24-105mm F4 L IS USM、RF 28-70mm F2 L USM、RF 50mm F1.2 L USM、RF 35mm F1.8 Macro IS STM、RF 85mm F1.2 L USM DS 等镜头的光圈上可以看出，RF 镜头与 EF/EF-S 镜头相比具有明显优势。比如 RF 28-70mm F2 L USM 这只镜头，在 EF 系列中，类似焦段的镜头最大光圈也只能达到 F2.8，但此只镜头居然最大光圈达到了 F2.0。因此，佳能 RF 系列镜头会为摄影界带来更大的惊喜。

▲ RF 28-70mm F2 L USM

## 更小的体积

RF 卡口在保持卡口内径依旧是 54mm 不变的情况下（与 EF 卡口相比），法兰距仅为 20mm（EF 卡口法兰距为 44mm），加之微单相机没有反光板，因此可以大幅缩短镜头后端镜片到图像感应器的距离，提高了镜头设计的灵活性，可以使 RF 镜头体积更小巧，携带更方便。

## 操作更灵活

RF 卡口采用了具有前瞻性的 12 个触点设计，在镜头与相机间架起了高速通信系统，使摄影师能够控制镜头控制环对曝光参数进行控制，这会使摄影师在拍摄时的操作更加灵活。

## 更高画质

RF 镜头得益于大口径卡口与短法兰距，可在图像感应器附近配置大口径 ++ 的镜片，有利于抑制多种像差的影响，使前端镜片接收的光线尽量减少曲折、鬼影和炫光，从而获得更高的画质。

◀ RF 系列镜头在逆光拍摄时可以有效地减少炫光现象『焦距：50mm ┆ 光圈：F2.8 ┆ 快门速度：1/100s ┆ 感光度：ISO160』

# 卡口适配器

卡口适配器用于在佳能微单相机上连接 EF/EF-S 系列镜头，可以满足用户扩展镜头使用数量及选择范围的需求。

Canon EOS R5/R6 微单相机的卡口适配器型号为 EF-EOS R，根据不同用户的拍摄需求，共有 4 款。

第一款是标准版卡口适配器，采用全电子卡口，可以对应 EF/EF-S 镜头的自动对焦、手抖动补偿等功能，且具备防水滴、防尘结构。

第二款是控制环卡口适配器，它在标准版卡口适配器的基础上增加了控制环，使得转接 EF/EF-S 镜头后，可以获得与 RF 镜头控制环相同的操作感觉。控制环在旋转时还具有定位感及操作动作音，为用户掌握操作量提供了方便。

第三款是插入式滤镜卡口适配器（含插入式圆形偏光滤镜），与标准版卡口适配器具有相同功能，并且支持专用的插入式偏光滤镜，为经常使用偏光滤镜且需要频繁更换不同镜头的用户提供了经济、便捷的解决方案。

第四款是插入式滤镜卡口适配器（含插入式可变ND滤镜），可支持专用的插入式可变ND滤镜，适用于经常使用ND滤镜拍摄的用户。

利用卡口适配器，将 EF 长焦镜头安装到 EOS R5/R6 相机上，便可以拍摄野生动物题材了『焦距：400mm ¦ 光圈：F5 ¦ 快门速度：1/800s ¦ 感光度：ISO500』

▲ 标准版卡口适配器 EF-EOS R

▲ 控制环卡口适配器 EF-EOS R

▲ 插入式滤镜卡口适配器 EF-EOS R，带有插入式圆形偏光滤镜

▲ 插入式滤镜卡口适配器 EF-EOS R，带有插入式可变 ND 滤镜

▲ 将镜头上的红色或白色安装标志与卡口适配器上相应的安装标志对齐，然后顺时针旋转，将镜头安装在卡口适配器上，再把卡口适配器与相机上的红色安装标记对齐，顺时针旋转镜头直至卡到位即可

# 5 款佳能高素质镜头点评

## RF 50mm F1.2 L USM | 超大光圈与高画质兼具的 RF 镜头

该款镜头的设计运用了 RF 卡口大口径与短法兰距的特点，使其能达到 F1.2 大光圈的同时保持高画质。利用 F1.2 的超大光圈，可以实现相当小的景深与美丽的虚化效果，非常适合人像与微距题材的拍摄。

为了得到超高的画质，该镜头的光学结构为 9 组 15 片，使用了 2 片研磨非球面镜片与 1 片 GMo（玻璃模铸）非球面镜片，通过合理配置 3 片具有高折射率的非球面镜片，实现了 F1.2 大光圈下画面中心到边缘整体的高画质表现。

与此同时，该款镜头还采用了防反射效果非常突出的 ASC 镀膜，可提高镜片的透射率，有效抑制画面内光源造成的炫光与鬼影，降低了逆光对成像的影响，带来了清晰、通透的照片效果。

此外，通过对全像素双核 CMOS AF 与镜头控制的优化，即便在 F1.2 光圈下，仍然可以实现高精度的自动对焦。

| 镜片结构 | 9组15片 |
|---|---|
| 光圈叶片数 | 10 |
| 最大光圈 | F1.2 |
| 最小光圈 | F16 |
| 最近对焦距离/cm | 40 |
| 最大放大倍率 | 0.19 |
| 滤镜尺寸/mm | 77 |
| 规格/mm | 89.8 × 108 |
| 质量/g | 950 |

## RF 15-35mm F2.8 L IS USM | 覆盖常用广角焦段的高性能大光圈镜头

这是一款具备 15mm 超广角与 IS 影像稳定器的佳能 EOS R 系列专用“大三元”镜头。

得益于佳能 RF 卡口大口径与短后对焦距离带来的光学设计灵活性，实现了具有 15mm 超广角焦距，其宽广的视角不仅可将广阔的景物纳入画面中，更能进一步强调透视感，拍出壮观的感觉，特别适合建筑与风光摄影等。

而镜头 35mm 的远摄端能够提供变形较少的自然视角及适度的透视效果，适合拍摄街拍、美食、人像等多种题材。

除了在焦距方面非常实用外，它还是佳能恒定 F2.8 光圈 L 级广角变焦镜头中首款具备 IS 影像稳定器的镜头，配合 Canon EOS R5/R6 相机的机内 IS 检测功能，在手持拍摄照片时，最大的手抖动补偿效果提升相当于 5 级快门速度，配合 F2.8 的大光圈，即使在昏暗场景下，也能得到清晰的画面。

此镜头包含 2 片 UD（超低色散）镜片和 3 片非球面镜片，可抑制色像差、球面像差和歪曲像差等。此外，该款镜头采用的 SWC 亚波长结构镀膜和 ASC 镀膜防反射效果非常好，提高了镜片的透射率，有效地减少了炫光与鬼影，在逆光场景下也能拍出清晰、通透的照片效果。

| 镜片结构 | 12组16片 |
|---|---|
| 光圈叶片数 | 9 |
| 最大光圈 | F2.8 |
| 最小光圈 | F22 |
| 最近对焦距离/cm | 28 |
| 最大放大倍率 | 0.21 |
| 滤镜尺寸/mm | 82 |
| 规格/mm | 88.5 × 126.8 |
| 质量/g | 840 |

## RF 28-70mm F2 L USM 丨具有 F2 大光圈的顶级 RF 标准变焦镜头

这只镜头采用了 13 组 19 片的光学结构，其中包含了 1 片超级 UD（超级超低色散）镜片和 2 片 UD（超低色散）镜片，可有效抑制轴向色像差和倍率色像差，从而在全焦段的最大光圈下拥有不输定焦镜头的光学成像性能。

RF 28-70mm F2 L USM 在人像摄影中的表现尤为抢眼。F2 大光圈时不仅能锐利地呈现人物主体，还兼顾了自然的背景虚化效果，且合焦位置到焦外过渡很柔和。9 片光圈叶片的设计使得焦外的光斑自然而美丽，增加了画面的立体感，为用户的人像作品创作提供了有力支持。

与此同时，该款镜头还采用了防反射效果比较好的 SWC 亚波长结构镀膜和 ASC 镀膜，可提高镜片的透射率，有效抑制画面内光源造成的炫光与鬼影，降低了逆光对成像的影响，带来了清晰、通透的照片效果。

此外，该镜头采用环形 USM 超声波马达，可实现安静、快速的自动对焦及顺畅的焦点过渡。具备防尘、防水滴结构和防污氟镀膜，可靠性更强。

| 镜片结构 | 13组19片 |
|---|---|
| 光圈叶片数 | 9 |
| 最大光圈 | F2 |
| 最小光圈 | F22 |
| 最近对焦距离/cm | 39 |
| 最大放大倍率 | 0.18 |
| 滤镜尺寸/mm | 95 |
| 规格/mm | 103.8×139.8 |
| 质量/g | 1430 |

## RF 70-200mm F2.8 L IS USM 丨新生“大三元”小型化的 RF“小白 IS”

该款镜头佳能新生“大三元”镜头，与备受好评的 EF 70-200mm F2.8 L IS USM 相比，具有更好的画质表现。同时，镜头长度大幅缩短，重量仅约 1070 克（不含三脚架接环），减轻约 28% 之多。是佳能 70-200mm F2.8 系列全画幅镜头中最短、最轻的一款。

该款镜头具有最大相当于 5 级快门速度的防抖效果，加上 F2.8 的大光圈、小型轻量镜身，让手持拍摄更加安心，并且提供了 3 种不同的 IS 模式。其中“模式 1”适用于拍摄人像等静止被摄体；“模式 2”可用于追随拍摄，适合拍摄赛车、列车等场景；“模式 3”适合在拍摄足球、篮球等无规律运动的被摄体时使用。

该款镜头包括 1 片玻璃模铸非球面镜片、1 片超级 UD（超低色散）镜片和 3 片 UD 镜片，不仅如此，它还采用了 1 片 UD 非球面镜片，并对多种像差进行有效补偿，实现了画面中心到边缘的高画质。此外，采用了防反射效果比较好的 SWC 亚波长结构镀膜，提高了镜片的透射率，可以有效减少炫光与鬼影。

总的来说，这款镜头囊括了佳能相机几乎所有的高新技术，在性能上拥有绝对的保障。

| 镜片结构 | 13组17片 |
|---|---|
| 光圈叶片数 | 9 |
| 最大光圈 | F2.8 |
| 最小光圈 | F32 |
| 最近对焦距离/cm | 70 |
| 最大放大倍率 | 0.23 |
| 滤镜尺寸/mm | 77 |
| 规格/mm | 89.9×146 |
| 质量/g | 1070 |

## RF 85mm F2 MACRO IS STM | 带有 8 级防抖功能的专业级微距镜头

该款微距镜头的光学防抖具有 5 级的手抖动补偿效果，当与 EOS R5/R6 相机搭配使用时，镜头光学防抖可与机身防抖联合运作，可以实现最高 8 级的强力手抖动补偿效果，在无法保持稳定持机或不能使用三脚架的场合等，也可获得清晰的图像。

这款镜头的最近对焦距离为 35cm、最大放大倍率约 0.5 倍，可以将细小的对象放大，使其细节清晰呈现在画面中；而 F2 的最大光圈及 9 片光圈叶片组成的圆形光圈，可使画面获得漂亮的虚化效果。85mm 的焦距除了可以让摄影师不必由于靠近拍摄而惊扰蜜蜂、蝴蝶等微距被摄对象外，也是人像摄影的常用焦距，能获得较少变形的透视感与空间感，既可以拍摄面部特写，也可以拍摄人物全身像。

因此，这款镜头除了可以拍摄微距题材外，还可以用于拍摄街拍、人文、人像等题材。

| 镜片结构 | 11组12片 |
|---|---|
| 光圈叶片数 | 9 |
| 最大光圈 | F2 |
| 最小光圈 | F27 |
| 最近对焦距离/cm | 35 |
| 最大放大倍率 | 0.5 |
| 滤镜尺寸/mm | 67 |
| 规格/mm | 70.8 × 90.5 |
| 质量/g | 500 |

# 选购镜头时的合理搭配

不同焦段的镜头有着不同的功用，如 85mm 焦距镜头被奉为人像摄影的不二之选，而 50mm 焦距镜头在人文、纪实等领域也有着无可替代的作用。根据拍摄对象的不同，可以选择广角、中焦、长焦及微距等多个焦段的镜头。

如果要购买多支镜头以满足不同的拍摄需求，一定要注意焦段的合理搭配，比如佳能 RF 系列“大三元”3 支镜头，即 RF 15-35mm F2.8 L IS USM、RF 24-70mm F2.8 L IS USM、RF 70-200mm F2.8 L IS USM 镜头，覆盖了从广角到长焦最常用的焦段，并且各镜头之间焦距的衔接极为紧密，即使是专业摄影师，也能够满足绝大部分拍摄需求。

即便是普通的摄影爱好者，在选购镜头时也应该特别注意各镜头间的焦段搭配，尽量避免重合，甚至可以留出一定的“中空”，以避免造成浪费——毕竟好的镜头的价格非常贵。

| 15~35mm 焦段 | 24~70mm 焦段 | 70~200mm 焦段 |
|---|---|---|
| RF 15-35mm F2.8 L IS USM | RF24-70mm F2.8 L IS USM | RF 70-200mm F2.8 L IS USM |

# 与镜头相关的常见问题解答

Q：如何准确理解焦距?

A：镜头的焦距是指对无限远处的被摄体对焦时镜头中心到成像面的距离，一般用长短来描述。焦距变化带来的不同视觉效果主要体现在视角上。

视野宽广的广角镜头，光照射进镜头的入射角度较大，镜头中心到光集结起来的成像面之间的距离较短，对角线视角较大，因此能够拍出场景更广阔的画面；而视野窄的长焦镜头，光的入射角度较小，镜头中心到成像面的距离较长，对角线视角较小，因此适合以特写的景别拍摄远处的景物。

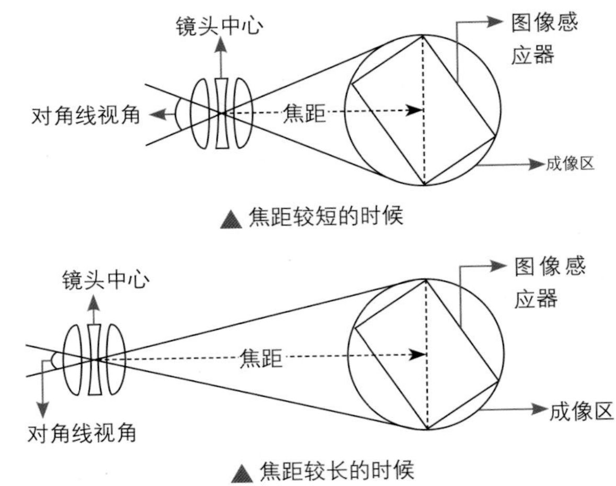


▲ 焦距较短的时候

▲ 焦距较长的时候

Q：如何拍出没有畸变与透视感的照片?

A：要想拍出畸变小、透视感不强烈的照片，就不能使用广角镜头进行拍摄，而是选择一个较远的距离，使用长焦镜头拍摄。这是因为在远距离下，长焦镜头可以将近景与远景间的纵深感减少以形成压缩效果，因此容易得到畸变小、透视感弱的照片。

Q：使用脚架进行拍摄时是否需要关闭镜头的 IS 功能?

A：一般情况下，使用脚架拍摄时需要关闭 IS，这是为了防止防抖功能将脚架的操作误检测为手的抖动。对于一部分远摄镜头而言，当使用脚架进行拍摄时，会自动切换至三脚架模式，这样就不用关闭 IS 了。

Q：使用广角镜头的缺点是什么?

A：广角镜头虽然非常有特色，但也存在一些缺陷。

- 边角模糊：对于广角镜头，特别是广角变焦镜头而言，最常见的问题是照片四角模糊。这是由镜头的结构导致的，因此较为普遍，尤其是使用 F2.8、F4 这样的大光圈时。在廉价的广角镜头中，这种现象更严重。
- 暗角：由于进入广角镜头的光线是以倾斜的角度进入的，而此时光圈的开口不再是一个圆形，而是类似于椭圆的形状，因此照片的四角处会出现变暗的情况。如果缩小光圈，则可以减弱这个现象。
- 桶形失真：使用广角镜头拍摄的图像中，除中心位置以外的直线将呈现向外弯曲的形状（好似一个桶的形状）。在拍摄人像、建筑等题材时，会导致所拍摄出来的照片失真。

Q：什么是对焦距离？

A：所谓对焦距离，是指从被摄体到成像面（图像感应器）的距离，以相机焦平面标记到被摄体合焦位置的距离为计算基准。

许多摄影师常常将其与镜头前端到被摄体的距离（工作距离）相混淆，其实对焦距离与工作距离是两个不同的概念。

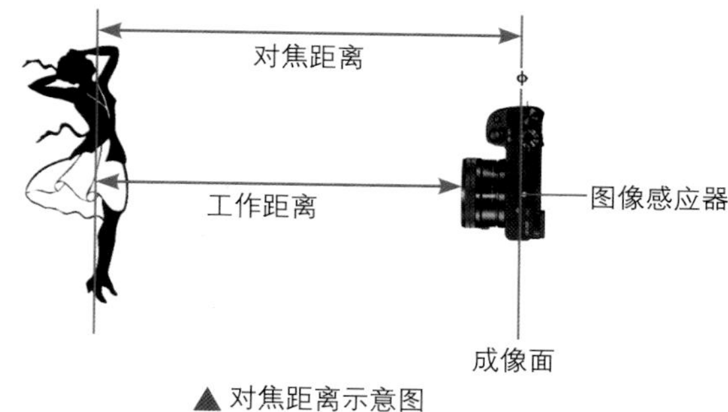

▲ 对焦距离示意图

Q：什么是最近对焦距离？

A：最近对焦距离是指能够对被摄体合焦的最短距离。也就是说，如果被摄体到相机成像面的距离短于该距离，那么就无法完成合焦，即与相机的距离小于最近对焦距离的被摄体将会被全部虚化。在实际拍摄时，拍摄者应根据被摄体的具体情况和拍摄目的来选择合适的镜头。

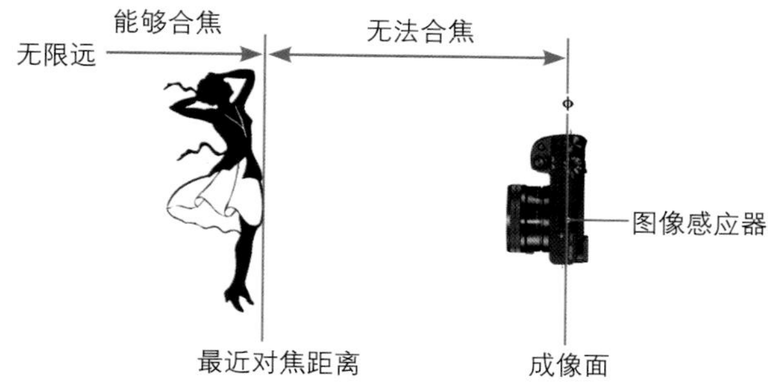

▲ 最近对焦距离示意图

Q：什么是镜头的最大放大倍率？

A：最大放大倍率是指被摄体在成像面上的成像大小与实际大小的比率。如果拥有最大放大倍率为等倍的镜头，就能够在图像感应器上得到与被摄体大小相同的图像。

对于数码照片而言，因为可以使用比图像感应器尺寸更大的回放设备（如计算机等）进行浏览，所以成像看起来如同被放大一般，但最大放大倍率还是应该以在成像面上的成像大小为基准。

▲ 使用最大放大倍率约为 1 倍的镜头拍摄到最大的形态，在图像感应器上的成像直径为 2cm

▲ 使用最大放大倍率约为 0.5 倍的镜头拍摄到最大的形态，在图像感应器上的成像直径为 1cm

# 第 11 章 用附件为照片增色的技巧

# 存储卡：容量及读/写速度同样重要

Canon EOS R5/R6 相机有两个存储卡插槽，其中 Canon EOS R5 相机的插槽 1 可以安装 B 型 CFexpress 存储卡，插槽 2 可以安装 SD、SDHC 或 SDXC 存储卡。Canon EOS R6 相机的两个插槽可以安装 SD、SDHC 或 SDXC 存储卡。在购买时，建议不要直接买一张大容量的存储卡，而是分成两张购买。比如需要 256GB 的空间，建议购买两张 128GB 的存储卡，虽然在使用时有换卡的麻烦，但两张卡同时出现故障的概率要远远小于一张卡出故障的概率。

▲ 不同类型的存储卡

Q：什么是 SDHC 型存储卡？

A：SDHC 是 Secure Digital High Capacity 的缩写，即高容量 SD 卡。SDHC 型存储卡最大的特点就是高容量（2～32GB）。另外，SDHC 采用的是 FAT32 文件系统，其传输速度分为 Class2（2MB/s）、Class4（4MB/s）、Class6（6MB/s）等级别，高速 SD 卡可以支持高分辨率视频的实时存储。

Q：什么是 SDXC 型存储卡？

A：SDXC 是 SD eXtended Capacity 的缩写，即超大容量 SD 存储卡。SDXC 存储卡的目前最大容量达到 1TB。此外，其数据传输速度也非常快，最大理论传输速度能达到 300MB/s。

EOS R5/R6

Q：存储卡上的 I 与U1标识是什么意思？

A：存储卡上的 I 标识表示此存储卡支持超高速（Ultra High Speed，即 UHS）接口，即其带宽可以达到 104MB/s，因此，如果计算机的 USB 接口为 USB 3.0，存储卡中的 1GB 照片只需要几秒就可以全部传输到计算机中。如果存储卡上标识有U1，则说明该存储卡还能够满足实时存储高清视频的 UHS Speed Class 1 标准。

▲ 不同格式的 SDXC 及 SDHC 存储卡

# UV 镜：保护镜头的选择之一

UV 镜也称“紫外线滤镜”，主要是针对胶片相机设计的，用于防止紫外线对曝光的影响，能提高成像质量、增加影像的清晰度。而现在的数码相机已经不存在这个问题了，但由于其价格低廉，便成为摄影师用来保护数码相机镜头的工具。

强烈建议摄影师在购买镜头的同时也购买一款 UV 镜，以便更好地保护镜头不受灰尘、手印及油渍的侵扰。除了购买佳能的 UV 镜外，肯高、HOYO、大自然及 B+W 等厂商生产的 UV 镜也非常不错，性价比很高。口径越大的 UV 镜，价格也越高。

▲ B+W UV 镜

# 偏振镜：消除或减少物体表面的反光

## 什么是偏振镜

偏振镜也称偏光镜或 PL 镜，主要用于消除或减少物体表面的反光。在风光摄影中，为了降低反光、获得浓郁的色彩，又或者希望拍摄到清澈见底的水面、透过玻璃拍里面的物品等情况，一个好的偏振镜是必不可少的。

偏振镜分为线偏和圆偏两种，数码相机应选择有“C-PL”标志的圆偏振镜，因为在数码微单相机上使用线偏振镜容易影响测光和对焦。

在使用偏振镜时，可以旋转其调节环以选择不同的强度，在取景器中可以看到一些色彩上的变化。同时需要注意的是，使用偏振镜后会阻碍光线的进入，大约相当于减少两挡光圈的进光量，因此在使用偏振镜时，需要降低为原来 1/4 的快门速度，这样才能拍出与未使用偏振镜时相同曝光量的照片。

▲ 肯高 67mm C-PL（W）偏振镜

## 用偏振镜压暗蓝天

晴朗天空中的散射光是偏振光，利用偏振镜可以减少偏振光，使蓝天变得更蓝、更暗。加装偏振镜后所拍摄的蓝天，比使用蓝色渐变镜拍摄的蓝天更加真实，因为使用偏振镜拍摄，既能压暗天空，又不会影响其余景物的色彩还原。

## 用偏振镜提高色彩饱和度

如果拍摄环境中的光线比较杂乱，会对景物的色彩还原产生很大的影响，环境光和天空光在物体上形成的反光会使景物的颜色看起来不鲜艳。使用偏振镜进行拍摄，可以消除杂光中的偏振光，减少杂散光对物体颜色还原的影响，从而提高物体的色彩饱和度，使景物的颜色显得更加鲜艳。

## 用偏振镜抑制非金属表面的反光

使用偏振镜拍摄的另一个好处是可以抑制被摄体表面的反光。在拍摄水面、玻璃表面时，经常会遇到反光的困扰，使用偏振镜可以削弱水面、玻璃及其他非金属物体表面的反光。

▲ 使用偏振镜消除水面的反光，从而拍摄到更加清澈的水面『焦距：20mm ┆ 光圈：F10 ┆ 快门速度：1/160s ┆ 感光度：ISO200』

# 中灰镜：减少镜头的进光量

## 什么是中灰镜

中灰镜又称ND（Neutral Density）镜，是一种不带任何色彩的灰色滤镜，安装在镜头前面，可以减少镜头的进光量，从而降低快门速度。当光线太过充足而导致无法降低快门速度时，可以使用中灰镜。

▲ 肯高 52mm ND4 中灰镜

## 中灰镜的规格

中灰镜有不同的级数，常见的有ND2、ND4和ND8这3种，分别代表可以降低1挡、2挡和3挡快门速度。例如，在晴朗天气条件下使用F16的光圈拍摄瀑布时，得到的快门速度为1/16s，使用这样的快门速度拍摄无法使水流虚化，此时可以安装ND4型号的中灰镜，或安装两块ND2型号的中灰镜，使镜头的进光量降低，从而降低快门速度至1/4s，即可得到预期效果。

中灰镜各参数对照表

| 透光率（p） | 密度（D） | 阻光倍数（O） | 滤镜因数 | 曝光补偿级数（应开大光圈的级数） |
|---|---|---|---|---|
| 50% | 0.3 | 2 | 2 | 1 |
| 25% | 0.6 | 4 | 4 | 2 |
| 12.5% | 0.9 | 8 | 8 | 3 |
| 6% | 1.2 | 16 | 16 | 4 |

通过使用中灰镜降低快门速度，拍摄到水流连成丝线状的效果『焦距：18mm ¦ 光圈：F22 ¦ 快门速度：1.3s ¦ 感光度：ISO100』

# 中灰渐变镜：平衡画面曝光

## 什么是中灰渐变镜

渐变镜是一种一半透光、一半阻光的滤镜，分为圆形和方形两种，在色彩上也有很多选择，如蓝色、茶色等。而在所有的渐变镜中，最常用的是中灰渐变镜，也就是一种带有中性灰色的渐变镜。

▲ 不同形状的中灰渐变镜

## 不同形状渐变镜的优缺点

中灰渐变镜有圆形与方形两种，圆形渐变镜是直接安装在镜头上的，使用起来比较方便，但由于其渐变效果不可调节，因此只能调节天空约占画面 50% 的照片；而使用方形渐变镜时，需要购买一个支架装在镜头前面，只有这样才可以把方形滤镜装上，其优点是可以根据构图需要调整渐变的位置。

▲ 安装中灰渐变镜后的相机效果

## 在阴天使用中灰渐变镜改善天空影调

中灰渐变镜几乎是在阴天拍摄时唯一能够有效改善天空影调的滤镜。在阴天条件下，虽然乌云密布，显得很有层次感，但是实际上天空的亮度仍然远远高于地面，所以如果按正常曝光手法拍摄，得到的画面中的天空会由于过曝而显得没有层次感。此时，如果使用中灰渐变镜，用深色的一端覆盖天空，则可以通过降低镜头的进光量延长曝光时间，使云彩的层次得到较好的表现。

## 使用中灰渐变镜降低明暗反差

当拍摄日出、日落等明暗反差较大的场景时，为了使较亮的天空与较暗的地面得到均匀的曝光，可以使用中灰渐变镜拍摄。拍摄时用镜片较暗的一端覆盖天空，即可降低此区域的通光量，从而使天空与地面均得到正确曝光。

▲ 借助中灰渐变镜压暗过亮的天空，缩小其与地面的明暗差距，从而得到层次细腻的画面效果『焦距：50mm ¦ 光圈：F16 ¦ 快门速度：1/2s ¦ 感光度：ISO100』

# 快门线：避免直接按下快门产生振动

## 快门线的作用

在对拍摄的稳定性要求很高的情况下，通常会采用快门线与脚架结合使用的方式进行拍摄。其中，快门线的作用就是为了尽量避免直接按下机身快门时可能产生的振动，以保证拍摄时相机的稳定，从而获得更高的画面质量。

▲ RS-80N3 快门线

## 快门线的使用方法

将快门线与相机连接后，可以像在相机上操作一样，半按快门进行对焦、完全按下快门进行拍摄，但由于不用触碰机身，因此在拍摄时可以避免相机的抖动。Canon EOS R5 使用的是型号为 RS-80N3/TC-80N3 的快门线，Canon EOS R6 使用的是型号为 RS-60E3 的快门线。

# 遥控器：遥控对焦及拍摄

## 遥控器的作用

如同电视机的遥控器一样，可以在远离相机的情况下，使用遥控器进行对焦及拍摄。通常这个距离是 5m 左右，就可以满足自拍或拍集体照的需求。

Canon EOS R5/R6 相机可以使用的遥控器型号为 RC-6 和 BR-E1。RC-6 可以直接遥控使用，而 BR-E1 则需要与相机进行配对。

将相机与 BR-E1 遥控器进行配对后，拍摄照片时将驱动模式设置为 或 模式；拍摄短片时，将“遥控”菜单设置为“启用”。

设定步骤

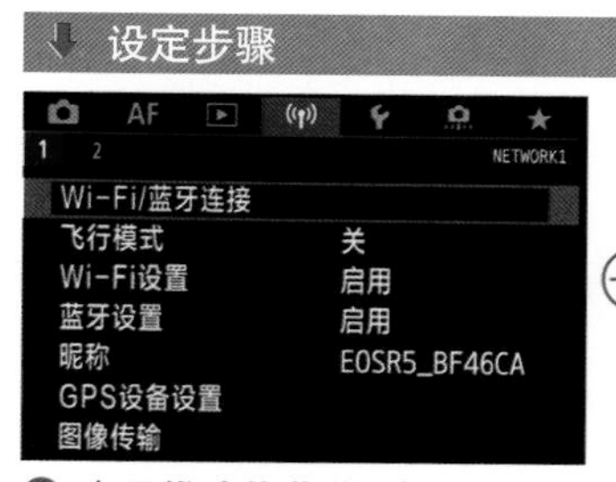


❶ 在**无线功能菜单1**中点击选择**Wi-Fi/蓝牙连接**选项

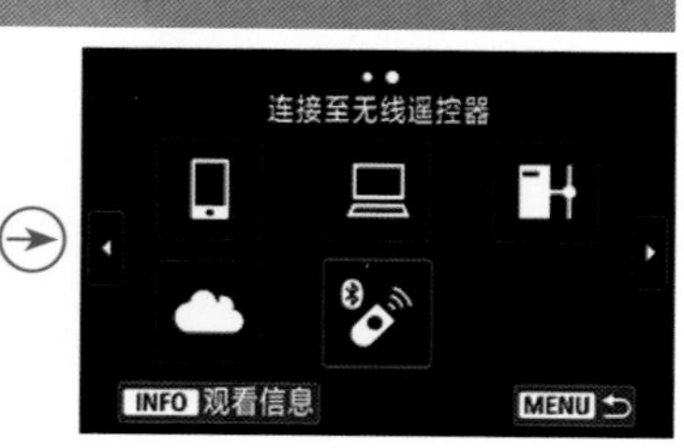


❷ 点击选择**连接至无线遥控器**选项

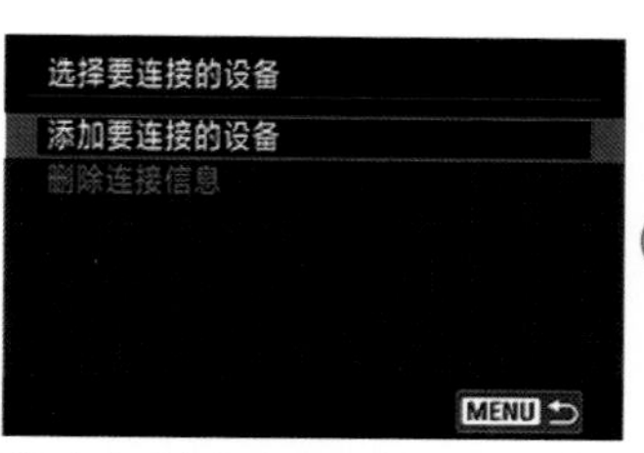


❸ 点击选择**添加要连接的设备**选项

❹ 在确认提示后，将出现此屏幕进行配对，此时需同时按住遥控器上的W和T按钮至少3秒钟，直至屏幕上出现配对成功的信息

# 脚架：保持相机稳定的基本装备

脚架是最常用的摄影配件之一，使用它可以让相机变得更稳定，以保证在长时间曝光的情况下也能够拍摄到清晰的照片。

## 脚架的分类

市场上的脚架类型非常多，按材质可以分为木质、高强塑料材质、合金材料、钢铁材料、碳素纤维及火山岩等几种，其中以铝合金及碳素纤维材质的脚架最为常见。

铝合金脚架的价格比较便宜，但重量较重，不便于携带；碳素纤维脚架的档次要比铝合金脚架高，便携性、抗震性、稳定性都很好，在经济条件允许的情况下，是非常理想的选择。碳素纤维脚架的缺点是价格较贵，往往是相同档次铝合金脚架的好几倍。

▲三脚架（左）与独脚架（右）

另外，根据支脚数量可以把脚架分为三脚架与独脚架两种。三脚架用于稳定相机，甚至在配合快门线、遥控器的情况下，可以实现完全脱机拍摄；而独脚架的稳定性能要弱于三脚架，主要起支撑作用，在使用时需要摄影师控制独脚架的稳定性，由于其体积和重量都只有三脚架的 1/3，所以无论是旅行还是日常拍摄携带都十分方便。

## 云台的分类

云台是连接脚架和相机的配件，用于调节拍摄的角度，包括三维云台和球形云台两类。三维云台的承重能力强、构图十分精准，缺点是占用的空间较大，在携带时稍显不便；球形云台体积较小，只需旋转按钮，就可以让相机迅速转到所需要的角度，操作起来十分方便。

▲三维云台（左）与球形云台（右）

Q：在使用三脚架的情况下如何做到快速对焦?

A：使用三脚架拍摄时，通常是确定构图后相机就固定在三脚架上不再调整了，然而在这样的情况下，想要对焦之后锁定对焦点再微调构图便无法实现了。因此，建议先使用单次自动对焦模式对画面进行对焦，然后再切换成手动对焦模式，只要手动调节对焦点至对焦区域的范围内，就可以实现准确对焦。即使对构图做了一些调整，焦点也不会轻易改变。需要注意的是，变焦镜头在变焦后会导致焦点偏移，所以变焦后需要重新对焦。

# 外置闪光灯的基本结构及功能

Canon EOS R5/R6 作为全画幅微单相机，未配有内置闪光灯，但能安装使用功能更强大的 EL/EX 系列外置闪光灯。建议对闪光效果有较高要求的用户都应配备一支外置闪光灯，如 EL-1、600EX-RT、430EX Ⅲ -RT 等。当然，如果进行微距摄影，则需要使用专用的微距闪光灯，如 MR-14EX Ⅱ、MT-26EX-RT 等。从功能上来说，各种闪光灯基本相同，下面以 600EX-RT 为例，讲解其基本结构及基本功能。

## 从基本结构开始认识闪光灯

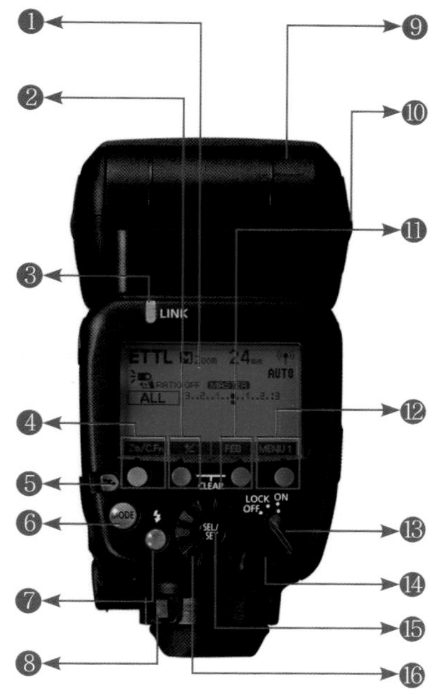


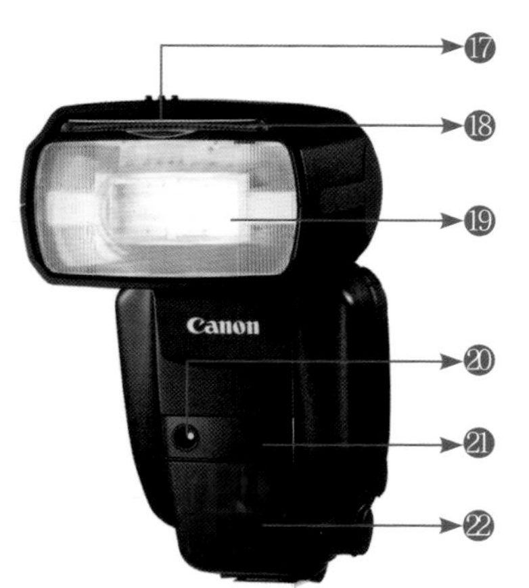


❶ 液晶显示屏
用于显示和设置闪光灯的参数

❷ 功能按钮2
对应按钮上方液晶显示屏中显示的图标，根据不同的显示图标，执行相应的功能，如设置闪光曝光补偿、闪光输出级别等

❸ 无线电传输确认指示灯
在进行无线电传输无线闪光拍摄时，此灯会指示主控单元和从属单元之间的传输状态

❹ 功能按钮1
对应按钮上方液晶显示屏中显示的图标，根据不同的显示图标，执行相应的功能

❺ 无线按钮/联动拍摄按钮
按此按钮可以开启或关闭无线电传输；按此按钮可以开启或关闭光学传输无线拍摄

❻ 闪光模式按钮
按此按钮可以设定闪光模式

❼ 闪光就绪指示灯/测试闪光按钮
以红色、绿色等不同的方式闪烁时，分别代表不同的提示；按此按钮，可进行测试闪光

❽ 锁定释放按钮
按此按钮并拨动固定座锁定杆可以拆卸闪光灯

❾ 反射角度指数
表示当前闪光灯在垂直方向上旋转的角度

❿ 反射锁定释放按钮
在按此按钮后，可以调整闪光灯在垂直方向上的角度

⓫ 功能按钮3
对应按钮上方液晶显示屏中显示的图标，根据不同的显示图标，执行相应的功能，如设置闪光包围曝光、频闪闪光模式下的闪光次数、手动外部闪光模式下的 ISO 设置等

⓬ 功能按钮4
对应按钮上方液晶显示屏中显示的图标，根据不同的显示图标，执行相应的功能，如设置闪光同步模式、频闪闪光模式下的闪光频率、菜单设置等

⓭ 电源开关
用于控制闪光灯的开启和关闭

⓮ 闪光曝光确认指示灯
当获得标准的曝光时，此指示灯将亮起 3 秒

⓯ 选择/设置按钮
选择功能或确认功能的设置

⓰ 选择拨盘
用于在各个参数之间进行切换及选择

⓱ 眼神光板
将其抽出后，可用于防止光线向上发散，有利于塑造眼神光

⓲ 内置广角散光板
拉出广角散光板后，在使用镜头广角端进行拍摄时，能够避免画面四角出现明显的阴影

⓳ 闪光灯头/光学传输无线发射器
用于输出闪光光线，还可用于数据的无线传输

⓴ 外部测光感应器
启用自动外部测光功能后，将通过此处对被摄体进行测光，并根据相机的感光度及光圈自动调整闪光输出

㉑ 光学传输无线传感器
用于传输无线信号

㉒ 自动对焦辅助光发射器
在弱光或低对比度环境下，此处将发射用于辅助对焦的光线

## 佳能外置及微距闪光灯的性能对比

下面分别列出了佳能主流的 5 款外置及微距闪光灯的性能参数对比，供读者在选购时作为参考。

| 闪光灯型号 | 600EX-RT 闪光灯 | 430EX Ⅲ -RT 闪光灯 | 270EX Ⅱ 闪光灯 | MR-14EX Ⅱ 闪光灯 | MT-24EX 闪光灯 |
|---|---|---|---|---|---|
| 图片 | | | | | |
| 闪光曝光补偿 | 手动。范围为±3，可以1/3或1/2挡为增量进行调节 | 手动。范围为±3，可以1/3或1/2挡为增量进行调节 | 手动。范围为±3，可以1/3或1/2挡为增量进行调节 | 手动。范围为±3，可以1/3或1/2挡为增量进行调节 | 手动。范围为±3，可以1/3或1/2挡为增量进行调节 |
| 闪光曝光锁定 | 支持 | 支持 | 支持 | 支持 | 支持 |
| 高速同步 | 支持 | 支持 | 支持 | 支持 | 支持 |
| 闪光测光方式 | E-TTL Ⅱ、E-TTL、TTL自动闪光、自动/手动外部闪光测光、手动闪光、频闪闪光 | TTL、E-TTL、E-TTL Ⅱ 自动闪光，手动闪光 | E-TTL、E-TTL Ⅱ 自动闪光，手动闪光 | TTL、E-TTL、E-TTL Ⅱ 自动闪光，手动闪光 | TTL、E-TTL、E-TTL Ⅱ 自动闪光，手动闪光 |
| 闪光指数/m | 60（ISO100、焦距200mm） | 43（ISO100、焦距105mm） | 灯头拉出：27 | 双侧闪光：约14<br>单侧闪光：约10.5 | 24（ISO100） |
| 闪光范围/mm | 20～200 | 24～105 | 28～50 | 上下、左右约80° | 上下约70°，左右约53° |
| 回电时间/s | 一般闪光：0.1～5.5<br>快速闪光：0.1～3.3 | 一般闪光：0.1～3.5<br>快速闪光：0.1～2.5 | 一般闪光：0.1～3.9<br>快速闪光：0.1～2.6 | 一般闪光：0.1～5.5<br>快速闪光：0.1～3.3 | 0.1～7 |
| 垂直角度/° | 7、90 | 90 | 90 | - | - |
| 水平角度/° | 180 | 向左150、向右180 | - | - | - |

## 衡量闪光灯性能的关键参数——闪光指数

闪光指数是评价外置闪光灯性能的一个重要指标，它决定了闪光灯在同等条件下的有效拍摄距离。以 600EX-RT 闪光灯为例，在 ISO100 的情况下，其闪光指数为 60，假设光圈为 F4，可以依据下面的公式计算出此时该闪光灯的有效闪光距离。

闪光指数（60）÷ 光圈值（4）= 闪光距离（15）

# 设置外接闪光灯控制选项

## 控制闪光灯是否闪光

外置闪光灯通常都具有闪光与自动对焦辅助光两种功能，当只需要闪光灯进行辅助对焦而不是照亮对象时，就可以将其设置为“关闭”。

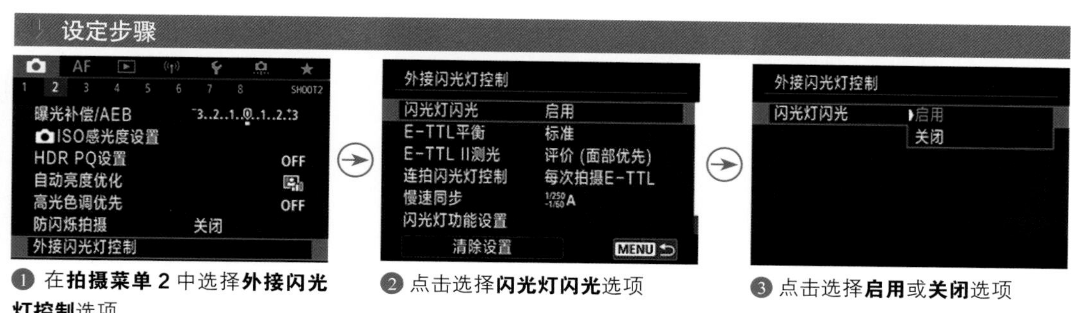


❶ 在**拍摄菜单 2** 中选择**外接闪光灯控制**选项

❷ 点击选择**闪光灯闪光**选项

❸ 点击选择**启用**或**关闭**选项

## E-TTL Ⅱ测光

可以利用“E-TTL Ⅱ测光”菜单设置闪光灯的测光模式，其中包括“评价（面部优先）”“评价”和“平均”3种模式。

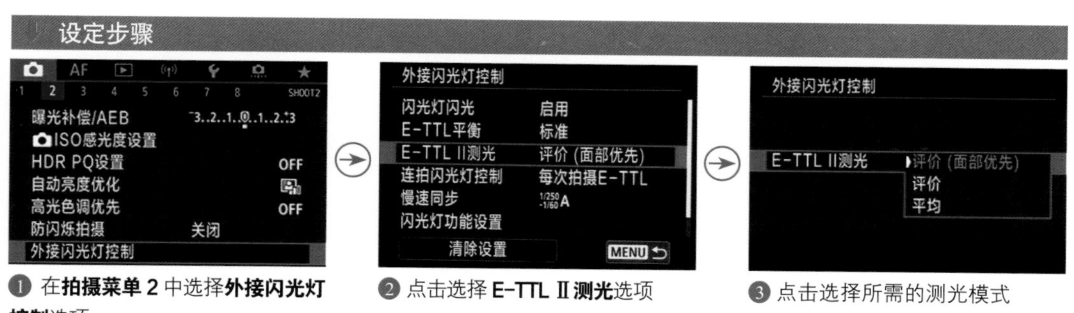


❶ 在**拍摄菜单 2** 中选择**外接闪光灯控制**选项

❷ 点击选择 **E-TTL Ⅱ测光**选项

❸ 点击选择所需的测光模式

- 评价（面部优先）：此模式下的相机将自动对测光结果进行优化，优先优化人物面部的测光，以使人物得到较好的闪光效果。
- 评价：这是默认的闪光灯测光模式，相机将自动对测光结果进行优化，以得到较好的闪光效果。
- 平均：此模式是对整个取景范围内的光线进行平均测光，然后在此基础上确定闪光量。适用于高级用户，在使用时可能需要设置一定的闪光曝光补偿量。

Q&A

Q：什么是E-TTL Ⅱ测光？

A：E-TTL 是佳能闪光灯系统的专有名词，即先由闪光灯进行预闪，然后照射到拍摄对象的光线将通过镜头传送到测光元件上，并以此为依据，精确地计算出闪光灯应输出的光量。

E-TTL Ⅱ则是升级型闪光灯测光模式，它在 E-TTL 的基础上增加了焦距信息及控制色温等功能，从而通过进行更精确的闪光来获得更准确的色彩还原。

## 慢速同步

“慢速同步”菜单用于设置使用光圈优先或程序自动曝光模式拍摄时闪光灯的同步速度。可设置的选项因“快门模式”菜单的设置不同而异，当将“快门模式”设为“电子前帘”选项时，最高闪光同步速度为 1/250 秒；当设为“机械”选项时，最高闪光同步速度为 1/200 秒。

### 设定步骤

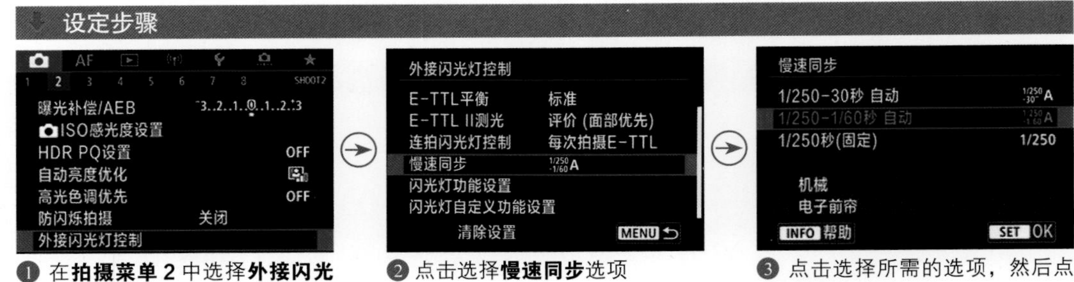


❶ 在**拍摄菜单 2** 中选择**外接闪光灯控制**选项

❷ 点击选择**慢速同步**选项

❸ 点击选择所需的选项，然后点击 SET OK 图标确定

- 1/250-30 秒自动 /1/200-30 秒自动：在 1/250 秒（或 1/200 秒）至 30 秒范围内，根据场景亮度自动设置闪光同步速度。在某些拍摄条件下（如低光照环境下和快门速度自动降低），会使用慢速同步模式拍摄，当闪光同步速度低于安全快门速度时，应注意使用脚架保持相机的稳定。当外接闪光灯并设置高速同步模式时，可以自动同步快门速度。
- 1/250-1/60 秒自动 /1/200-1/60 秒自动：闪光同步速度将被限制在 1/250 秒（或 1/200 秒）至 1/60 秒范围内，可在很大程度上避免因相机抖动引起的画面模糊问题。但由于最低快门同步速度被限制在 1/60 秒，因此在环境较暗时，可能无法获得充分的曝光，使环境看起来较暗。
- 1/250 秒（固定）/1/200 秒（固定）：选择此选项，闪光同步速度将被固定为 1/250 秒（或 1/200 秒），此时更不容易出现由于相机抖动而导致的画面模糊问题，但同时背景可能会比选择“1/250-1/60 秒自动 /1/200-1/60 秒自动”选项时显得更暗。此外，选择此选项后，不可以在光圈优先或程序自动曝光模式下使用高速同步功能。

▶ 使用慢速同步闪光模式拍摄时，因为使用了较低的同步速度，不仅前景中的模特得到了很好的表现，而且背景中的灯光也可以被表现得很好，从而使拍摄出来的照片更加自然、真实『焦距：85mm ┆ 光圈：F2 ┆ 快门速度：1/25s ┆ 感光度：ISO125』

## 用跳闪方式进行补光拍摄

所谓跳闪，通常是指使用外置闪光灯，通过反射的方式将光线射到被摄对象身上。常用于室内或有一定遮挡的人像摄影中，这样可以避免直接对被摄对象进行闪光，造成光线太过生硬，形成没有立体感的平光效果。

在室内拍摄人像时，经常会调整闪光灯的照射角度，让其向着房间的顶棚进行闪光，然后将光线反射到被摄对象身上。这在人像、现场摄影中是非常常见的一种补光形式。

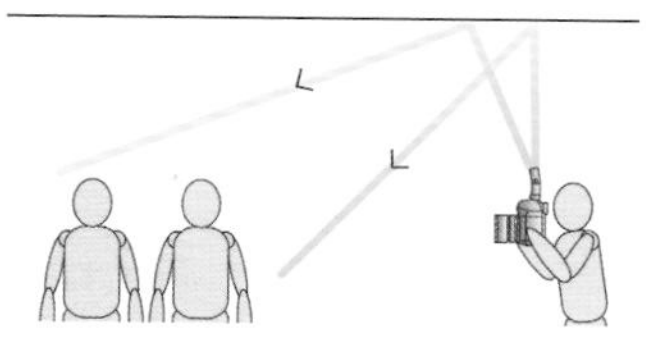

▲ 跳闪补光示意图

▶ 使用闪光灯向屋顶照射光线，使之反射到人物身上进行补光，使人物的皮肤显得更加细腻，画面整体感觉也更加柔和『焦距：60mm ┆ 光圈：F11 ┆ 快门速度：1/125s ┆ 感光度：ISO100』

## 为人物补充眼神光

眼神光板是中高端闪光灯才拥有的组件，在佳能600EX-RT、430EX Ⅲ -RT 相机上就有此组件，平时可收纳在闪光灯的上方，在使用时将其抽出即可。

眼神光板最大的作用就是利用闪光灯在垂直方向可旋转一定角度的特点，将闪光灯射出的少量光线反射至人眼中，从而形成漂亮的眼神光。虽然其效果并非最佳（最佳的方法是使用反光板补充眼神光），但至少可以产生一定的效果，让眼睛显得更有神。

▶ 拉出眼神光板后的闪光灯

▲ 这幅照片是使用闪光灯的反光板为人物补光拍摄的，为人物眼睛补充了一定的眼神光，使其看起来更有神『焦距：35mm ┆ 光圈：F2.8 ┆ 快门速度：1/100s ┆ 感光度：ISO200』

### 消除广角拍摄时产生的阴影

当使用闪光灯以广角焦距闪光并拍摄时，画面很可能会超出闪光灯的补光范围，因此就会产生一定的阴影或暗角效果。

此时，可以将闪光灯上面的内置广角散光板拉下来，以最大限度地避免阴影或暗角的形成。

▲ 这幅照片是拉下内置广角散光板后使用 17mm 焦距的镜头拍摄的结果，可以看出四角的阴影及暗角并不明显『焦距：17mm ┆ 光圈：F5.6 ┆ 快门速度：1/200s ┆ 感光度：ISO100』

▲ 此照片是收回内置广角散光板后拍摄的效果，由于画面已经超出闪光灯的广角照射范围，因此形成了较重的阴影及暗角，非常影响画面的表现效果『焦距：17mm ┆ 光圈：F5.6 ┆ 快门速度：1/200s ┆ 感光度：ISO100』

## 柔光罩：让光线变得柔和

柔光罩是专门用于闪光灯的一种硬件设备，直接使用闪光灯拍摄时会产生比较生硬的光照，而使用柔光罩后，可以让光线变得柔和——当然，光照的强度也会随之变弱，可以使用这种方法为拍摄对象补充自然、柔和的光线。

外置闪光灯的柔光罩类型比较多，其中比较常见的有肥皂盒形、碗形柔光罩等，配合外置闪光灯强大的功能，可以更好地进行照亮或补光处理。

▲ 外置闪光灯的柔光罩

▶ 右图是将闪光灯及柔光罩搭配使用为人物补光后拍摄的效果，可以看出，画面呈现出了非常柔和、自然的光照效果『焦距：50mm ┆ 光圈：F2.8 ┆ 快门速度：1/320s ┆ 感光度：ISO200』

# 第 12 章
# Canon EOS R5/R6 人像摄影技巧

# 用侧逆光拍出唯美人像

在拍摄女性人像时，为了将她们漂亮的头发从纷繁复杂的场景中分离出来，常常需要借助低角度的侧逆光来制造漂亮的头发光，从而增加女性的妩媚动人感。

如果使用自然光，拍摄时间应该选择在下午 5 点左右，这时太阳西沉，距离地平线相对较近，因此阳光照射角度较小。拍摄时让模特背侧向太阳，使阳光以斜向 45° 的方向照向模特，即可形成漂亮的头发光。漂亮的发丝会在光线的照耀下散发出金色的光芒，其质感、发型样式都将得到完美表现，使模特看起来更漂亮。

由于背侧向光线，因此需要借助反光板或闪光灯为人物正面进行补光，以表现其光滑、细嫩的皮肤。

▶ 侧逆光打亮了人物头发轮廓，形成了黄色发光，将女孩柔美的气质很好地凸显出来了『焦距：105mm ┆ 光圈：F4 ┆ 快门速度：1/400s ┆ 感光度：ISO100』

# 逆光塑造剪影效果

在运用逆光拍摄人像时，由于在逆光的作用下，画面呈现出黑色的剪影效果，因此逆光常常作为塑造剪影效果的一种表现手法。配合其他光线使用时，被摄体背后的光线和其他光线会产生强烈的明暗对比，从而勾勒出人物美妙的线条。也正是因为逆光具有这种艺术效果，因此也被称为“轮廓光”。

通常采用这种手法拍摄户外人像，测光时应该使用点测光方式，对准天空较亮的云彩进行测光，以确保天空中的云彩呈现出细腻、丰富的细节，而主体人像则呈现为轮廓线条清晰、优美的效果。

▲ 对天空较亮的区域进行测光，锁定曝光后再对剪影处的人像进行对焦，使人像由于曝光不足而呈现出轮廓清晰、优美的剪影效果『焦距：70mm ┆ 光圈：F8 ┆ 快门速度：1/640s ┆ 感光度：ISO100』

# 用广角镜头拍摄视觉效果强烈的人像

使用广角或超广角镜头拍摄的照片会产生不同程度的变形，如果要拍摄写实人像，则应该避免使用广角镜头。但如果希望得到更具个性的人像照片，则可以考虑使用广角镜头进行拍摄。

首先，利用广角镜头的变形特性可以修饰模特的身材，在拍摄时只需将模特的腿部安排在画面的下 1/3 处，就能使其看上去更修长。

其次，可以利用广角镜头透视变形的特性来增强画面的张力与冲击力。

使用镜头的广角端拍摄人像时，需要注意以下两点。

（1）拍摄时要距离模特比较近，这样才可以充分发挥广角端的特性。如果使用广角端拍摄时离模特太远，会使主体显得不够突出，且带入太多背景，会使画面显得比较杂乱。

（2）使用广角镜头拍摄比较容易出现暗角现象，性能越高的镜头这种现象越不明显。在拍摄时应注意为后期修饰留出较大空间。另外，在为广角镜头搭配遮光罩时，应该使用专用的遮光罩，并注意不要在广角全开时使用，从而避免由于遮光罩的原因产生暗角问题。

▲ 使用 18mm 广角镜头靠近模特进行拍摄，模特的双腿得到了拉伸，使模特的身材看起来更加修长『焦距：18mm ┆ 光圈：F6.3 ┆ 快门速度：1/200s ┆ 感光度：ISO100』

Q：在树荫下拍摄人像时如何还原出正常的肤色？

A：在树荫下拍摄人像时，树叶所形成的反射光可能会在人的脸上形成偏绿、偏黄的颜色，影响画面效果。

那么如何还原出正常的肤色呢？其实只需一个反光板即可。在拍摄时选择一个大尺寸的白色反光板，并尽量靠近被摄人像对其进行补光。这样操作在使反光效果更明显的同时，还能够有效地屏蔽其他反射光，避免多重颜色覆盖的现象，从而还原出人物柔和、白皙的肤色。

# 三分法构图拍摄完美人像

简单来说，三分法构图就是黄金分割法的简化版，是人像摄影中最常用的一种构图方法，其优点是能够在视觉上给人以愉悦、生动的感受，避免人物居中带来的呆板感觉。

Canon EOS R5/R6 相机提供了可用于进行三分法构图的网格线显示功能，可以将它与黄金分割曲线完美地结合使用。

▲ 将人物放在左侧三分线处，画面显得简洁又不失平衡，给人一种耐看的感觉『焦距：50mm ┆ 光圈：F2 ┆ 快门速度：1/125s ┆ 感光度：ISO100』

▲ Canon EOS R5/R6 相机的网格线可以辅助摄影师轻松地进行三分法构图

对于纵向构图的人像照片而言，通常以眼睛作为三分法构图的参考依据。当然，随着拍摄面部特写到全身像的范围变化，构图的标准也略有不同。

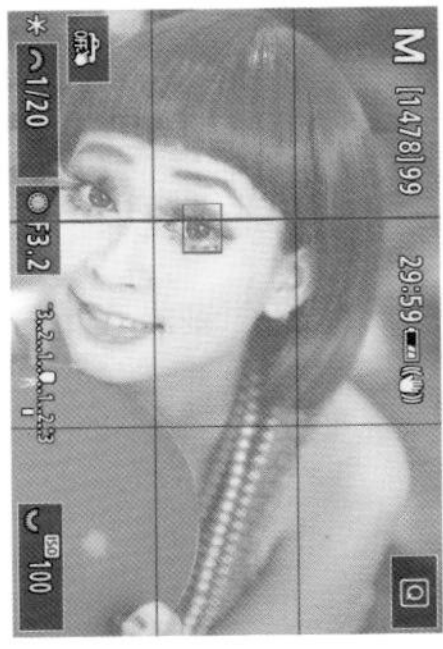

▶ 在对人物头部拍摄特写时，通常将人物的眼睛置于画面的三分线处『焦距：50mm ┆ 光圈：F2.8 ┆ 快门速度：1/400s ┆ 感光度：ISO320』

# 高调风格适合表现艺术化人像

高调人像的画面影调以亮调为主，暗调部分所占的比例非常小，较常用于女性或儿童人像照片，且多偏向艺术化的视觉表现。

在拍摄高调人像时，模特应该穿白色等浅色服装，背景也应该选择相匹配的浅色，并采用顺光照射，以利于画面的表现。在阴天拍摄时，光线以散射光为主，此时先使用光圈优先模式（Av 挡）对模特进行测光，然后再切换至手动模式（M 挡）降低快门速度以提高画面的曝光量。当然，也可以根据实际情况，在光圈优先模式（Av 挡）下适当增加曝光补偿的数值，以提亮整个画面。

▶ 高调照片能给人以轻盈、优美、淡雅的感觉，模特的头发使得画面具有色彩亮点『焦距：50mm ┆ 光圈：F5 ┆ 快门速度：1/125s ┆ 感光度：ISO100』

# 低调风格适合表现个性化人像

与高调人像相反，低调人像的影调构成以较暗的颜色为主，基本由黑色及部分中间调颜色组成，亮调所占的比例较小。

在拍摄低调人像时，如果采用逆光拍摄，应该对背景的高光位置进行测光；如果采用侧光或侧逆光拍摄，通常以黑色或深色作为背景，然后对模特身体上的高光区域进行测光，这样该区域就能以中等亮度或者更暗的影调表现出来，而原来的中间调或阴影部分则呈现为暗调。

在室内或影棚中拍摄低调人像时，根据所要表现的主题布置 1 ～ 2 盏灯光，比如正面光通常用于表现深沉、稳重；侧光通常常用于突出人物的线条；而逆光则通常用于表现人物的形体造型或头发（即发丝光），此时模特适合穿着深色的服装，以便与整体影调相协调。

大面积的暗色使画面展现出低调风格，再搭配模特冷酷的表情、浓郁的妆容，展现出一种冷艳的氛围『焦距：24mm ┆ 光圈：F4.5 ┆ 快门速度：1/200s ┆ 感光度：ISO200』

# 为人物补充眼神光

眼神光是指通过光照，人物眼球上形成的微小光斑，从而使人物的眼神更加传神、生动。眼神光在刻画人物的神态时有着不可替代的作用，其往往也是人像摄影的点睛之笔。

无论是什么样的光源，只要位于人物面前且有足够的亮度，通常都可以形成眼神光。下面介绍几种制造眼神光的常用方法。

## 利用反光板制造眼神光

户外摄影通常以太阳光为主光，在晴朗的天气下拍摄时，除了顺光，在其他类型的光线下拍摄的人像明暗反差基本都比较明显，因此要使用反光板对阴暗面进行补光（起到辅光的作用），从而有效地减小反差。

当然，反光板的作用不仅仅局限在户外摄影，在室内拍摄人像时，也可以利用反光板反射窗外的自然光。在专业的人像影楼里，通常也会使用几块反光板来起到辅助照明的作用。

▲ 通过在模特前面放置反光板的方法，使模特的眼睛中呈现出明亮的眼神光，人物看起来更加有神『焦距：85mm ┆ 光圈：F2.8 ┆ 快门速度：1/100s ┆ 感光度：ISO100』

## 利用窗户光制造眼神光

在拍摄人像时，最好使用超过肩膀高度的窗户照射进来的光线制造眼神光，根据窗户的形态及大小的不同，可以形成不同效果的眼神光。

## 利用闪光灯制造眼神光

利用闪光灯也可以制造眼神光效果，但光点较小。多个闪光灯会形成多个眼神光，而单个闪光灯会形成一个眼神光，所以在人物摄影中，通过布光的方法制造眼神光时，所使用的闪光灯越少越好。一旦形成大面积的眼神光，反而会使人物显得呆板，不利于人物神态的表现，更起不到画龙点睛的作用。

▶ 使用闪光灯为人物补充眼神光，明亮的眼神光使人物变得很有精神，模特熠熠闪亮的眼睛成了画面的焦点『焦距：35mm ┆ 光圈：F10 ┆ 快门速度：1/125s ┆ 感光度：ISO100』

# 第 13 章 Canon EOS R5/R6 风光摄影技巧

# 拍摄山峦的技巧

连绵起伏的山峦，是众多风光摄影题材中最具视觉震撼力的一种。虽然要想拍摄出成功的山峦作品，背后要付出许多辛劳和汗水，但仍然有非常多的摄影师乐此不疲。

## 利用大小对比突出山的体量感

古诗云“不识庐山真面目，只缘身在此山中”，因此要想拍好山的整体效果，就要在山的外围或其他山的山顶进行拍摄，这样才能以更全面的角度观察并拍摄山脉。

而只找到合适的拍摄角度是远远不够的，要想表现出山的雄伟气势及壮观效果，最好的方法就是在画面中加入人物、房屋、树木等人们所熟知的事物的体量，作为参照物来衬托山川，从而通过画面中以小衬大的对比，使观赏者能够准确地体会到山的体量。另外，在拍摄时应注意对比元素的大小及在画面中出现的位置，恰当的构图也是突出山的体量感的重要因素之一。

▲ 房屋在群山的衬托下看起来特别渺小，表现出了山的广阔『焦距：18mm ┆ 光圈：F10 ┆ 快门速度：1/250s ┆ 感光度：ISO100』

## 用云雾表现山的灵秀飘逸

高山与云雾总是相伴相生，各大名山的著名景观中多有“云海”，如在黄山、泰山、庐山等都能够拍摄到非常漂亮的云海照片。当云雾笼罩山体时，山的形体就会变得模糊不清，部分细节被遮挡住，于是在朦胧之中产生了一种不确定感。拍摄这样的山脉，会使画面产生一种神秘、缥缈的意境，山脉也因此变得更加灵秀飘逸。

如果只是拍摄飘过山顶或半山的云彩，选择合适的天气即可，高空的流云在风的作用下，会在山间时聚时散，拍摄时多采用仰视的角度。

如果要想拍摄山间云海的效果，应该注意选择较高的拍摄位置，以至少平视的角度进行拍摄。选择光线时应该采用逆光或侧逆光，同时注意对画面做正向曝光补偿。

▲ 山间的云雾为山体增加了缥缈的神秘感，使整个画面兼具形式美感与意境美感『焦距：18mm ┆ 光圈：F10 ┆ 快门速度：1/250s ┆ 感光度：ISO160』

## 用前景衬托山峦表现季节之美

在不同的季节里，山峦会呈现出不一样的景色。

春天的山峦在鲜花的簇拥下，显得美丽多姿；夏天的山峦被层层树木覆盖，显示出了大自然强大的生命力；秋天的红叶使山峦显得浪漫、奔放；冬天山上大片的积雪又让人感到寒冷和宁静。不同的季节山峦各有不同的美感，只要寻找到合适的拍摄角度即可。

在拍摄不同时节的山峦时，要注意通过构图方式、景别选择、前景或背景衬托等手段表现出山峦的特点。

▲ 前景中的花丛说明了现在正值春天，画面给人以生机勃勃的感觉『焦距：35mm ┆ 光圈：F14 ┆ 快门速度：1/1000s ┆ 感光度：ISO200』

## 用光线塑造山峦的雄奇伟峻

当有直射阳光时，用侧光拍摄有利于表现山峦的层次感和立体感，这种明暗层次感会使画面更加富有活力。如果能够遇到日照金山的光线，更是不可多得的拍摄良机。

采用侧逆光并对亮处进行测光，拍摄山体的剪影照片，也是一种不错的表现山峦的方法。在侧逆光的照射下，山体往往有一部分处于阴影中，还有一部分处于光照中，因此不仅能够表现出山体明显的轮廓线条和少部分细节，还能够在画面中形成漂亮的光线效果，比采用逆光拍摄效果更佳。

▲ 夕阳时分，采用侧逆光拍摄嶙峋的群山，山体呈现出层层叠叠的半剪影效果，增强了画面的层次感『焦距：50mm ┆ 光圈：F8 ┆ 快门速度：1/40s ┆ 感光度：ISO200』

**Q：如何拍出色彩鲜艳的图像？**

A：可以在“照片风格”菜单中选择色彩表现较为鲜艳的“风光”风格选项。

如果想要使色彩看起来更为艳丽，可以提高“饱和度”选项的数值。不过需要注意的是，在调节数值时不能改变过大，否则会出现色彩失真的现象，导致画面细节损失。

# 拍摄树木的技巧

## 用逆光表现枝干的线条

拍摄树木时，可将树干作为画面突出呈现的重点，采用较低机位的仰视视角进行拍摄，以简洁的天空作为画面背景，在其衬托对比之下重点表现枝干的线条造型，这样的照片往往有较大的光比，因此多采用逆光进行拍摄。

▲ 摄影师采用剪影的形式对树木的外形轮廓进行了重点表现，给人留下了十分深刻的印象『焦距：24mm ┆ 光圈：F10 ┆ 快门速度：1/800s ┆ 感光度：ISO100』

## 仰视拍摄表现树木的挺拔与树叶的通透美感

采用仰视的角度拍摄树木，有以下两个优点。

（1）如果拍摄时使用的是广角镜头，可以在画面中获得树木从四周向中间汇聚的奇特视觉效果，大大增强了画面的新奇感。即使未使用广角镜头，也能够拍摄出树梢直插蓝天或树冠遮天蔽日的效果。

（2）可以借助蓝天背景与逆光照射，拍摄出背景色彩纯粹、质感通透的树叶。在拍摄时应该对比较明亮的区域测光，从而使这部分区域得到正确曝光，而树干则会在画面中以阴影线条的形式出现。拍摄时还可以尝试做正向曝光补偿，以增强树叶的通透质感。

▲ 仰拍可以直观、简洁地凸显出树木的高大，并且树叶在逆光照射下显得更为通透『焦距：16mm ┆ 光圈：F11 ┆ 快门速度：1/250s ┆ 感光度：ISO200』

## 拍摄树叶展现季节之美

树叶也是无数摄影师喜爱的拍摄题材之一，无论是金黄色的树叶还是火红色的树叶，都能够在恰当的对比下展现出异乎寻常的美丽。如果希望表现漫山红遍、层林尽染的整体气氛，应该用广角镜头；而长焦镜头则适用于对树叶进行局部特写表现。由于拍摄树叶的重点是表现其颜色，因此拍摄时应该将重点放在画面的背景色选择方面，要以最恰当的背景色来对比或衬托树叶。

要想拍出漂亮的树叶，最好的季节是夏天或秋天。夏季的树叶茂盛而翠绿，拍摄出的照片充满生机与活力；秋天的树叶呈现出大片的金黄色，能够给人一种强烈的丰收喜悦感。

▶ 火红色的枫叶给人以秋意浓浓的感觉，可以通过适当减少曝光补偿来增加色彩饱和度，从而突出其强烈的季节感『焦距：70mm ┊ 光圈：F3.5 ┊ 快门速度：1/1250s ┊ 感光度：ISO250』

## 捕捉林间光线使画面更具神圣感

当阳光穿过树林时，由于部分光线被树叶及树枝遮挡，因此会形成一束束透射林间的光线，这种光线称为“耶稣圣光”，能够为画面增添神圣感。

要拍摄这样的题材，最好选择早晨或黄昏时分，此时太阳光线斜射进树林中，能够获得最好的画面效果。在实际拍摄时，可以迎着光线，以逆光的角度进行拍摄；也可与光线平行，以侧光的角度进行拍摄。在曝光方面，可以以林间光线的亮度为准，拍摄出暗调照片，以衬托林间的光线；也可以在此基础上，增加1～2挡曝光补偿，使画面多一些细节。

▶ 穿透林木的光线呈发散状，为画面增添了神圣感，也使画面呈现出强烈的形式美感『焦距：35mm ┊ 光圈：F10 ┊ 快门速度：1/40s ┊ 感光度：ISO320』

# 拍摄花卉的技巧

## 用水滴衬托花朵的娇艳

在清晨时分花园或森林中，花瓣、叶尖、叶面或枝条上的露珠会在阳光的照射下显得晶莹闪烁、玲珑可爱。拍摄带有露珠的花朵，能够表现出花朵娇艳、清新的自然感。

要拍摄带有露珠的花朵，最好使用微距镜头及特写景别，使分布在叶面、叶尖或花瓣上的露珠不但给人一种滋润的感觉，还能够在画面中形成奇妙的光影效果。景深范围内的露珠清晰明亮、晶莹剔透；而景深外的露珠却形成一些圆形或六角形的光斑，装饰、美化着背景，为画面平添了几分情趣。

如果没有拍摄露珠的条件，也可以用喷壶对着花朵喷几下，从而使花朵沾满水珠。

▲ 雨过天晴后，花朵上落满了水珠，显得清新动人，大小不一、晶莹剔透的水珠将花朵点缀得更加娇艳，使画面看起来更富有生机『焦距：100mm ┆ 光圈：F2.8 ┆ 快门速度：1/200s ┆ 感光度：ISO320』

## 逆光拍出具有透明感的花瓣

运用逆光拍摄花卉时，可以清晰地勾勒出花朵的轮廓。如果所拍摄的花的花瓣较薄，则光线能够透过花瓣，使其呈现出透明或半透明效果，从而更细腻地表现出花的质感、层次和花瓣的纹理。拍摄时要使用闪光灯、反光板等道具进行适当的补光处理，并以点测光模式对透明的花瓣测光，以花瓣的亮度为基准进行曝光。

▶ 采用深色背景来烘托淡粉色的花朵，在光影的作用下呈现出十分美妙的效果『焦距：80mm ┆ 光圈：F3.2 ┆ 快门速度：1/1000s ┆ 感光度：ISO320』

## 选择最能够衬托花卉的背景颜色

在花卉摄影中，背景色作为画面的重要组成部分，起到烘托、映衬主体与丰富作品内涵的积极作用。由于不同的颜色会给人不同的感觉，所以对比强烈的色彩会使主体与背景间的对比关系更加突出，而和谐的色彩搭配则让人有惬意、祥和之感。

通常可以选用深色、浅色、蓝天 3 种背景拍摄花卉。使用深色或浅色背景拍摄花卉的视觉效果极佳，画面中蕴涵着一种特殊的氛围。其中又以最深的黑色与最浅的白色背景最为常见，黑色背景会使花卉显得神秘，主体非常突出；白色背景会使画面显得简洁，给人一种很纯洁的视觉感受。

拍摄背景全黑的花卉照片的方法有两种：一是在花朵后面放置一张黑色的背景布；二是如果被摄花朵正好处于受光较好的位置，而背景的光线又不充足，此时使用点测光模式对花朵亮部进行测光，这样也能拍摄出背景几乎全黑的照片。

如果所拍摄花卉的背景过于杂乱，或者要拍摄的花卉面积较大，无法通过放置深色或浅色的布或板的方法进行拍摄，则可以考虑采用仰视角度以蓝天为背景进行拍摄，从而使画面中的花卉在蓝天的映衬下显得干净、清晰。

▲ 白色的背景衬托着淡紫色的花卉，拍摄时为了使画面显得清新、淡雅，增加了 1 挡曝光补偿『焦距：90mm ┆ 光圈：F3.2 ┆ 快门速度：1/250s ┆ 感光度：ISO200』

▲ 以干净的蓝天为画面背景，更突出了黄色的郁金香，给人以清新、自然的感觉『焦距：35mm ┆ 光圈：F14 ┆ 快门速度：1/400s ┆ 感光度：ISO200』

▶ 以点测光模式对花朵进行测光，使得背景变为非常干净的黑色，与花卉的对比较为强烈，凸显了花卉的颜色和形态『焦距：200mm ┆ 光圈：F5 ┆ 快门速度：1/160s ┆ 感光度：ISO100』

# 拍摄溪流与瀑布的技巧

## 用不同的快门速度表现不同感觉的溪流与瀑布

要拍摄出如丝绸般质感的溪流与瀑布，拍摄时应使用较慢的快门速度。为了防止曝光过度，应使用较小的光圈进行拍摄，并安装中灰滤镜，这样拍摄出来的瀑布才是流畅的，就像丝绸一般。

由于使用的快门速度很慢，所以拍摄时要使用三脚架。除了采用慢速快门拍出如丝绸般的质感外，还可以使用高速快门凝固瀑布水流跌落的美景，虽然谈不上有“大珠小珠落玉盘”之感，却也能很好地表现出瀑布巨大的势差与水流的奔腾之势。

▲ 采用高速快门拍摄的瀑布，水花被定格在画面中，给人以气势磅礴的感觉『焦距：23mm ¦ 光圈：F11 ¦ 快门速度：1/640s ¦ 感光度：ISO200』

▲ 通过安装中灰镜来降低镜头的进光量，使用较慢的快门速度将水流拍得如丝绸般顺滑、美丽『焦距：35mm ¦ 光圈：F16 ¦ 快门速度：1s ¦ 感光度：ISO80』

## 通过对比突出瀑布的气势

在没有对比的情况下，很难通过画面直观地判断一个事物的体量。因此，如果希望在拍摄瀑布时表现出瀑布宏大的气势，就应该在画面中加入容易判断大小的画面元素，从而通过大小对比来凸显瀑布的气势。其中，最常用的元素就是瀑布周边的旅游者或小船。

▲ 通过与前景中人物的对比，使人感受到了瀑布宏大的气势『焦距：24mm ¦ 光圈：F11 ¦ 快门速度：1/400s ¦ 感光度：ISO200』

# 拍摄湖泊的技巧

## 拍摄倒影使湖泊更显静逸

蓝天、白云、山峦、树林等都会在湖面上形成美丽的倒影，在拍摄湖泊时可以采取对称构图的方法，将水平面放在画面的中间位置，画面的上半部分为天空，下半部分为倒影，从而使画面显得更具对称美。也可以按三分法构图原则，将水平面放在画面的上 1/3 或下 1/3 位置，使画面更富有变化。

要在画面中展现美妙的倒影，在拍摄时需要注意以下几点。

(1) 波动的水面不会展现完美倒影，因此应选择在风很小的天气条件下进行拍摄，以保持湖面的平静。

(2) 在画面中能够表现多少水面的倒影，与拍摄角度有关，角度越低，映入镜头的倒影就越多。

(3) 逆光与侧逆光是表现倒影的首选光线，应尽量避免使用顺光或顶光拍摄。

(4) 在有倒影存在的情况下，应该适当增加曝光补偿，以使画面的曝光更准确。

▲ 使用对称式构图拍摄湖面，山体、天空与水中的倒影形成虚实对比，使湖面显得更加宁静、和谐『焦距：18mm ¦ 光圈：F18 ¦ 快门速度：1.6s ¦ 感光度：ISO100』

## 选择合适的陪体使湖泊更有活力

拍摄湖泊时，应适当选取岸边的景物作为衬托，如湖边的树木、花卉、岩石、山峰等。若能以飞鸟、游人、小船等运动的对象作为陪体，则会使平静的湖面更加充满生机，也更具活力。

▶ 人物的加入，既凸显出了画面的宽阔感，也让画面更具有活力『焦距：24mm ¦ 光圈：F10 ¦ 快门速度：1/180s ¦ 感光度：ISO400』

# 拍摄雾霭景象的技巧

雾气不仅增强了画面的透视感，还赋予了照片朦胧的气氛，使照片具有别样的诗情画意。一般来说，由于浓雾天气的能见度较差，透视性不好，因此拍摄雾景时通常选择薄雾天气。薄雾的湿度较低，能见度和光线的透视性都比浓雾好很多。在薄雾环境中，近景可以较清晰地呈现在画面中，而中景和远景要么被雾气完全掩盖，要么就在雾气中若隐若现，有利于营造神秘的氛围。

## 调整曝光补偿使雾气更洁净

在顺光或顶光照射下，雾会产生强烈的反射光，容易使整个画面显得苍白，色泽较差且没有质感。而采用逆光、侧逆光或前侧光进行拍摄，更有利于表现画面的透视感和层次感，通过画面中的光与影营造出一种更飘逸的意境。因此，雾景适宜用逆光或侧逆光来表现，逆光或侧逆光还可以使画面远处的景物呈现为剪影效果，从而使画面更有空间感。

选择了正确的光线后，还需要适当调整曝光补偿。因为雾是由许多细小的水珠构成的，可以反射大量的光线，所以雾景的亮度较高，因此根据白加黑减的曝光补偿原则，通常应该增加 1/3 ~ 1 挡的曝光补偿。

调整曝光补偿时，还要考虑拍摄场景中雾气的面积。面积越大意味着场景越亮，就越应该增加曝光补偿；若面积很小，则只需增加少量，甚至不必增加曝光补偿。

## 善用景别使画面更富有层次感

由于雾气对光的强烈散射作用，雾气中的景物具有明显的空气透视效果，因此越远处的景物看上去越模糊。如果在构图时充分考虑这一点，就能采取一些方法使画面更具层次感。

因为雾气属于亮度较高的景物，因此当画面中存在暗调景物并与雾气相互交织时，能够采取一些方法使画面具有明显的层次和对比。

要做到这一点，首先应该选择用逆光进行拍摄；其次在构图时应该利用远景来衬托前景与中景，利用光线造成前景、中景、远景之间不同的色调对比，使画面更具有层次。

▶ 在缭绕的雾气笼罩下，近处的山、远处的山、更远处的天空分别以程度不同的色调出现在画面中，画面的层次十分清晰，使观赏者能够强烈地感受到画面广袤的空间感『焦距：23mm ┆ 光圈：F10 ┆ 快门速度：1/40s ┆ 感光度：ISO200』

# 拍摄日出与日落的技巧

日出、日落是许多摄影师最喜爱的拍摄题材之一，诸多获奖的摄影作品中也不乏以此为拍摄主题的照片。但由于太阳是非常明亮的光源，无论是对其测光还是曝光都有一定的难度，因此，如果没有掌握一定的拍摄技巧，很难拍摄出漂亮的日出、日落照片。

## 选择正确的曝光参数

拍摄日出、日落时，较难掌握的是曝光控制。由于日出、日落时，天空和地面的亮度反差较大，如果对太阳测光，太阳的层次和色彩会有较好的表现，但会导致天空中的其他景物和地面上的景物因曝光不足而呈现出一片漆黑的景象；而对地面上的景物测光，会导致太阳和周围的区域因曝光过度而失去色彩和层次。

正确的曝光方法是使用中央测光模式，对太阳附近的天空进行测光，这样不会导致太阳曝光过度，而天空中其他部分的云彩及地面景物也有较好的表现。

▲ 拍摄时适当减少曝光补偿，使晚霞显得更加艳丽『焦距：16mm ┆ 光圈：F9 ┆ 快门速度：1/800s ┆ 感光度：ISO160』

## 用云彩衬托太阳使画面更加辉煌

拍摄日出、日落时，云彩是很重要的表现对象，无论是日在云中还是云在日旁，在太阳的照射下，云彩都会表现出异乎寻常的美丽，从云彩中间或旁边透射出来的光线更应该是重点表现的对象。因此，拍摄日出、日落的最佳季节是春、秋两季，此时云彩较多，可以增强画面的艺术感染力。

▶ 天空中漫天的晚霞，看起来很有气势，画面张力十足。『焦距：17mm ┆ 光圈：F8 ┆ 快门速度：1/1600s ┆ 感光度：ISO200』

## 用合适的陪体为照片添姿增色

从画面构成来讲，拍摄日出、日落时，不要直接将镜头对准天空，这样拍摄出的照片显得太过单调。拍摄时可以选择树木、山峰、草原、大海、河流等景物作为前景，以衬托日出、日落时特殊的氛围。尤其是以树木等景物作为前景时，可以呈现出漂亮的剪影效果，能与较亮的天空形成鲜明对比，从而增强画面的形式美感。

如果要拍摄的日出或日落场景中有水面，可以在构图时选择天空、水面各占一半的形式，或者在画面中加大水面的区域，此时如果依据水面进行曝光，可以适当提高一挡或半挡曝光量，以抵消因水面折射而产生的光照损失。

▶ 画面中心的天鹅让画面变得生动起来，也起到了点明视觉中心点的作用『焦距：200mm ┆ 光圈：F14 ┆ 快门速度：1/125s ┆ 感光度：ISO100』

## 善用 RAW 格式为后期处理留有余地

大多数初学者在拍摄日出、日落场景时，得到的照片要么是一片漆黑，要么是一片亮白，某些部分完全没有细节。因此，对于新手摄影师而言，除了在测光与拍摄技巧方面要加强练习外，还可以在拍摄时为后期处理留下余地，从而挽回这种可能“报废”的片子。将照片的保存格式设置为 RAW 格式或者 RAW&JPEG 格式，这样拍摄后就可以对照片进行更多的后期处理，以便获得最完美的照片。

# 拍摄冰雪的技巧

## 运用曝光补偿准确还原白雪

由于雪的亮度很高，如果按照相机给出的测光值进行曝光，会造成曝光不足，使拍摄出的雪呈灰色，所以拍摄雪景时要使用曝光补偿功能对曝光进行修正，通常需增加 1 ～ 2 挡曝光补偿。当然并不是所有的雪景都需要进行曝光补偿，如果所拍摄的场景中白雪所占的面积较小，则无须做曝光补偿处理。

▲ 未增加曝光补偿拍摄的画面，雪的颜色没有得到准确还原

◀ 由于拍摄时增加了 1 挡曝光补偿，因此整个画面变得十分明亮『焦距：50mm ┆ 光圈：F9 ┆ 快门速度：1/400s ┆ 感光度：ISO200』

## 用白平衡塑造雪景的个性色调

拍摄雪景时，摄影师可以结合实际环境的光源色温进行拍摄，以得到洁净的纯白影调、清冷的蓝色影调或与夕阳形成冷暖对比的影调；也可以结合相机的白平衡设置来获得独具创意的影调效果，以服务于画面的主题。

◀日落时分，将白平衡设置为“荧光灯”模式，使画面呈现为淡紫色，营造出一种梦幻的美感『焦距：20mm ┆ 光圈：F14 ┆ 快门速度：1/2s ┆ 感光度：ISO200』

## 雪地、雪山、雾凇都是极佳的拍摄对象

在拍摄开阔、空旷的雪地时，为了让画面更具有层次和质感，可以采用低角度逆光拍摄，使得远处低斜的太阳不仅为开阔的雪地铺上一层浓郁的色彩，还能将雪地细腻的质感凸显出来。

雪与雾一样，如果没有对比、衬托，表现效果则不太理想，因此在拍摄雪山和雾凇时，可以通过构图使山体上裸露出来的暗调山岩、树枝与明亮的白雪形成对比。

如果没有合适的拍摄条件，可以将注意力放在如花草等随处可见的微小景观上，拍摄在冰雪中生长的美丽事物。

▲ 由于使用偏振镜过滤掉了天空中的杂色，提高了画面的饱和度，因此在蓝天背景的衬托下，雾凇显得更加洁白『焦距：70mm ┆ 光圈：F8 ┆ 快门速度：1/800s ┆ 感光度：ISO160』

## 选对光线让冰雪晶莹剔透

拍摄冰雪的最佳光线是逆光、侧逆光，采用这两种光线进行拍摄，能够使光线穿透冰雪，从而表现出冰雪晶莹剔透的质感。

光线穿透冰晶，在暗背景的衬托下显得冰晶十分通透，清脆的质感生动逼真『焦距：60mm ┆ 光圈：F5.6 ┆ 快门速度：1/800s ┆ 感光度：ISO320』

# 第 14 章 Canon EOS R5/R6 昆虫与宠物摄影技巧

# 选择合适的角度和方向拍摄昆虫

拍摄昆虫时应注意拍摄角度的选择。多数情况下，以平视角度拍摄能取得更好的效果，因为这样拍摄到的画面看起来十分亲切。

拍摄昆虫时还应注意拍摄的方向。根据昆虫身体结构的特点，大多数情况下会选择从侧面拍摄，这样能在画面中看到更多的昆虫形体结构和色彩等特征。

不过也可以打破传统，从正面角度进行拍摄，这样拍摄到的昆虫往往看起来非常可爱，很容易令人产生联想，使画面具有幽默的效果。

▲ 从这 4 张蝴蝶微距作品中可以看出，采用与蝴蝶翅膀平面垂直的角度拍摄的效果最好

# 将拍摄重点放在昆虫的眼睛上

昆虫的眼睛有两种，一种是复眼，每只复眼都是由成千上万只六边形的小眼紧密排列组合而成的；另一种是单眼，结构极其简单，只不过是一个突出的水晶体。从摄影的角度来看，在拍摄昆虫时，无论是具有复眼结构的蚂蚁、蜻蜓、蜜蜂，还是具有单眼结构的蜘蛛，都应该将拍摄重点放在昆虫的眼睛上。这样不但能够使画面中的昆虫显得更加生动，还能够让人领略到昆虫眼睛的结构之美。

▲ 使用点测光对黄蜂的眼睛进行测光，得到具有强烈感染力的画面
『焦距：180mm ┆ 光圈：F11 ┆ 快门速度：1/80s ┆ 感光度：ISO200』

# 用高速连拍模式拍摄运动中的宠物

宠物不会像人一样有意识地配合摄影师的拍摄，其可爱、有趣的表情随时都可能出现。如果宠物处于跑动过程中，前一秒可能还在取景器的可视范围内，后一秒就可能已经无法从取景器中再观察到了。因此，如果拍摄的是运动中的宠物，或在这些可爱的宠物做出有趣的表情和动作时，要抓紧时间以连拍模式进行拍摄，从而实现多拍优选。

▲ 使用速度优先的连拍模式记录下猫咪打闹嬉戏的过程

# 在弱光下拍摄要提高感光度

无论是室内还是室外，如果拍摄环境的光线较暗，就必须提高感光度数值，以避免快门速度低于安全快门。使用 Canon EOS R5/R6 相机在高感光度模式下拍摄时，抑制噪点的性能比较优秀，而且绝大多数摄影师拍摄的宠物类照片属于娱乐性质，而非正式的商业性照片，因此对照片画质的要求并不是很高。在这样的前提下，可以较为大胆地使用 ISO3200 左右的高感光度进行拍摄。

▲ 室内光线较弱，拍摄猫咪时为了获得安全快门，适当提高了 ISO 感光度，从而使小猫的形态清晰地呈现出来『焦距：35mm ┆ 光圈：F4 ┆ 快门速度：1/200s ┆ 感光度：ISO500』

# 逆光表现漂亮的轮廓光

轮廓光又称“隔离光”或“勾边光”。当光线来自被拍摄对象的后方或侧后方时，通常会在其周围出现轮廓光。

如果在早晨或黄昏日落前拍摄宠物，可以运用这种方法为画面增加艺术气息。

拍摄时，要将宠物安排在深暗的背景前面，使明亮的边缘轮廓与灰暗的背景形成明暗反差。以点测光模式对准宠物的轮廓光边缘进行测光，以确保这一部分曝光准确。测光后重新构图，并完成拍摄。

▲ 傍晚的逆光勾勒出了狗的身形，并形成了轮廓光，将狗狗的毛发边缘表现得非常漂亮『焦距：70mm ┆ 光圈：F5 ┆ 快门速度：1/400s ┆ 感光度：ISO125』

# 利用道具吸引小动物的注意

拍摄警惕性较高的宠物时，主人可以在一旁利用道具吸引宠物的注意力，待它们专注于道具或是放松时，就可以在一旁放心地进行拍摄了，而且这时比较容易拍到精彩的画面。

为了防止宠物一跃而起或是各种突发状况的发生，应提高快门速度，以免错过精彩瞬间。

▲ 努力与玩具小狗进行交流，却得不到回应，猫咪这种可爱的行为着实让人忍俊不禁『焦距：50mm ┆ 光圈：F5 ┆ 快门速度：1/400s ┆ 感光度：ISO400』

# 第 15 章 Canon EOS R5/R6 建筑摄影技巧

# 合理安排线条使画面具有强烈的透视感

拍摄建筑题材的作品时，如果要保证画面拥有真实的透视效果与较大的纵深空间，可以根据需要寻找合适的拍摄角度和位置，并在构图时充分利用透视规律。

在建筑物中选取平行的轮廓线条，如桥索、扶手、路基等，使其在远方交汇于一点，从而营造出强烈的透视感，这样的拍摄手法在拍摄隧道、长廊、桥梁、道路等题材时最为常用。

如果所拍摄的建筑物体量不够宏伟、纵深不够大，可以利用相机的广角端夸张强调建筑物线条的变化，也可以在构图时选取排列整齐、变化均匀的对象，如一排窗户、一列廊柱、整齐的地面瓷砖等。

▲ 利用广角端拍摄的走廊，由于透视的原因，其结构线条形成了向远处汇聚于一点的效果，从而大大延伸了画面的视觉纵深，增强了画面的空间感『焦距：18mm ┆ 光圈：F5.6 ┆ 快门速度：1/6s ┆ 感光度：ISO100』

# 逆光拍摄勾勒建筑优美的轮廓

逆光对于表现轮廓分明、结构有形式美感的建筑非常有效，如果要拍摄的建筑环境比较杂乱且无法避让，摄影师就可以将拍摄时间安排在傍晚，利用天空的余光将建筑拍摄成为剪影。此时，太阳即将落下、夜幕将至、华灯初上，所拍摄出来的建筑画面中不仅有大片的深色调区域，还伴有星星点点的色彩与灯光，画面明暗平衡、虚实相衬，而且略带神秘感，能够引发观众的联想。

在实际拍摄时，只需针对天空中的亮处进行测光，建筑物就会由于曝光不足而呈现出黑色的剪影效果。如果按此方法得到的是半剪影效果，可以通过降低曝光补偿使暗处更暗，从而使建筑物的轮廓更加明显。

▲ 夕阳西下，以暖色的天空为背景，采用逆光拍摄，使被摄建筑呈现出美妙的剪影效果『焦距：50mm ┆ 光圈：F14 ┆ 快门速度：1/500s ┆ 感光度：ISO160』

## 用长焦镜头展现建筑独特的外部细节

如果觉得建筑物的局部细节非常完美，则不妨使用长焦镜头专门对局部进行特写拍摄，这样可以使建筑的局部细节得到放大，从而给观众留下更加深刻的印象。

▲利用长焦镜头拍摄古典建筑的局部，其精美的雕刻让观赏者感受到了建筑的辉煌与气派『焦距：200mm ┆ 光圈：F6.3 ┆ 快门速度：1/500s ┆ 感光度：ISO160』

## 通过对比突出建筑的体量感

在没有对比的情况下，很难通过画面直观地判断出一个建筑的体量。因此，如果在拍摄建筑时希望体现出建筑宏大的气势。就应该在画面中加入容易判断大小体量的画面元素，从而通过大小对比来表现建筑的气势。最常见的元素就是建筑周边的行人或者大家比较熟知的其他小型建筑。总而言之，就是用大家熟悉的景物或人物的体量来对比判断建筑物的体量。

▲ 以画面下方的人物与车辆作为对比，突出了建筑的高大『焦距：23mm ┆ 光圈：F16 ┆ 快门速度：5s ┆ 感光度：ISO160』

## 用高感光度拍摄建筑精致的内景

拍摄建筑时，除了拍摄宏大的整体造型及外部细节外，还可以进入建筑物内部拍摄内景，如歌剧院、寺庙、教堂等建筑物内部都有许多值得拍摄的细节。

由于室内的光线较暗，在拍摄时应注意快门速度的选择，如果快门速度低于安全快门，应适当开大几挡光圈。由于 Canon EOS R5/R6 相机的高感光度性能比较优秀，因此最简单有效的方法是直接使用ISO1600甚至ISO3200这样的高感光度进行拍摄，从而以较小的光圈、较高的快门速度来表现建筑内部的细节。

▶ 拍摄较暗的建筑内景时，可以使用大光圈来增加镜头的进光量，并适当提高感光度以提高快门速度『焦距：16mm ┆ 光圈：F5 ┆ 快门速度：1/40s ┆ 感光度：ISO1000』

# 拍摄蓝调天空夜景

要表现城市夜景，在天空完全黑下来以后再去拍摄，并不一定是最好的选择，虽然那时城市里的灯光更加璀璨。实际上，当太阳刚刚落山、夜幕即将降临、路灯也刚刚开始点亮时，才是拍摄夜景的最佳时机。此时天空具有更丰富多彩的颜色，大部分是蓝紫色，而且在这段时间拍摄夜景，天空的余光能勾勒出天边被摄体的轮廓。

如果希望拍摄出深蓝色调的夜空，应该选择一个雨过天晴的夜晚，由于大气中的粉尘、灰尘等物质经过雨水的冲刷而降落到地面上，天空的能见度提高而变为纯净的深蓝色。此时，带上拍摄装备去拍摄天完全黑透之前的夜景，会获得十分理想的画面效果。画面将呈现出醉人的蓝色调，使人觉得仿佛走进了童话故事里的世界。

▲ 在日落后的傍晚拍摄大桥夜景，由于色温较高，因此天空的色调偏冷。为了增强画面的蓝调氛围，使用了色温较低的“荧光灯”白平衡模式『焦距：28mm ¦ 光圈：F8 ¦ 快门速度：10s ¦ 感光度：ISO100』

# 长时间曝光拍摄城市动感车流

使用慢速快门拍摄车流留下的长长光轨，是绝大多数摄影师喜爱的城市夜景题材之一。但要拍出漂亮的车灯轨迹，对拍摄技术有较高的要求。

很多摄影师拍摄城市夜晚车灯轨迹时常犯的错误是选择在天色全黑时拍摄，实际上应该选择天色未完全黑透时进行拍摄，这时的天空有宝石蓝般的色彩，拍出来的天空才会更加漂亮。

如果要让照片中的车灯轨迹呈迷人的S形线条，拍摄地点的选择很重要，应该在能够看到弯道的地点进行拍摄。如果在过街天桥上进行拍摄，那么出现在画面中的灯轨线条必然是有汇聚效果的直线条，而不是 S 形线条。

拍摄车灯轨迹一般选择快门优先模式，并根据需要将快门速度设置为 30 秒以内的数值（如果要使用超出 30 秒的快门速度进行拍摄，则需要使用 B 门）。在不会产生过曝的前提下，曝光时间的长短与最终画面中车灯轨迹的长度成正比。

使用这一拍摄技巧，还可以拍摄城市中其他有灯光装饰的对象，如摩天轮、音乐喷泉等，使运动的发光对象在画面中形成光轨。

▲ 三脚架配合低速快门，使拍出的城市夜晚的车灯轨迹更加璀璨，画面不仅充满了动感，而且还呈现出了十分迷人的效果『焦距：17mm ¦ 光圈：F16 ¦ 快门速度：25s ¦ 感光度：ISO100』

# 星轨的拍摄技巧

面对满天的繁星，如果使用极低的快门速度进行拍摄，随着地球的自转运动，星星会呈现出漂亮的弧形轨迹。如果时间足够长的话，会演变为一个个圆圈，仿佛一个巨型的漩涡笼罩着大地，从而获得正常观看状态下无法见到的视觉效果，使画面充满了神奇色彩。

## 拍摄前期准备

（1）前期准备。

首先，要有一台单反或微单相机（全画幅相机拥有较好的高感控噪能力，画质会比较好）、一支大光圈的广角、超广角或鱼眼镜头，还可以是长焦或中焦镜头（拍摄雪山星空特写）。除此之外，还要准备快门线、若干相机电池、稳定的三脚架、闪光灯（非必备）、可调光手电筒、御寒防水衣物、高热量食物、手套、帐篷、睡袋、防潮垫，以及一个良好的身体。

（2）镜头的准备。

超广角焦段：以 14～24mm/16～35mm 这个焦段为代表，这个焦段能最大限度地在单张照片内纳入更多的星空，尤其是夏季银河（蟹状星云带）。14mm 的单张竖排星空，即使在没有非常准确地对准北极星时，也能拍到同心圆，便于构图。

广角焦段：以 24 ～ 35mm 这个焦段为代表，虽然不能像超广角镜头那样纳入那么多的星空，但由于拥有 F1.4 大光圈的定焦镜头，加之较小的畸变，以这个焦段拍摄的画面很适合做全景拼接。

鱼眼镜头：通常焦距为 16mm 或更短，视角接近或等于 180°，是一种极端的广角镜头。利用鱼眼镜头可很好地表现出银河的弧度，使得画面充满戏剧性。

## 拍摄星轨的对焦技巧

在对焦时，由于星光比较微弱，因此可能很难对焦，此时建议使用手动对焦的方式，至于能否准确对焦，则需要反复转动对焦环进行查看和验证。如果只有细微误差，通过设置较小的光圈并使用广角端进行拍摄，可以在一定程度上避免这个问题。

◀ 为了较自由地控制曝光时间，拍摄时选用了 B 门进行拍摄，其次还配合使用了带有 B 门快门释放锁的快门线，让拍摄变得更加轻松且准确『焦距：30mm ┆ 光圈：F8 ┆ 快门速度：3000s ┆ 感光度：ISO100』

## 两种拍摄星轨的方法及其各自的优劣

拍摄星轨通常用两种方法，第一种方法是长时间曝光拍摄，即拍摄时用 B 门进行摄影，拍摄时通常要曝光半小时甚至几个小时；第二种方法是使用延时摄影的手法进行拍摄，拍摄时通过设置定时快门线，使相机在长达几小时的时间内，每隔 1 秒或几秒拍摄一张照片，完成拍摄后，在 Photoshop 中利用堆栈技术，将这些照片合成为一张星轨照片。

▶ 拍摄星轨时将地面中的景物也纳入画面中，营造出一种奇幻的视觉效果。另外，由于采用了后期堆栈合成法，画面中的噪点比较少（连续拍摄 200 张照片合成得到）

需要注意的是，无论使用哪一种拍摄手法，为了保证画面的清晰度与锐度，都需要配备一个稳定性优良的三脚架。如果风比较大的话，还需要在三脚架上悬挂一些具有一定重量的东西，以防止三脚架不够稳固，同时也可使用一些能挡风的工具为相机挡风。

▶ 长时间曝光时，相机的稳定性是第一位的，因此一款稳固的三脚架是必备的工具『焦距：50mm ┆ 光圈：F9 ┆ 快门速度：2600s ┆ 感光度：ISO100』

光线摄影